高等职业学校"十四五"规划土建类工学结合系列教材

建筑工程计量与计价

（第二版）

主　编　张红霞　喻甜香　龙云云
副主编　汪红丽　简红新　施秀凤　张战峰
　　　　张瑞瑞
参　编　李惠君　蒋艳芳　卢春燕　李秀娟
　　　　黄洁贞　张玉英　陈晓瑜　邓丽妹

华中科技大学出版社
中国·武汉

内 容 提 要

本书内容包括19个任务和1个附录。前3个任务是工程造价的计价准备，即建筑工程计价概述、工程量清单及清单计价和建筑工程定额及定额应用，第4个任务是建筑面积计算，从第5个任务开始进入土建工程实体项目的计量与计价，包括土石方工程、地基处理与边坡支护工程、桩基工程、砌筑工程、混凝土工程、钢筋工程、金属结构工程、木结构工程、门窗工程、屋面及防水工程、保温隔热防腐工程等11个分部，措施项目有脚手架工程、混凝土模板及支架(撑)和其他措施项目，每个任务有对应的知识点和技能训练项目。

本书内容全面、系统，可操作性强，与目前造价员岗位的工作过程有紧密的联系，可作为高职高专院校工程造价、建设工程管理、建筑工程技术和工程监理专业的教材，也可以作为本科院校教学用书，或供相关专业人员学习参考。

图书在版编目(CIP)数据

建筑工程计量与计价/张红霞,喻甜香,龙云云主编. —2版. —武汉:华中科技大学出版社,2021.7(2022.7重印)

ISBN 978-7-5680-7436-0

Ⅰ.①建⋯ Ⅱ.①张⋯ ②喻⋯ ③龙⋯ Ⅲ.①建筑工程-计量-高等职业教育-教材 ②建筑造价-高等职业教育-教材 Ⅳ.①TU723.3

中国版本图书馆 CIP 数据核字(2021)第 153083 号

建筑工程计量与计价(第二版)
Jianzhu Gongcheng Jiliang yu Jijia(Di-er Ban)

张红霞　喻甜香　龙云云　主编

策划编辑：	金　紫
责任编辑：	陈　骏
封面设计：	原色设计
责任监印：	朱　玢

出版发行：华中科技大学出版社(中国·武汉)　　电话：(027)81321913
　　　　　武汉市东湖新技术开发区华工科技园　　邮编：430223
录　　排：武汉市洪山区佳年华文印部
印　　刷：武汉开心印印刷有限公司
开　　本：787mm×1092mm　1/16
印　　张：16.75
字　　数：438千字
版　　次：2022年7月第2版第2次印刷
定　　价：49.80元

本书若有印装质量问题，请向出版社营销中心调换
全国免费服务热线：400-6679-118　竭诚为您服务
版权所有　侵权必究

第二版前言

本书根据高等职业教育建筑工程技术及工程造价管理类专业的人才培养目标、课程标准和教学大纲设计教材内容。书中用实际工程案例对职业岗位能力进行训练，以学生为主体，采用"教、学、做"一体化的教学模式，体现了"工学结合、行动导向"的职业教育方针。全书以《建设工程工程量清单计价规范》(GB 50500—2013)、《房屋建筑与装饰工程工程量计算规范》(GB 50854—2013)、《建筑工程建筑面积计算规范》(GB 50353—2013)、《关于印发〈建筑安装工程费用项目组成〉的通知》(建标[2013]44号)、《广东省建筑与装饰工程综合定额2018》等为主要依据编写而成。

本书有以下主要特点。

(1) 本书以工程造价行业最近颁布的规范、标准为依据编写，结合《广东省住房和城乡建设厅关于营业税改征增值税后调整广东省建设工程计价依据的通知》(粤建市函[2016] 1113号)文件，采用增值税模式进行清单报价。

(2) 本书以造价员岗位为出发点，分为若干工作任务，以工作任务为驱动，以清单列项、计算清单工程量、编写清单、查找定额、计算定额工程量、计算定额分部分项工程费、综合单价分析、分部分项工程和单价措施项目清单与计价表填写为主要工作过程，依据清单计价程序或者定额计价程序完成单位工程造价的计算，过程清晰，便于操作。

(3) 书中图片丰富，每个任务都有对应的案例和习题集配套使用，便于学生理解和训练；解题思路清晰并附有完整的答案；实训用的配套图纸、实训方案具有较强的操作性，方便学生自学和教师教学。

本书由张红霞、喻甜香、龙云云担任主编，汪红丽、简红新、施秀凤、张战峰、张瑞瑞担任副主编，李惠君、蒋艳芳、卢春燕、李秀娟、黄洁贞、张玉英、陈晓瑜、邓丽妹参与编写，全书由张红霞统稿，本课程的总学时为80~96学时。

本书在编写过程中参考了相关资料，在此一并向原作者表示感谢！

由于编者水平有限，书中难免有不足之处，请广大读者批评指正。

编　者
2021 年 7 月

目 录

任务 1 建筑工程计价概述 (1)
1.1 基本建设与建筑工程计价 (1)
 1.1.1 基本建设概述 (1)
 1.1.2 基本建设项目的划分 (2)
 1.1.3 基本建设计价文件的分类 (4)
 1.1.4 建筑工程计价的特点 (5)
1.2 建筑与装饰工程造价组成及计价程序 (6)
 1.2.1 建筑与装饰工程造价组成 (6)
 1.2.2 建筑安装工程费用参考计算方法 (11)
 1.2.3 建筑安装工程计价程序 (13)

任务 2 工程量清单及清单计价 (15)
2.1 建筑工程工程量清单编制 (15)
 2.1.1 工程量清单的概念 (15)
 2.1.2 工程量清单的组成内容 (15)
 2.1.3 《建设工程工程量清单计价规范》 (15)
 2.1.4 工程量清单的编制 (15)
2.2 建筑工程工程量清单计价 (22)
 2.2.1 工程量清单计价办法 (22)
 2.2.2 工程量清单计价的标准格式 (23)

任务 3 建筑工程定额及定额应用 (24)
3.1 定额概念、作用及特性 (24)
 3.1.1 定额的概念 (24)
 3.1.2 定额的作用 (24)
 3.1.3 定额的特性 (25)
3.2 工程定额的分类 (26)
 3.2.1 按生产要素内容分类 (26)
 3.2.2 按编制程序和用途分类 (27)
 3.2.3 按编制单位和适用范围分类 (28)
 3.2.4 按适用专业分类 (29)
3.3 预算定额的应用与换算 (29)
 3.3.1 预算定额的查阅方法 (29)
 3.3.2 定额的直接套用 (30)
 3.3.3 定额的换算 (30)

任务 4 建筑面积 (32)
4.1 建筑面积的概念与作用 (32)

4.1.1　建筑面积的概念 ……………………………………………………………(32)
　　4.1.2　建筑面积的作用 ……………………………………………………………(32)
4.2　建筑工程建筑面积计算规范 …………………………………………………………(32)
　　4.2.1　总则 ……………………………………………………………………………(32)
　　4.2.2　相关术语 ………………………………………………………………………(33)
　　4.2.3　建筑面积的规定 ………………………………………………………………(34)

任务5　土石方工程 …………………………………………………………………………(41)

5.1　基础知识 ………………………………………………………………………………(41)
　　5.1.1　土壤及岩石的分类 ……………………………………………………………(41)
　　5.1.2　土石方工程的主要内容 ………………………………………………………(41)
5.2　工程量清单项目编制及工程量计算规则 ……………………………………………(42)
　　5.2.1　工程量清单项目设置 …………………………………………………………(42)
　　5.2.2　清单项目工程量计算与清单编制 ……………………………………………(43)
5.3　定额项目内容及工程量计算规则 ……………………………………………………(49)
　　5.3.1　定额项目设置及定额工作内容 ………………………………………………(49)
　　5.3.2　定额工程量计算规则 …………………………………………………………(51)
5.4　定额计价与清单计价 …………………………………………………………………(53)
　　5.4.1　定额应用及定额计价 …………………………………………………………(53)
　　5.4.2　清单计价 ………………………………………………………………………(55)

任务6　地基处理与边坡支护工程计量与计价 ……………………………………………(58)

6.1　基础知识 ………………………………………………………………………………(58)
　　6.1.1　地基处理工程 …………………………………………………………………(58)
　　6.1.2　基坑与边坡支护工程 …………………………………………………………(60)
6.2　工程量清单项目编制及工程量计算规则 ……………………………………………(62)
　　6.2.1　工程清单设置 …………………………………………………………………(62)
　　6.2.2　清单项目工程量计算与清单编制 ……………………………………………(62)
6.3　定额项目内容及工程量计算规则 ……………………………………………………(66)
　　6.3.1　定额项目设置及定额工作内容 ………………………………………………(66)
　　6.3.2　定额工程量计算规则 …………………………………………………………(67)
6.4　定额计价与清单计价 …………………………………………………………………(68)
　　6.4.1　定额应用及定额计价 …………………………………………………………(68)
　　6.4.2　定额计价 ………………………………………………………………………(70)
　　6.4.3　清单计价 ………………………………………………………………………(71)

任务7　桩基工程计量与计价 ………………………………………………………………(74)

7.1　基础知识 ………………………………………………………………………………(74)
　　7.1.1　桩基工程概念 …………………………………………………………………(74)
　　7.1.2　桩的制作 ………………………………………………………………………(74)
7.2　工程量清单项目编制及工程量计算规则 ……………………………………………(75)
　　7.2.1　工程清单设置 …………………………………………………………………(75)
　　7.2.2　清单项目工程量计算与清单编制 ……………………………………………(77)

  7.3 定额项目内容及工程量计算规则 ································· (79)
    7.3.1 定额项目设置及定额工作内容 ···························· (79)
    7.3.2 定额工程量计算规则 ······································· (81)
  7.4 定额计价与清单计价 ·· (82)
    7.4.1 定额应用及定额计价 ······································· (82)
    7.4.2 定额计价 ·· (83)
    7.4.3 清单计价 ·· (84)

任务 8 砌筑工程计量与计价 ·· (89)
  8.1 基础知识 ·· (89)
  8.2 工程量清单项目编制及工程量计算规则 ··················· (89)
    8.2.1 工程清单设置 ·· (89)
    8.2.2 清单项目工程量计算与清单编制 ······················ (89)
  8.3 定额项目内容及工程量计算规则 ································ (98)
    8.3.1 定额项目设置及定额工作内容 ···························· (98)
    8.3.2 定额工程量计算规则 ······································· (99)
  8.4 定额计价与清单计价 ·· (100)
    8.4.1 定额、清单应用及计价相关理论知识 ··············· (100)
    8.4.2 定额计价 ·· (100)
    8.4.3 清单计价 ·· (101)

任务 9 混凝土工程计量与计价 ··· (104)
  9.1 基础知识 ·· (104)
    9.1.1 混凝土工程 ·· (104)
    9.1.2 预制混凝土工程 ·· (105)
  9.2 工程量清单项目编制及工程量计算规则 ··················· (105)
    9.2.1 工程清单设置 ··· (105)
    9.2.2 清单项目工程量计算与清单编制 ······················ (107)
  9.3 定额项目内容及工程量计算规则 ······························ (112)
    9.3.1 定额项目设置及定额工作内容 ·························· (112)
    9.3.2 定额工程量计算规则 ······································ (114)
  9.4 定额计价与清单计价 ·· (115)
    9.4.1 定额应用及定额计价 ······································ (115)
    9.4.2 清单计价 ·· (117)

任务 10 钢筋工程计量与计价 ··· (121)
  10.1 基础知识 ·· (121)
    10.1.1 平法的基础知识 ·· (121)
    10.1.2 平法制图的一般规定 ···································· (121)
  10.2 钢筋工程量清单项目编制及工程量计算规则 ············ (123)
  10.3 定额项目内容及工程量计算规则 ···························· (124)
    10.3.1 定额项目设置及定额工作内容 ························ (124)
    10.3.2 定额工程量计算规则 ···································· (125)

10.4 定额计价与清单计价 (126)
  10.4.1 钢筋计算原理 (126)
  10.4.2 清单计价 (137)

任务 11 金属结构工程计量与计价 (139)

11.1 基础知识 (139)
  11.1.1 常用线材、型材、板材和管材分类 (139)
  11.1.2 钢材理论质量计算 (139)
11.2 工程量清单项目编制及工程量计算规则 (141)
  11.2.1 工程清单设置 (141)
  11.2.2 清单项目工程量计算与清单编制 (141)
11.3 定额项目内容及工程量计算规则 (145)
  11.3.1 定额项目设置及定额工作内容 (145)
  11.3.2 定额工程量计算规则 (146)
11.4 定额计价与清单计价 (146)
  11.4.1 定额应用及定额计价 (146)
  11.4.2 清单计价 (147)

任务 12 木结构工程计量与计价 (149)

12.1 基础知识 (149)
  12.1.1 木结构常用木材 (149)
  12.1.2 木结构、木构件常用锯材 (149)
  12.1.3 屋架 (149)
  12.1.4 木构件 (150)
12.2 工程量清单项目编制及工程量计算规则 (150)
  12.2.1 工程清单设置 (150)
  12.2.2 清单项目工程量计算与清单编制 (150)
12.3 定额项目内容及工程量计算规则 (153)
  12.3.1 定额项目设置及定额工作内容 (153)
  12.3.2 定额工程量计算规则 (155)
12.4 定额计价与清单计价 (155)
  12.4.1 木结构工程量计算 (155)
  12.4.2 定额计价 (156)
  12.4.3 清单计价 (156)

任务 13 门窗工程计量与计价 (159)

13.1 基础知识 (159)
  13.1.1 木材木种分类 (159)
  13.1.2 板材、枋材分类 (159)
  13.1.3 门窗简介 (159)
13.2 工程量清单项目编制及工程量计算规则 (159)
  13.2.1 工程清单设置 (159)
  13.2.2 清单项目工程量计算与清单编制 (160)

13.3 定额项目内容及工程量计算规则 (163)
13.3.1 定额项目设置及定额工作内容 (163)
13.3.2 定额工程量计算规则 (164)
13.4 定额计价与清单计价 (165)
13.4.1 定额应用及定额计价 (165)
13.4.2 定额计价 (166)
13.4.3 清单计价 (166)

任务 14 屋面及防水工程计量与计价 (169)
14.1 基础知识 (169)
14.1.1 屋面工程 (169)
14.1.2 防水工程 (169)
14.2 工程量清单项目编制及工程量计算规则 (171)
14.2.1 工程清单设置 (171)
14.2.2 清单项目工程量计算与清单编制 (172)
14.3 定额项目内容及工程量计算规则 (174)
14.3.1 定额项目设置及定额工作内容 (174)
14.3.2 定额工程量计算规则 (176)
14.4 定额计价与清单计价 (178)
14.4.1 定额应用及定额计价 (178)
14.4.2 清单计价 (180)

任务 15 保温、隔热、防腐工程 (183)
15.1 基础知识 (183)
15.1.1 保温隔热工程 (183)
15.1.2 防腐工程 (184)
15.2 工程量清单项目编制及工程量计算规则 (184)
15.2.1 工程清单设置 (184)
15.2.2 清单项目工程量计算与清单编制 (185)
15.3 定额项目内容及工程量计算规则 (187)
15.3.1 定额项目设置及定额工作内容 (187)
15.3.2 定额工程量计算规则 (188)
15.4 定额计价与清单计价 (189)
15.4.1 定额应用及定额计价 (189)
15.4.2 清单计价 (190)

任务 16 脚手架工程计量与计价 (192)
16.1 基础知识 (192)
16.1.1 综合脚手架 (192)
16.1.2 单排脚手架 (193)
16.1.3 满堂脚手架 (193)
16.1.4 里脚手架 (193)
16.1.5 活动脚手架 (193)

16.1.6　靠脚手架安全挡板 (194)
　　16.1.7　独立安全挡板 (194)
　　16.1.8　电梯井脚手架 (195)
　　16.1.9　烟囱脚手架 (195)
　16.2　工程量清单项目编制及工程量计算规则 (195)
　16.3　定额项目内容及工程量计算规则 (196)
　　16.3.1　定额项目设置及定额工作内容 (196)
　　16.3.2　定额工程量计算规则 (197)
　16.4　定额计价与清单计价 (200)
　　16.4.1　定额应用及定额计价 (200)
　　16.4.2　定额计价 (201)
　　16.4.3　清单计价 (205)

任务17　模板工程计量与计价 (208)
　17.1　基础知识 (208)
　　17.1.1　模板工程材料 (208)
　　17.1.2　基本构件的模板构造 (209)
　　17.1.3　模板工程安装与拆除 (210)
　17.2　工程量清单项目编制及工程量计算规则 (211)
　　17.2.1　工程清单设置 (211)
　　17.2.2　清单项目工程量计算与清单编制 (212)
　17.3　定额项目内容及工程量计算规则 (217)
　　17.3.1　定额项目设置及定额工作内容 (217)
　　17.3.2　定额工程量计算规则 (220)
　17.4　定额计价与清单计价 (221)
　　17.4.1　定额应用及定额计价 (221)
　　17.4.2　清单计价 (225)

任务18　其他措施项目工程计量与计价 (231)
　18.1　工程量清单项目编制及工程量计算规则 (231)
　　18.1.1　工程清单设置 (231)
　　18.1.2　清单项目工程量计算与清单编制 (231)
　18.2　定额项目内容及工程量计算规则 (233)
　18.3　定额计价与清单计价 (235)
　　18.3.1　定额计价 (235)
　　18.3.2　清单计价 (236)

任务19　其他项目和税金计量与计价 (238)
　19.1　其他项目计量与计价 (238)
　19.2　税金计量与计价 (239)

附录A　工程量清单文件 (240)

参考文献 (258)

任务1　建筑工程计价概述

1.1　基本建设与建筑工程计价

1.1.1　基本建设概述

1.1.1.1　基本建设概念

基本建设是以扩大生产能力(或增加工程效益)为目的的综合经济活动。具体地讲,就是建造、购置和安装固定资产的活动以及与之相联系的工作。例如:建设一个工厂即为基本建设,包括厂房的建造、机器设备的购置和安装以及土地征用、勘察设计、机构筹建、职工培训等工作。

1.1.1.2　基本建设的组成

基本建设主要由以下四个方面组成。

(1) 建筑工程。建筑工程指永久性和临时性的建筑物、构筑物的土建工程,采暖、通风、给排水、照明工程,动力、电信管线的敷设工程,道路、桥梁的建设工程,农田水利工程,以及基础的建造、场地平整、清理和绿化工程等。

(2) 安装工程。安装工程是指生产、动力、电信、起重、运输、医疗、实验等设备的装配工程和安装工程,以及附属于被安装设备的管线敷设、保温、防腐、调试、运转试车等工作。

(3) 设备、工器具及生产用具的购置。其是指车间、实验室、医院、学校、宾馆、车站等生产、工作、学习所应配备的各种设备、工具、器具、家具及实验设备的购置。

(4) 基本建设其他工作。包括上述(1)、(2)、(3)项内容外的工作,如土地征用,建设用场地原有建筑物拆迁、赔偿,建设单位设计、施工、投资管理工作,生产职工培训、生产准备等工作。

1.1.1.3　基本建设的程序

基本建设程序是指基本建设在整个建设过程中各项工作必须遵循的先后次序。

一般基本建设程序由9个环节组成,如图1-1所示。

(1) 编制项目建议书。对建设项目的必要性和可行性进行初步研究,提出拟建项目的轮廓设想。

项目建议书的主要内容:① 项目投资方名称,生产经营概况,法定地址,法人代表姓名、职务,主管单位名称;② 项目建设的必要性和可行性;③ 项目产品的市场分析;④ 项目建设内容;⑤ 生产技术和主要设备(说明技术和设备的先进性、适用性和可靠性,以及重要技术经济指标);⑥ 主要原材料及水、电、气等需求量和运输解决方案;⑦ 员工数量、构成和来源;⑧ 投资估算,须说明需要投入的固定资金和流动资金;⑨ 投资方式和资金来源;⑩ 经济效益初步估算。

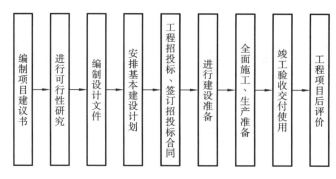

图 1-1 基本建设项目的程序

(2) 进行可行性研究。开展可行性研究和编制设计任务书。具体论证和评价项目在技术和经济上是否可行,并对不同方案进行分析比较;可行性研究报告作为设计任务书(也称计划任务书)的附件。设计任务书对是否实施这个项目,采取什么方案,选择什么建设地点,做出决策。

(3) 编制设计文件。从技术和经济上对拟建工程作出详尽规划。大中型项目一般采用两段设计,即初步设计与施工图设计。技术复杂的项目,可增加技术设计,按三个阶段进行。

(4) 安排基本建设计划。可行性研究和初步设计,送请有条件的工程咨询机构评估,经认可后,报计划部门,经过综合平衡,列入年度基本建设计划。

(5) 工程招投标、签订招投标合同。建设单位根据已批准的设计文件和概预算书,对拟建项目实行公开招标或邀请招标,选定具有一定技术、经济实力和管理经验,能胜任承包任务,效率高、价格合理而且信誉好的施工单位承揽招标任务。施工单位中标后,建设单位应与之签订合同,确定承发包关系。

(6) 进行建设准备。包括征地拆迁,做好"三通一平"(通水、通电、通道路、平整土地),落实施工力量,组织物资订货和供应,以及其他各项准备工作。

(7) 全面施工、生产准备。准备工作就绪后,提出开工报告,经过批准,即可开工兴建。遵循施工程序,按照设计要求和施工技术验收规范,进行施工安装。生产性建设项目开始施工后,及时组织专门力量,有计划、有步骤地开展生产准备工作。

(8) 验收投产。按照规定的标准和程序,对竣工工程进行验收(见基本建设工程竣工验收),编造竣工验收报告和竣工决算(见基本建设工程竣工决算),并办理固定资产交付生产使用的手续。小型建设项目,建设程序可以简化。

(9) 项目后评价。项目完工后对整个项目的造价、工期、质量、安全等指标进行分析评价或与类似项目进行对比。

后评价是对项目的执行过程,项目的收益、作用和影响进行系统客观的分析、总结和评价,确定项目目标达到的程度,由此得出经验和教训,为将来新的项目决策提供指导与借鉴作用。

1.1.2 基本建设项目的划分

基本建设项目按不同的分类方式可以分为许多类型。按建设项目在国民经济中的用途不同可分为生产性建设项目、非生产性建设项目;按建设性质可分为新建项目、扩建项目、改建项目、迁建项目、恢复项目等;按建设项目的规模大小或投资总额多少可分为大型项目、中型项目、小型项目;另外,还可以按资金来源和渠道不同进行划分等等。

为了便于对体积庞大的工程项目产品进行计价,将建设项目的整体依据其组成进行科学的分解,依次划分为若干个单项工程、单位工程、分部工程和分项工程。

1.1.2.1 建设项目

建设项目是指具有计划任务书和总体设计、经济上独立核算、管理上具有独立组织形式的基本建设单位。在工业建筑中,建设一个工厂就是一个建设项目;在民用建筑中,建设一所学校,或一所医院、一个住宅小区等都是一个建设项目。

建设项目在其初步设计阶段以建设项目为对象编制总概算,确定项目造价,竣工验收后编制工程竣工决算。

1.1.2.2 单项工程

单项工程是指在一个建设项目中,具有独立的设计文件,竣工后可以独立发挥生产能力或使用效益的工程。单项工程是建设项目的组成部分。在工业建筑中的各个生产车间、辅助车间、仓库等,在民用建筑中的教学楼、图书馆、住宅等都是单项工程。

单项工程的造价是由编制单项工程综合概预算来确定的。

1.1.2.3 单位工程

单位工程是指竣工后一般不能独立发挥生产能力或效益,但具有独立的设计文件,能独立组织施工的工程。单位工程是单项工程的组成部分。例如一个生产车间的厂房修建、电器照明、给排水、机械设备安装、电气设备安装等都是单位工程;住宅单项工程中的土建、给排水、电器照明等都是单位工程。

单位工程的造价是以单位工程为对象编制确定的。

1.1.2.4 分部工程

按照工程部位、设备种类和型号、使用材料的不同,可将一个单位工程划分为若干个分部工程。分部工程是单位工程的组成部分。例如房屋的土建工程,按不同的工种、不同的结构和部位,可分为土石方工程、桩与地基基础工程、砌筑工程、混凝土及钢筋混凝土工程等。

1.1.2.5 分项工程

分项工程是分部工程的组成部分。按照不同的施工方法、不同的材料性质等,可将一个分部工程分解为若干个分项工程。

《建设工程工程量清单计价规范》(GB 50500—2013)中的每个分项工程都是构成建筑物或构筑物实体的组成部分,也称为实体分项工程。例如:桩基础工程可分为钢筋混凝土预制桩、人工挖孔灌注桩、钻孔灌注桩、沉管灌注桩、砂石灌注桩、旋喷桩等。

为了便于确定每个实体分项工程的用工、用料、机械台班及资金消耗量,可以将每个实体分项工程进一步划分为若干个子(分)项工程。子项工程一般按照施工工艺、施工工序或者不同规格的材料进行划分,每个子项工程的工作内容比较单一。

分项、子项工程是确定定额消耗的基本单元,分项、子项工程的用工、用料及机械台班消耗量是计算工程费用的基础,企业的分项、子项消耗定额是企业投标报价的基础资料。

1.1.3 基本建设计价文件的分类

基本建设计价文件是指建筑工程概预算按项目所处的建设阶段划分的确定工程造价的文件，主要是投资估算、设计概算和施工图预算等。

1.1.3.1 投资估算

投资估算是指在整个投资决策过程中，依据现有的资料和一定的方法，对建设项目的投资额（包括工程造价和流动资金）进行的估计。投资估算总额是指从筹建、施工直至建成投产的全部建设费用，其包括的内容应视项目的性质和范围而定。

估算依据有：① 项目建议书（或建设规划），可行性研究报告（或设计任务书），方案设计（包括设计招标或城市建筑方案设计竞选中的方案设计，其中包括文字说明和图纸）；② 投资估算指标，概算指标，技术经济指标；③ 造价指标（包括单项工程和单位工程造价指标）；④ 类似工程造价；⑤ 设计参数，包括各种建筑面积指标，能源消耗指标等；⑥ 相关定额及其定额单价；⑦ 当地材料、设备预算价格及市场价格（包括设备、材料价格，专业分包报价等）；⑧ 当地建筑工程取费标准，如措施费、企业管理费、规费、利润、税金以及与建设有关的其他费用标准等。

1.1.3.2 设计概算

设计概算，是指在初步设计或扩大初步设计阶段，在投资估算的控制下由设计单位根据初步设计或者扩大初步设计的图纸及说明书、设备清单、概算定额或概算指标、各项费用取费标准等资料、类似工程预（决）算文件等资料，用科学的方法计算和确定建筑安装工程全部建设费用的经济文件。

设计概算是编制建设项目投资计划，确定和控制建设项目投资的依据。采用两阶段设计的建设项目，初步设计阶段必须编制设计概算；采用三阶段设计的建设项目，扩大初步设计阶段必须编制修正概算。

设计概算可分为单位工程概算、单项工程综合概算和建设项目总概算三级。

1.1.3.3 施工图预算

施工图预算是指施工图设计完成后，单位工程开工前，由建设单位（或施工承包单位）根据施工图、预算定额、各项取费标准、建设地区的自然及技术经济条件等资料编制的建筑安装工程预算造价文件。施工图预算是建筑企业和建设单位签订承包合同、实行工程预算包干、拨付工程款和办理工程结算的依据，也是建筑企业编制计划、实行经济核算和考核经营成果的依据，在实行招标承包制的情况下，是建设单位确定标底和建筑企业投标报价的依据。施工图预算是关系建设单位和建筑企业经济利益的技术经济文件，如在执行过程中发生经济纠纷，应经仲裁机关仲裁，或按法律程序解决。

1.1.3.4 竣工结算

竣工结算是指一个建设项目或单项工程、单位工程全部竣工，承发包双方根据现场施工记录、设计变更通知书、现场变更鉴定、定额预算单价等资料，进行合同价款的增减或调整计算。竣工结算应按照合同有关条款和价款结算办法的有关规定进行，合同通用条款中有关条款的内容与价款结算办法的有关规定有出入的，以价款结算办法的规定为准。

1.1.3.5 竣工决算

工程竣工决算是指在工程竣工验收交付使用阶段,由建设单位编制的建设项目从筹建到竣工验收、交付使用全过程中实际支付的全部建设费用。竣工决算是整个建设工程的最终价格,是作为建设单位财务部门汇总固定资产的主要依据。

竣工决算是建设工程经济效益的全面反映,是项目法人核定各类新增资产价值,办理其交付使用的依据。通过竣工决算,一方面能够正确反映建设工程的实际造价和投资结果;另一方面可以通过竣工决算与概算、预算的对比分析,考核投资控制的工作成效,总结经验教训,积累技术经济方面的基础资料,提高未来建设工程的投资效益。

以上对于建设工程的计价过程是一个由粗到细,由浅入深,最终确定整个工程实际造价的过程,各计价过程之间是相互联系、相互补充、相互制约的关系,前者制约后者,后者补充前者。

图 1-2 为建设程序和各阶段计价文件关系示意,从图中可以看出:
(1) 在项目建议书和可行性研究阶段编制投资估算;
(2) 在初步设计和技术设计阶段,分别编制设计概算和修正设计概算;
(3) 在施工图设计完成后,在施工前编制施工图预算;
(4) 在项目招投标阶段确定标底和报价,从而确定承包合同价;
(5) 在项目实施阶段,分阶段或者不同目标进行工程结算;
(6) 在项目竣工验收阶段,编制竣工决算。

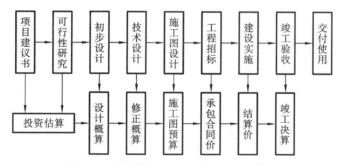

图 1-2 建设程序和各阶段计价文件关系

综上所述,建筑工程计价文件是基本建设文件的重要组成部分,是基本建设过程中的经济文件。

1.1.4 建筑工程计价的特点

建设工程造价,一般是指进行某项工程建设所花费(预期花费或实际花费)的全部费用,即该建设项目(工程项目)有计划地进行固定资产再生产和形成相应的无形资产和铺底流动资金的一次性费用总和。

基本建设是一项特殊的生产活动,它区别于一般工农业生产,具有周期长、物耗大、涉及面广和协作性强、建设地点固定、水文地质条件各异、生产过程单一性强、不能批量生产等特点。由于建设工程产品的这种特点和工程建设内部生产关系的特殊性,决定了工程产品造价不同于一般工农业产品的计价特点。

1.1.4.1 单件性计价

每个建设工程项目都有特定的目的和用途,也就会有不同的结构、造型和装饰,产生不同的建筑面积和体积,建设施工时还可采用不同的工艺设备、建筑材料和施工工艺方案。因此每个建设项目一般只能单独设计、单独建设。即使是相同用途和相同规模的同类建设项目,由于技术水平、建筑等级和建筑标准的差别,以及地区条件、自然环境与风俗习惯的不同也会有很大区别,最终导致工程造价的千差万别。因此,对于建设工程既不能像工业产品那样按品种、规格和质量成批定价,只能是单件计价;也不能由国家、地方、企业规定统一的造价,只能按各个项目规定的建设程序计算工程造价。建筑产品的个体差别性决定了每项工程都必须单独计算造价。

1.1.4.2 多次性计价

建设工程的生产过程是一个周期长、规模大、造价高、物耗多的投资生产活动,必须按照规定的建设程序分阶段进行建设,才能按时、保质、有效地完成建设项目。为了适应项目管理的要求,适应工程造价控制和管理的要求,需要按照建设程序中各个规划设计和建设阶段多次性进行计价。从投资估算、设计概算、施工图预算等预期造价到承包合同价、结算价和最后的竣工决算价等实际造价,是一个由粗到细,由浅入深,最后确定建设工程实际造价的计价过程。

1.1.4.3 按工程构成的分部组合计价

工程造价的计算是分部组合而成,这一特征和建设项目的组合性有关。按照国家规定,工程建设项目根据投资规模大小可划分为大、中、小型项目,而每一个建设项目又可按其生产能力和工程效益的发挥以及设计施工范围逐级大小分解为单项工程、单位工程、分部工程和分项工程。

建设项目的组合性决定了工程造价计价的过程是一个逐步组合的过程。在确定工程建设项目的设计概算和施工图预算时,则需按工程构成的分部组合由下而上地计价。就是要先计算各单位工程的概(预)算,再计算各单项工程的综合概(预)算,再汇总成建设项目的总概(预)算。而且单位工程的工程量和施工图预算一般是按分部工程、分项工程采用相应的定额单价、费用标准进行计算。这就是采用对工程建设项目由大到小进行逐级分解,再按其构成的分部由小到大逐步组合计算出总的项目工程造价。其计算过程和计算顺序是:分部分项工程单价—单位工程造价—单项工程造价—建设项目总造价。

1.2 建筑与装饰工程造价组成及计价程序

1.2.1 建筑与装饰工程造价组成

为适应深化工程计价改革的需要,根据国家有关法律、法规及相关政策,在总结《关于印发〈建筑安装工程费用项目组成〉的通知》(建标[2003]206号)(以下简称《通知》)执行情况的基础上,住房和城乡建设部、财政部下达了《关于印发〈建筑安装工程费用项目组成〉的通知》(以下简称《费用组成》),即建标[2013]44号文件,《费用组成》自2013年7月1日起施行,建标[2003]206号文件同时废止。

1.2.1.1 建筑安装工程费用项目组成(按费用构成要素划分)

建筑安装工程费按照费用构成要素划分为人工费、材料(包含工程设备,下同)费、施工机具使用费、企业管理费、利润、规费和税金。其中人工费、材料费、施工机具使用费、企业管理费和利润包含在分部分项工程费、措施项目费、其他项目费中,费用组成如图1-3所示。

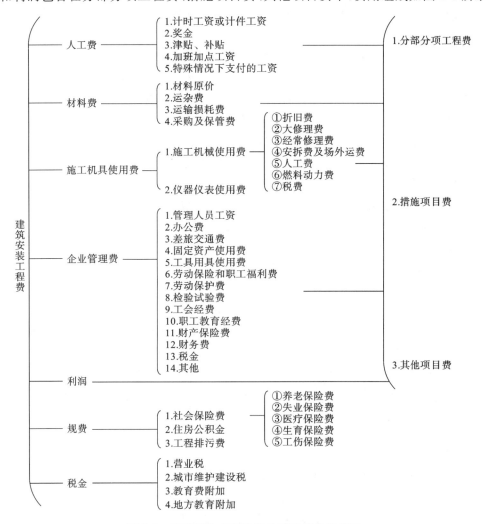

图1-3 按费用构成要素划分造价组成结构图

（1）人工费,是指按工资总额构成规定,支付给从事建筑安装工程施工的生产工人和附属生产单位工人的各项费用。其内容包括如下几项。

① 计时工资或计件工资,是指按计时工资标准和工作时间或对已做工作按计件单价支付给个人的劳动报酬。

② 奖金,是指对超额劳动和增收节支支付给个人的劳动报酬。如节约奖、劳动竞赛奖等。

③ 津贴、补贴,是指为了补偿职工特殊或额外的劳动消耗和因其他特殊原因支付给个人的津贴,以及为了保证职工工资水平不受物价影响支付给个人的物价补贴。如流动施工津贴、特殊地区施工津贴、高温（寒）作业临时津贴、高空津贴等。

④ 加班加点工资,是指按规定支付的在法定节假日工作的加班工资和在法定工作日时间外延时工作的加点工资。

⑤ 特殊情况下支付的工资,是指根据国家法律、法规和政策规定,因病、工伤、产假、计

划生育假、婚丧假、事假、探亲假、定期休假、停工学习、执行国家或社会义务等原因按计时工资标准或计时工资标准的一定比例支付的工资。

(2) 材料费,是指施工过程中耗费的原材料、辅助材料、构配件、零件、半成品或成品、工程设备的费用。其内容包括如下几项。

① 材料原价,是指材料、工程设备的出厂价格或商家供应价格。

② 运杂费,是指材料、工程设备自来源地运至工地仓库或指定堆放地点所发生的全部费用。

③ 运输损耗费,是指材料在运输装卸过程中不可避免的损耗。

④ 采购及保管费,是指为组织采购、供应和保管材料、工程设备的过程中所需要的各项费用。采购及保管费包括采购费、仓储费、工地保管费、仓储损耗。

工程设备是指构成或计划构成永久工程一部分的机电设备、金属结构设备、仪器装置及其他类似的设备和装置。

(3) 施工机具使用费,是指施工作业所发生的施工机械、仪器仪表使用费或其租赁费。

① 施工机械使用费,以施工机械台班耗用量乘以施工机械台班单价表示,施工机械台班单价应由下列七项费用组成。

a. 折旧费,指施工机械在规定的使用年限内,陆续收回其原值的费用。

b. 大修理费,指施工机械按规定的大修理间隔台班进行必要的大修理,以恢复其正常功能所需的费用。

c. 经常修理费,指施工机械除大修理以外的各级保养和临时故障排除所需的费用。包括为保障机械正常运转所需替换设备与随机配备工具附具的摊销和维护费用,机械运转中日常保养所需润滑与擦拭的材料费用及机械停滞期间的维护和保养费用等。

d. 安拆费及场外运费,安拆费指施工机械(大型机械除外)在现场进行安装与拆卸所需的人工、材料、机械和试运转费用以及机械辅助设施的折旧、搭设、拆除等费用;场外运费指施工机械整体或分体自停放地点运至施工现场或由一施工地点运至另一施工地点的运输、装卸、辅助材料及架线等费用。

e. 人工费,指机上司机(司炉)和其他操作人员的人工费。

f. 燃料动力费,指施工机械在运转作业中所消耗的各种燃料及水、电等。

g. 税费,指施工机械按照国家规定应缴纳的车船使用税、保险费及年检费等。

② 仪器仪表使用费,是指工程施工所需使用的仪器仪表的摊销及维修费用。

(4) 企业管理费,是指建筑安装企业组织施工生产和经营管理所需的费用。其内容包括如下几项。

① 管理人员工资,是指按规定支付给管理人员的计时工资、奖金、津贴补贴、加班加点工资及特殊情况下支付的工资等。

② 办公费,是指企业管理办公用的文具、纸张、报表、印刷、邮电、书报、办公软件、现场监控、会议、水电、烧水和集体取暖降温(包括现场临时宿舍取暖降温)等费用。

③ 差旅交通费,是指职工因公出差、调动工作的差旅费、住勤补助费,市内交通费和误餐补助费,职工探亲路费,劳动力招募费,职工退休、退职一次性路费,工伤人员就医路费,工地转移费以及管理部门使用的交通工具的油料、燃料等费用。

④ 固定资产使用费,是指管理和试验部门及附属生产单位使用的属于固定资产的房屋、设备、仪器等的折旧、大修、维修或租赁费。

⑤ 工具用具使用费,是指企业施工生产和管理使用的不属于固定资产的工具、器具、家

具、交通工具和检验、试验、测绘、消防用具等的购置、维修和摊销费。

⑥ 劳动保险和职工福利费,是指由企业支付的职工退职金、按规定支付给离休干部的经费、集体福利费、夏季防暑降温、冬季取暖补贴、上下班交通补贴等。

⑦ 劳动保护费,是企业按规定发放的劳动保护用品的支出。如工作服、手套、防暑降温饮料以及在有碍身体健康的环境中施工的保健费用等。

⑧ 检验试验费,是指施工企业按照有关标准规定,对建筑以及材料、构件和建筑安装物进行一般鉴定、检查所发生的费用,包括自设试验室进行试验所耗用的材料等费用;不包括新结构、新材料的试验费,对构件做破坏性试验及其他特殊要求检验试验的费用和建设单位委托检测机构进行检测的费用。对此类检测发生的费用,由建设单位在工程建设其他费用中列支。但对施工企业提供的具有合格证明的材料进行检测,结果不合格的,该检测费用由施工企业支付。

⑨ 工会经费,是指企业按《工会法》规定的全部职工工资总额比例计提的工会经费。

⑩ 职工教育经费,是指按职工工资总额的规定比例计提,企业为职工进行专业技术和职业技能培训,专业技术人员继续教育、职工职业技能鉴定、职业资格认定以及根据需要对职工进行各类文化教育所发生的费用。

⑪ 财产保险费,是指施工管理用财产、车辆等的保险费用。

⑫ 财务费,是指企业为施工生产筹集资金或提供预付款担保、履约担保、职工工资支付担保等所发生的各种费用。

⑬ 税金,是指企业按规定缴纳的房产税、车船使用税、土地使用税、印花税等。

⑭ 其他,包括技术转让费、技术开发费、投标费、业务招待费、绿化费、广告费、公证费、法律顾问费、审计费、咨询费、保险费等。

(5) 利润,是指施工企业完成所承包工程获得的盈利。

(6) 规费,是指按国家法律、法规规定,由省级政府和省级有关权力部门规定必须缴纳或计取的费用。规费包括如下几项。

① 社会保险费:

a. 养老保险费,是指企业按照规定标准为职工缴纳的基本养老保险费;

b. 失业保险费,是指企业按照规定标准为职工缴纳的失业保险费;

c. 医疗保险费,是指企业按照规定标准为职工缴纳的基本医疗保险费;

d. 生育保险费,是指企业按照规定标准为职工缴纳的生育保险费;

e. 工伤保险费,是指企业按照规定标准为职工缴纳的工伤保险费。

② 住房公积金,是指企业按规定标准为职工缴纳的住房公积金。

③ 工程排污费,是指按规定缴纳的施工现场工程排污费。

其他应列而未列入的规费,按实际发生计取。

(7) 税金,是指国家税法规定的应计入建筑安装工程造价内的营业税、城市维护建设税、教育费附加以及地方教育附加。

1.2.1.2 建筑安装工程费用项目组成(按造价形成划分)

建筑安装工程费按照工程造价的形成,由分部分项工程费、措施项目费、其他项目费、规费、税金组成。分部分项工程费,措施项目费,其他项目费包含人工费、材料费、施工机具使用费、企业管理费和利润,见图1-4。

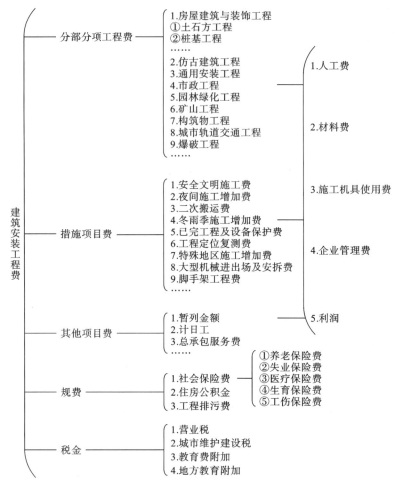

图 1-4 按造价形成划分造价组成结构图

（1）分部分项工程费，是指各专业工程的分部分项工程应予列支的各项费用。

① 专业工程，是指按现行国家计量规范划分的房屋建筑与装饰工程、仿古建筑工程、通用安装工程、市政工程、园林绿化工程、矿山工程、构筑物工程、城市轨道交通工程、爆破工程等各类工程。

② 分部分项工程，指按现行国家计量规范对各专业工程划分的项目。如房屋建筑与装饰工程划分的土石方工程、地基处理与桩基工程、砌筑工程、钢筋及钢筋混凝土工程等。

各类专业工程的分部分项工程划分见现行国家或行业计量规范。

（2）措施项目费，是指为完成建设工程施工，发生于该工程施工前和施工过程中的技术、生活、安全、环境保护等方面的费用。其内容如下。

① 安全文明施工费。

a. 环境保护费，是指施工现场为达到环保部门要求所需要的各项费用。

b. 文明施工费，是指施工现场文明施工所需要的各项费用。

c. 安全施工费，是指施工现场安全施工所需要的各项费用。

d. 临时设施费，是指施工企业为进行建设工程施工所必须搭设的生活和生产用的临时建筑物、构筑物和其他临时设施费用。包括临时设施的搭设、维修、拆除、清理费或摊销费等。

② 夜间施工增加费,是指因夜间施工所发生的夜班补助费、夜间施工降效、夜间施工照明设备摊销及照明用电等费用。

③ 二次搬运费,是指因施工场地条件限制而发生的材料、构配件、半成品等一次运输不能到达堆放地点,必须进行二次或多次搬运所发生的费用。

④ 冬雨季施工增加费,是指在冬季或雨季施工需增加防滑、排除雨雪的临时设施,人工及施工机械效率降低等费用。

⑤ 已完工程及设备保护费,是指竣工验收前,对已完工程及设备采取的必要保护措施所发生的费用。

⑥ 工程定位复测费,是指工程施工过程中进行全部施工测量放线和复测工作的费用。

⑦ 特殊地区施工增加费,是指工程在沙漠或其边缘地区、高海拔、高寒、原始森林等特殊地区施工增加的费用。

⑧ 大型机械设备进出场及安拆费,是指机械整体或分体自停放场地运至施工现场或由一个施工地点运至另一个施工地点,所发生的机械进出场运输及转移费用及机械在施工现场进行安装、拆卸所需的人工费、材料费、机械费、试运转费和安装所需的辅助设施的费用。

⑨ 脚手架工程费,是指施工需要的各种脚手架搭、拆、运输费用以及脚手架购置费的摊销(或租赁)费用。

措施项目及其包含的内容详见各类专业工程的现行国家或行业计量规范。

(3) 其他项目费如下。

① 暂列金额:是指建设单位在工程量清单中暂定并包括在工程合同价款中的一笔款项。用于施工合同签订时尚未确定或者不可预见的所需材料、工程设备、服务的采购,施工中可能发生的工程变更、合同约定调整因素出现时的工程价款调整以及发生的索赔、现场签证确认等的费用。

② 计日工:是指在施工过程中,施工企业完成建设单位提出的施工图纸以外的零星项目或工作所需的费用。

③ 总承包服务费:是指总承包人为配合、协调建设单位进行的专业工程发包,对建设单位自行采购的材料、工程设备等进行保管以及施工现场管理、竣工资料汇总整理等服务所需的费用。

(4) 规费:定义同图1-3中规费。

(5) 税金:定义同图1-3中税金。

1.2.2 建筑安装工程费用参考计算方法

1.2.2.1 各费用构成要素参考计算方法

(1) 人工费。

$$人工费 = \sum(工日消耗量 \times 日工资单价)$$

日工资单价是指施工企业平均技术熟练程度的生产工人在每工作日(国家法定工作时间内)按规定从事施工作业应得的日工资总额。

(2) 材料费。

① 材料费。

$$材料费 = \sum(材料消耗量 \times 材料单价)$$

$$材料单价 = (材料原价 + 运杂费) \times [1 + 运输损耗率(\%)] \times [1 + 采购保管费率(\%)]$$

② 工程设备费。

$$工程设备费 = \sum (工程设备量 \times 工程设备单价)$$

$$工程设备单价 = (设备原价 + 运杂费) \times [1 + 采购保管费率(\%)]$$

(3) 施工机具使用费。

① 施工机械使用费。

$$施工机械使用费 = \sum (施工机械台班消耗量 \times 机械台班单价)$$

$$机械台班单价 = 台班折旧费 + 台班大修费 + 台班经常修理费 + 台班安拆费及场外运费 + 台班人工费 + 台班燃料动力费 + 台班车船税费$$

② 仪器仪表使用费。

$$仪器仪表使用费 = 工程使用的仪器仪表摊销费 + 维修费$$

(4) 企业管理费费率。

① 以分部分项工程费为计算基础时的企业管理费费率。

$$企业管理费费率(\%) = \frac{生产工人年平均管理费}{年有效施工天数 \times 人工单价} \times 人工费占分部分项工程费比例(\%)$$

② 以人工费和机械费合计为计算基础时的企业管理费费率。

$$企业管理费费率(\%) = \frac{生产工人年平均管理费}{年有效施工天数 \times (人工单价 + 每一工日机械使用费)} \times 100\%$$

③ 以人工费为计算基础时的企业管理费费率。

$$企业管理费费率(\%) = \frac{生产工人年平均管理费}{年有效施工天数 \times 人工单价} \times 100\%$$

(5) 利润。

① 施工企业根据企业自身需求并结合建筑市场实际情况自主确定,列入报价中。

② 工程造价管理机构在确定计价定额中利润时,应以定额人工费或"定额人工费 + 定额机械费"作为计算基数,其费率根据历年工程造价积累的资料,并结合建筑市场实际确定,以单位(单项)工程测算,利润在税前建筑安装工程费的比例可按不低于5%且不高于7%的费率计算。利润应列入分部分项工程和措施项目中。

(6) 规费。

① 社会保险费和住房公积金。

社会保险费和住房公积金应以定额人工费为计算基础,根据工程所在地省、自治区、直辖市或行业建设主管部门规定费率计算。

$$社会保险费和住房公积金 = \sum (工程定额人工费 \times 社会保险费和住房公积金费率)$$

式中:社会保险费和住房公积金费率可以按每万元发承包价的生产工人人工费和管理人员工资含量与工程所在地规定的缴纳标准综合分析取定。

② 工程排污费。

工程排污费等其他应列而未列入的规费应按工程所在地环境保护等部门规定的标准缴纳,按实计取列入。

(7) 税金。

$$税金 = 税前造价 \times 综合税率(\%)$$

注:按纳税地点现行税率计算。

1.2.2.2 建筑安装工程计价参考公式

(1) 分部分项工程费。

$$分部分项工程费 = \sum(分部分项工程量 \times 综合单价)$$

式中:综合单价包括人工费、材料费、施工机具使用费、企业管理费和利润以及一定范围的风险费用(下同)。

(2) 措施项目费。

① 国家计量规范规定应予计量的措施项目。

$$措施项目费 = \sum(措施项目工程量 \times 综合单价)$$

② 国家计量规范规定不宜计量的措施项目。

a. 安全文明施工费。

$$安全文明施工费 = 计算基数 \times 安全文明施工费费率(\%)$$

计算基数应为定额基价(定额分部分项工程费+定额中可以计量的措施项目费)、定额人工费或定额人工费+定额机械费,其费率由工程造价管理机构根据各专业工程的特点综合确定。

b. 夜间施工增加费。

$$夜间施工增加费 = 计算基数 \times 夜间施工增加费费率(\%)$$

c. 二次搬运费。

$$二次搬运费 = 计算基数 \times 二次搬运费费率(\%)$$

d. 冬雨季施工增加费。

$$冬雨季施工增加费 = 计算基数 \times 冬雨季施工增加费费率(\%)$$

e. 已完工程及设备保护费。

$$已完工程及设备保护费 = 计算基数 \times 已完工程及设备保护费费率(\%)$$

上述 b~e 项措施项目的计费基数应为定额人工费或定额人工费+定额机械费,其费率由工程造价管理机构根据各专业工程特点和调查资料综合分析后确定。

(3) 其他项目费。

① 暂列金额由建设单位根据工程特点,按有关计价规定估算,施工过程中由建设单位掌握使用、扣除合同价款调整后如有余额,归建设单位。

② 计日工由建设单位和施工企业按施工过程中的签证计价。

③ 总承包服务费由建设单位在招标控制价中根据总包服务范围和有关计价规定编制,施工企业投标时自主报价,施工过程中按签约合同价执行。

(4) 规费和税金。

建设单位和施工企业均应按照省、自治区、直辖市或行业建设主管部门发布标准计算规费和税金,不得作为竞争性费用。

1.2.3 建筑安装工程计价程序

采用工程量清单计价,是按照《建设工程工程量清单计价规范》(GB 50500—2013)规定计算建设工程造价的计价活动。采用工程量清单计价时,工程造价由分部分项工程费、措施项目费、其他项目费、规费、税金组成,单位工程清单计价程序见表1-1。

采用定额计价模式,是根据《广东省房屋建筑与装饰工程综合定额(2018)》的计算规则,查找定额子目,求取人、材、机的价差,计算利润、规费、税金等的计价活动。采用定额计价模式时,工程造价也是由分部分项工程费、措施项目费、其他项目费、规费、税金组成,单位工程定额计价程序见表1-2。

表1-1 单位工程清单计价程序

工程名称: 标段:

序号	内容	计算方法	金额(元)
1	分部分项工程费	$\sum$(清单工程量×综合单价)	
2	措施项目费	2.1+2.2	
2.1	其中:安全文明施工费	按规定标准计算	
2.2	其他措施项目费	按规定标准计算	
3	其他项目费	3.1+3.2+3.3+3.4	
3.1	其中:暂列金额	按计价规定估算	
3.2	其中:专业工程暂估价	按计价规定估算	
3.3	其中:计日工	按计价规定估算	
3.4	其中:总承包服务费	按计价规定估算	
4	规费	(1+2+3)×费率	
5	税金(扣除不列入计税范围的工程设备金额)	(1+2+3+4)×规定税率	
工程造价合计=1+2+3+4+5			

表1-2 单位工程定额计价程序

工程名称: 标段:

序号	名称	计算方法	金额(元)
1	分部分项工程费	1.1+1.2+1.3	
1.1	定额分部分项工程费	$\sum$(工程量×子目基价)	
1.2	价差	$\sum$[数量×(编制价-定额价)]	
1.3	利润	人工费×利润率	
2	措施项目费	2.1+2.2	
2.1	安全防护、文明施工措施费	按规定计算(包括价差和利润)	
2.2	其他措施项目费	按规定计算(包括价差和利润)	
3	其他项目费	3.1+3.2+3.3+3.4	
3.1	暂列金额	按有关规定计算	
3.2	暂估价	按有关规定计算	
3.3	计日工	按有关规定计算	
3.4	总承包服务费	按有关规定计算	
4	规费	(1+2+3)×费率	
5	税金	(1+2+3+4)×税率,税率按税务部门规定计算	
6	含税工程造价	1+2+3+4+5	

任务 2 工程量清单及清单计价

2.1 建筑工程工程量清单编制

2.1.1 工程量清单的概念

工程量清单是建设工程实行工程量清单计价的专用名词,是把承包合同中规定的准备实施的全部工程项目和内容,按工程部位、特征以及它们的数量、单价、合价等用明细清单表示出来,包含了分部分项工程项目、措施项目、其他项目、规费项目和税金项目的名称和相应数量等。

2.1.2 工程量清单的组成内容

工程量清单具体包括说明和清单表两个部分。

(1)工程量清单说明。工程量清单说明主要是招标人解释拟招标工程的工程量清单的编制依据以及重要作用,明确清单中的工程量是招标人估算得出的,仅仅作为投标报价的基础,结算时的工程量应以招标人或由其授权委托的监理工程师核准的实际完成量为依据。

(2)工程量清单表。工程量清单表作为清单项目和工程数量的载体,是工程量清单的重要组成部分。

2.1.3 《建设工程工程量清单计价规范》

《建设工程工程量清单计价规范》(GB 50500—2013)以下简称《计价规范》,自 2013 年 7 月 1 日开始实施。《计价规范》是在 2003 版规范和 2008 版规范的基础上发展而来,2003 版规范条文数量为 45 条,2008 版规范增加到 136 条,而 2013 版规范又增加到 328 条,清单的整体内容基本一样,分别是正文规范、工程计量规范、条文说明。

《计价规范》的内容由正文、附录和条文说明三个部分组成,包括总则、术语、工程量清单编制、工程量清单计价和工程量清单计价表格等五章及 9 个专业工程。其中,正文对规范的适用范围、工程量清单编制、编制依据和内容,以及对清单的执行和管理等方面的事项做出了明确的规定。9 个专业分别用于指导不同类型工程的工程量清单开列和计算规则:房屋建筑与装饰工程、仿古建筑工程、通用安装工程、市政工程、园林绿化工程、矿山工程、构筑物工程、城市轨道交通工程、爆破工程。

2.1.4 工程量清单的编制

工程量清单是依据国家或行业有关工程量清单的"计价规范"标准和招标文件中有约束力的设计图纸、技术标准、合同条款中约定的工程计量和计价规则计算编制的。作为招标文件的组成部分,是编制招标控制价和投标报价的依据,是签订工程合同、调整工程量和办理竣工结算的基础。

工程量清单由有编制招标文件能力的招标人或受其委托具有相应资质的工程造价咨询机构、招标代理机构依据有关计价办法、招标文件的有关要求、设计文件和施工现场实际情况进行编制，其准确性和完整性由招标人负责。

2.1.4.1 分部分项工程项目清单

分部分项工程是"分部工程"和"分项工程"的总称。分部分项工程项目清单必须载明项目编码、项目名称、项目特征、计量单位和工程量，其格式如表 2-1 所示。在分部分项工程量清单的编制过程中，由招标人负责前 6 项内容填写，金额部分在编制招标控制价或投标报价时填写。

表 2-1 分部分项工程和单价措施项目清单与计价表

工程名称：　　　　　　　　　　标段：　　　　　　　　　　第 页 共 页

序号	项目编码	项目名称	项目特征	计量单位	工程量	金额(元)		
						综合单价	合价	其中:暂估价

1. 项目编码

项目编码以五级编码设置，用十二位阿拉伯数字表示。一、二、三、四级编码为全国统一，第五级编码由工程量清单编制人区分具体工程的清单项目特征而分别编码，并应从 001 起顺序编制。各级编码代表的含义如下。

（1）第一级表示专业工程代码（分二位）：房屋建筑与装饰工程为 01、仿古建筑工程为 02、通用安装工程为 03、市政工程为 04、园林绿化工程为 05、矿山工程为 06、构筑物工程为 07、城市轨道交通工程为 08、爆破工程为 09。

（2）第二级表示附录分类顺序码（分二位）。

（3）第三级表示分部工程顺序码（分二位）。

（4）第四级表示分项工程项目名称顺序码（分三位）。

（5）第五级表示工程量清单项目名称顺序码（分三位）。

例如：

03—02—08—004-×××

03：第一级为专业工程代码，03 表示安装工程。

02：第二级为附录分类顺序码，02 表示第二章电气设备安装工程。

08：第三级为分部工程顺序码，08 表示第八节电缆安装。

004：第四级为分项工程项目名称顺序码，004 表示电缆桥架。

×××：第五级为工程量清单项目名称顺序码（由工程量清单编制人编制，从 001 开始）。

2. 项目名称

项目名称应按各专业工程计量规范附录的项目结合拟建工程的实际确定。项目名称如有缺项，招标人可按相应的原则进行补充，并报当地工程造价管理机构（省级）备案。

3. 项目特征

项目特征是构成分部分项工程项目、措施项目自身价值的本质特征。项目特征是对项目的准确描述，是影响价格的因素，是设置具体清单项目的依据。项目特征应按不同的工程部位、施工工艺或材料品种、规格等分别列项。凡项目特征中未描述到的其他独有特征，由清单编制人视项目具体情况确定，以准确描述清单项目为准。

在清单规范附录的表格中还有各清单项目"工作内容"的描述。工作内容是指完成该清单项目可能发生的具体工作和操作程序,但应注意,在编制清单时,工作内容通常无须描述,因为在计价规范中,工程量清单项目与工程量计算规则、工作内容有一一对应关系,当采用计价规范这一标准时,工作内容均有规定。

4. 计量单位

(1) 以质量计算的项目——吨或千克(t 或 kg)。
(2) 以体积计算的项目——立方米(m^3)。
(3) 以面积计算的项目——平方米(m^2)。
(4) 以长度计算的项目——米(m)。
(5) 以自然计量单位计算的项目——个、套、块、樘、组、台……
(6) 没有具体数量的项目——系统、项……

各专业有特殊计量单位的,再另外加以说明,当计量单位有两个或两个以上时,应根据所编工程量清单项目的特征要求,选择最适宜表现该项目特征并方便计量的单位。

计量单位的有效位数应遵守下列规定:

(1) 以"t"为单位,应保留小数点后三位数字,第四位小数四舍五入;
(2) 以"m""m^2""m^3""kg"为单位,应保留小数点后两位数字,第三位小数四舍五入;
(3) 以"个""件""根""组""系统"等为单位,应取整数。

5. 工程数量的计算

工程数量主要通过工程量计算规则计算得到。工程量计算规则是指对清单项目工程量的计算规定。除另有说明外,所有清单项目的工程量应以实体工程量为准,并以完成后的净值计算;投标人投标报价时,应在单价中考虑施工中的各种损耗和需要增加的工程量。

工程量计算规则可以分为房屋建筑与装饰工程、仿古建筑工程、通用安装工程、市政工程、园林绿化工程、矿山工程、构筑物工程、城市轨道交通工程、爆破工程九个专业部分。

以房屋建筑与装饰工程为例,其计量规范中规定的实体项目包括土石方工程、地基处理与边坡支护工程、桩基础工程、砌筑工程、混凝土及钢筋混凝土工程、金属结构工程、木结构工程、门窗工程、屋面及防水工程、保温隔热防腐工程、楼地面装饰工程、墙柱面装饰与隔断幕墙工程、天棚工程、油漆涂料裱糊工程、其他装饰工程、拆除工程等。

当出现计量规范附录中未包括的清单项目时,编制人应做补充。在编制补充项目时应注意以下几个方面。

(1) 补充项目的编码应按计量规范的规定确定。具体做法如下:补充项目的编码由计量规范的代码与 B 和三位阿拉伯数字组成,并应从 001 起顺序编制,例如房屋建筑与装饰工程如需补充项目,则其编码应从 01B001 开始顺序编制,同一招标工程的项目不得重码。

(2) 在工程量清单中应附补充项目的项目名称、项目特征、计量单位、工程量计算规则和工作内容。

(3) 将编制的补充项目报省级或行业造价管理机构备案。

2.1.4.2 措施项目清单

措施项目清单应根据相关工程现行国家计量规范的规定编制,并应根据拟建工程的实际情况列项。例如,《房屋建筑与装饰工程量计算规范》(GB 50854—2013)中规定的措施项目,包括脚手架工程,混凝土模板及支架(撑),垂直运输,超高施工增加,大型机械设备进出场及安拆,施工排水、降水,安全文明施工及其他措施项目。

1. 措施项目清单的类别

措施项目费用的发生与使用时间、施工方法或者两个以上的工序相关,如安全文明施工,夜间施工,非夜间施工照明,二次搬运,冬雨季施工,地上、地下设施,建筑物的临时保护设施,已完工程及设备保护等。但是有些措施项目则是可以计算工程量的项目,如脚手架工程、混凝土模板及支架(撑),垂直运输,超高施工增加,大型机械设备进出场及安拆,施工排水、降水等,这类措施项目按照分部分项工程量清单的方式采用综合单价计价,更有利于措施费的确定和调整。措施项目中可以计算工程量的项目清单宜采用分部分项工程量清单的方式编制,列出项目编码、项目名称、项目特征、计量单位和工程量计算规则(见表2-1);不能计算工程量的项目清单,以"项"为计量单位进行编制(见表2-2)。

表 2-2 总价措施项目清单与计价

工程名称:　　　　　　　　　　　　标段:　　　　　　　　　　　　第 页 共 页

序号	项目编码	项目名称	计算基础	费率(%)	金额(元)	调整费率(%)	调整后金额(元)	备注
		安全文明施工增加费						
		夜间施工增加费						
		二次搬运费						
		冬雨季施工增加费						
		已完工程及设备保护费						
		……						
		合计						

编制人(造价人员):　　　　　　　　　　　　　复核人(造价工程师):

2. 措施项目清单的编制

措施项目清单的编制需考虑多种因素,除工程本身的因素外,还涉及水文、气象、环境、安全等因素。措施项目清单应根据拟建工程的实际情况列项。若出现清单计价规范中未列的项目,可根据工程实际情况补充。

措施项目清单的编制依据主要有:

(1) 施工现场情况、地勘水文资料、工程特点;
(2) 常规施工方案;
(3) 与建设工程有关的标准、规范、技术资料;
(4) 拟定的招标文件;
(5) 建设工程设计文件及相关资料。

2.1.4.3 其他项目清单

其他项目清单是指除分部分项工程量清单、措施项目清单所包含的内容以外,因招标人的特殊要求而发生的与拟建工程有关的其他费用项目和相应数量的清单。工程建设标准的高低、工程的复杂程度、工程的工期长短、工程的组成内容、发包人对工程管理要求等都是直接影响其他项目清单的具体内容。其他项目清单包括暂列金额；暂估价（包括材料暂估单价、工程设备暂估单价、专业工程暂估价）；计日工；总承包服务费。其他项目清单宜按照表2-3的格式编制，出现未包含在表格中内容的项目，可根据工程实际情况补充。

表 2-3　其他项目清单与计价汇总表

工程名称：　　　　　　　　　　标段：　　　　　　　　　　第　页　共　页

序号	项 目 名 称	金额（元）	结算金额（元）	备　注
1	暂列金额			明细详见表 2-4
2	暂估价			
2.1	材料（工程设备）暂估价/结算价	—		明细详见表 2-5
2.2	专业工程暂估价/结算价			明细详见表 2-6
3	计日工			明细详见表 2-7
4	总承包服务费			明细详见表 2-8
5	索赔与现场签证			
	合计			—

1. 暂列金额

暂列金额是指招标人在工程量清单中暂定并包括在合同价款的一笔款项，用于工程合同签订时尚未确定或者不可预见的所需材料、工程设备、服务的采购，施工中可能发生的工程变更、合同约定调整因素出现时的合同价款调整，以及发生的索赔、现场签证确认等的费用。不管采用何种合同形式，其理想的标准是：一份合同的价格就是其最终的竣工结算价格，或者至少两者应尽可能接近。但工程建设自身的特性决定了工程的设计需要根据工程进展不断地进行优化和调整，业主需求可能会随工程建设进展出现变化，工程建设还会存在一些不能预见、不能确定的因素。消化这些因素必然影响合同价格的调整，暂列金额正是因这类不可避免的价格调整而设立，以便达到合理确定和有效控制工程造价的目标。设立暂列金额并不能保证合同结算价格就不会再出现超过合同价格的情况，是否超出合同价格完全取决于工程量清单编制人对暂列金额预测的准确性，以及工程建设过程是否出现了其他事先未预测到的事件。暂列金额应根据工程特点，按有关计价规定估算。暂列金额可按照表 2-4 的格式列示。

表 2-4　暂列金额明细表

工程名称：　　　　　　　　　　标段：　　　　　　　　　　第　页　共　页

序　号	项 目 名 称	计量单位	暂列金额（元）	备　注
1				
2				
3				
	合计			—

注：此表由招标人填写，如不能详列，也可只列暂列金额总额，投标人应将上述暂列金额计入投标总价中。

2. 暂估价

暂估价是指招标人在工程量清单中提供的用于支付必然发生但暂时不能确定价格的材料、工程设备的单价以及专业工程的金额,包括材料暂估单价、工程设备暂估单价和专业工程暂估价;暂估价数量和拟用项目应当结合工程量清单中的"暂估价表"予以补充说明。为方便合同管理,需要纳入分部分项工程量清单项目综合单价中的暂估价应只是材料、工程设备暂估单价,以方便投标人组价。

专业工程的暂估价一般应是综合暂估价,同样包括人工费、材料费、施工机具使用费、企业管理费和利润,不包括规费和税金;暂估价中的材料、工程设备暂估单价应根据工程造价信息或参照市场价格估算,列出明细表;专业工程暂估价应分不同专业,按有关计价规定估价,列出明细表。暂估价可按照表 2-5、表 2-6 的格式列示。

表 2-5　材料(工程设备)暂估单价及调整表

工程名称:　　　　　　　　标段:　　　　　　　　第　页　共　页

序号	材料(工程设备)名称、规格、型号	计量单位	数量		暂估(元)		确认(元)		差额±(元)		备注
			暂估	确认	单价	合价	单价	合价	单价	合价	
	合计										

注:此表由招标人填写,并在备注栏说明暂估价的材料、工程设备拟用在哪些清单项目上,投标人应将上述材料、工程设备暂估价计入工程量清单综合单价报价中。

表 2-6　专业工程暂估价及结算价

工程名称:　　　　　　　　标段:　　　　　　　　第　页　共　页

序号	工程名称	工程内容	暂估金额(元)	结算金额(元)	差额±(元)	备注
	合计					

注:此表"暂估金额"栏由招标人填写,投标人应将"暂估金额"计入投标总价中。结算时按合同约定结算金额填写。

3. 计日工

计日工是指在施工过程中,承包人完成发包人提出的工程合同范围以外的零星项目或工作,按合同中约定的单价计价的一种方式。计日工是为了解决现场发生的零星工作的计价而设立的。计日工对完成零星工作所消耗的人工工时、材料数量、施工机械台班进行计量,并按照计日工表中填报的适用项目的单价进行计价支付。计日工适用的所谓零星项目或工作一般是指合同约定之外的或者因变更而产生的、工程量清单中没有相应项目的额外工作,尤其是那些难以事先商定价格的额外工作。

计日工应列出项目名称、计量单位和暂估数量。计日工可按照表 2-7 的格式列示。

表 2-7 计日工表

工程名称：　　　　　　　　　　标段：　　　　　　　　　　第　页　共　页

编号	项目名称	单位	暂定金额（元）	实际数量	综合单价（元）	合价(元)	
						暂定	实际
一	人工						
1							
2							
…							
	人工小计						
二	材料						
1							
2							
…							
	材料小计						
三	施工机械						
1							
2							
…							
	施工机械小计						
四、企业管理费和利润							
	总计						

注：此表"项目名称""暂定数量"由招标人填写。编制招标控制价时，单价由招标人按有关计价规定确定；投标时，单价由投标人自主报价，按暂定数量计算合价计入投标总价中。结算时，按发承包双方确认的实际数量计算合价。

2.1.4.4 总承包服务费

总承包服务费是指总承包人为配合、协调发包人进行的专业工程发包，对发包人自行采购的材料、工程设备等进行保管以及施工现场管理、竣工资料汇总整理等服务所需的费用。招标人应预计该项费用并按投标人的投标报价向投标人支付该项费用。

总承包服务费应列出服务项目及其内容等。总承包服务费按照表 2-8 的格式列示。

表 2-8 总承包服务费计价表

工程名称：　　　　　　　　　　标段：　　　　　　　　　　第　页　共　页

序号	项目名称	项目单价(元)	服务内容	计算基础	费率/(%)	金额(元)
1	发包人发包专业工程					
2	发包人提供材料					
…						
	合计	—		—	—	

注：此表"项目名称""服务内容"由招标人填写。编制招标控制价时，费率及金额由招标人按有关计价规定确定；投标时，费率及金额由投标人自主报价，计入投标总价中。

2.1.4.5 规费、税金项目清单

规费项目清单应按照下列内容列项:社会保险费,包括养老保险费、失业保险费、医疗保险费、工伤保险费、生育保险费;住房公积金;工程排污费。出现计价规范中未列的项目,应根据省级政府或省级有关权力部门的规定列项。

税金项目清单应包括:营业税;城市维护建设税;教育费附加;地方教育附加。出现计价规范未列的项目,应根据税务部分的规定列项。

规费、税金项目计价表如表2-9所示。

表2-9 规费、税金项目计价表

工程名称: 标段: 第 页 共 页

序号	项目名称	计算基础	计算基数	计算费率/(%)	金额(元)
1	规费	定额人工费			
1.1	社会保险费	定额人工费			
(1)	养老保险费	定额人工费			
(2)	失业保险费	定额人工费			
(3)	医疗保险费	定额人工费			
(4)	工伤保险费	定额人工费			
(5)	生育保险费	定额人工费			
1.2	住房公积金	定额人工费			
1.3	工程排污	按工程所在地环境保护部门收取标准,按实计入			
2	税金	分部分项工程费+措施项目费+其他项目费+规费-按规定不计税的工程设备金额			
	合计				

编制人(造价人员): 复核人(造价工程师):

2.2 建筑工程工程量清单计价

2.2.1 工程量清单计价办法

工程量清单计价活动涵盖施工招标、合同管理,以及竣工交付全过程,包括编制招标控制价、投标报价、合同价款的确定与调整和办理工程结算等。

工程计价包括工程单价的确定和总价的计算。采用工程量清单计价时工程单价指综合单价。综合单价包括人工费、材料费、机械台班费,还包括企业管理费、利润和风险因素。综合单价根据国家、地区、行业定额或企业定额消耗量和相应生产要素的市场价格来确定。

工程总价是指经过规定的程序或办法逐级汇总形成的相应工程造价。

工程量清单计价的基本原理可以描述为：按照工程量清单计价规范，在规定的工程量清单项目设置和工程量计算规则基础上，针对具体工程的施工图纸和施工组织设计计算出各个清单项目的工程量，根据规定的方法计算出综合单价，并汇总各清单合价得出工程总价。

(1) 分部分项工程费 $=\sum$(分部分项工程量×相应分部分项综合单价)。

(2) 措施项目费 $=\sum$ 各措施项目费。

(3) 其他项目费＝暂列金额＋暂估价＋计日工＋总承包服务费。

(4) 单位工程报价＝分部分项工程费＋措施项目费＋其他项目费＋规费＋税金。

(5) 单项工程报价 $=\sum$ 单位工程报价。

(6) 建设项目总报价 $=\sum$ 单项工程报价。

2.2.2 工程量清单计价的标准格式

工程量清单计价应采用统一格式。工程量清单计价格式应随招标文件发至投标人，由投标人填写。工程量清单计价格式应由下列内容组成。

(1) 封面。封面由投标人按规定的内容填写、签字、盖章。

(2) 投标总价。投标报价应按工程项目总价表合计金额填写。

(3) 工程项目总价表。

(4) 单项工程费汇总表。

(5) 单位工程费汇总表。

(6) 分部分项工程量清单计价表。

(7) 措施项目清单计价表。

(8) 其他项目清单计价表。

(9) 零星工作表。

(10) 分部分项工程量清单综合单价分析表。分部分项工程量清单综合单价分析表应由招标人根据需要提出要求后填写。

(11) 措施项目费分析表。措施项目费分析表应由招标人根据需要提出要求后填写。

(12) 主要材料表。

工程量清单计价文件，见附录 A。

任务 3　建筑工程定额及定额应用

3.1　定额概念、作用及特性

3.1.1　定额的概念

定额是在合理的劳动组织和合理地使用材料和机械的条件下,预先规定完成单位合格产品所消耗的资源数量的标准,它反映一定时期的社会生产力水平的高低。

在工程施工过程中,为了完成某一工程项目或某一分项工程,就必须消耗一定数量的人力、物力和财力。人力、物力和财力的消耗数量是随着施工对象、施工方法和施工条件的变化而变化的。定额反应的是一定生产力水平条件下,施工企业的生产技术和管理水平。因此,定额是指在正常生产条件下完成单位合格产品所必须消耗的人工、材料、机械台班及其资金的数量标准。定额除规定了消耗量标准外,还规定了应完成的工作内容,以及应达到的质量标准和安全要求。

3.1.2　定额的作用

3.1.2.1　定额是企业计划管理的基础和依据

建筑安装企业在计划管理中,为了组织和管理施工生产活动,必须编制各种计划,而计划的编制又依据各种定额和指标来计算人力、物力、财力等需用量,因此定额是计划管理的重要基础和依据。

3.1.2.2　定额是提高劳动生产率的重要手段

施工企业要提高劳动生产率,要严格执行现行定额,把企业提高劳动生产率的任务具体落实到每个班组、工人身上,促使他们采用新技术和新工艺,改进操作方法,改善劳动组织,降低劳动强度,消耗更少的劳动力,创造生产更多的合格产品,从而提高劳动生产率。

3.1.2.3　定额是进行技术经济分析和确定工程造价的依据

使用定额和指标对同一工程项目的投资、设计方案进行技术经济分析与比较,确定合理的造价。工程造价是根据设计规定的工程标准和工程数量,并依据定额指标规定的劳动力、材料、机械台班数量、单位价值和各种费用标准来确定的,因此定额是确定工程造价的依据。

3.1.2.4　定额是科学组织和管理施工的有效工具

建筑安装是多工种、多部门组成的一个有机整体而进行的施工活动,在安排各部门各工种的活动计划中,要计算平衡资源需用量,组织材料供应。确定编制定员,合理配备劳动组织,调配劳动力,签发工程任务单和限额领料单,组织劳动竞赛,考核工料消耗,计算和分配工人劳动报酬等都要以定额为依据,因此定额是科学组织和管理施工的有效工具。

3.1.2.5 定额是企业实行经济核算制的重要基础

企业为了分析比较施工过程中的各种消耗,必须用各种定额为核算依据。因此工人完成定额的情况,是实行经济核算制的主要内容。以定额为标准,来分析比较企业各种成本,并通过经济活动分析,肯定成绩,找出薄弱环节,提出改进措施,以此不断降低单位工程成本,提高经济效益,所以定额是实行经济核算制的重要基础。

3.1.3 定额的特性

定额的特性,是由定额的性质决定的。定额有以下五个特性。

3.1.3.1 定额的科学性

工程建设定额的科学性包括两重含义:一重含义是指工程建设定额和生产力发展水平相适应,反映出工程建设中生产消费的客观规律;另一重含义是指工程建设定额管理在理论、方法和手段上适应现代科学技术和信息社会发展的需要。

工程建设定额的科学性,首先表现在用科学的态度制定定额,尊重客观实际,力求定额水平合理;其次表现在制定定额的技术方法上,利用现代科学管理的成就,形成一套系统的、完整的、在实践中行之有效的方法;最后表现在定额制定和贯彻的一体化。制定是为了提供贯彻的依据,贯彻是为实现管理的目标,也是对定额的信息反馈。

3.1.3.2 定额的系统性

工程建设定额是相对独立的系统。它是由多种定额结合而成的有机的整体。它的结构复杂,有鲜明的层次,有明确的目标。

工程建设定额的系统性是由工程建设的特点决定的。按照系统论的观点,工程建设就是庞大的实体系统。工程建设定额是为这个实体系统服务的。因而工程建设本身的多种类、多层次就决定了以它为服务对象的工程建设定额的多种类、多层次。从整个国民经济来看,进行固定资产生产和再生产的工程建设,是由多项工程集合的整体。其中包括农林水利、轻纺、机械、煤炭、电力、石油、冶金、化工、建材工业、交通运输、邮电工程,以及商业物资、科学教育文化、卫生体育、社会福利和住宅工程,等等。这些工程的建设都有严格的项目划分,如建设项目、单项工程、单位工程、分部分项工程;在计划和实施过程中有严密的逻辑阶段,如规划、可行性研究、设计、施工、竣工交付使用以及投入使用后的维修。与此相适应,必然形成工程建设定额的多种类、多层次。

3.1.3.3 定额的统一性

工程建设定额的统一性,主要是由国家对经济发展的计划的宏观调控职能决定的。为了使国民经济按照既定的目标发展,就需要借助于某些标准、定额、参数等,对工程建设进行规划、组织、调节、控制。而这些标准、定额、参数在一定范围内必须是一种统一的尺度,才能实现上述职能,才能利用它对项目的决策、设计方案、投标报价、成本控制进行比较和评价。

工程建设定额的统一性按照其影响力和执行范围来看,有全国统一定额、地区统一定额和行业统一定额等;按照定额的制定、颁布和贯彻使用来看,有统一的程序、统一的原则、统一的要求和统一的用途。

我国工程建设定额的统一性和工程建设本身的巨大投入和巨大产出有关。它对国民经济的影响不仅表现在投资的总规模和全部建设项目的投资效益等方面,而且往往表现在具体建设项目的投资数额及其投资效益方面。因而需要借助统一的工程建设定额进行社会监督。这一点和工业生产、农业生产中的工时定额、原材料定额也是不同的。

3.1.3.4 定额的权威性

工程建设定额具有很大权威性,这种权威性在一些情况下具有经济法规性质。权威性反映统一的意志和统一的要求,也反映信誉和信赖程度以及定额的严肃性。

工程建设定额的权威性的客观基础是定额的科学性。只有科学的定额才具有权威性。但是在社会主义市场经济条件下,它必须涉及各有关方面的经济关系和利益关系。赋予工程建设定额以一定的权威性,就意味着在规定的范围内,对于定额的使用者和执行者来说,不论主观上愿意不愿意,都必须按定额的规定执行。在当前市场不规范的情况下,赋予工程建设定额以权威性是十分重要的。但在竞争机制引入工程建设的情况下,定额的水平必然会受市场供求状况的影响,从而在执行中可能产生定额水平的浮动。

应该提出的是,在社会主义市场经济条件下,对定额的权威性不应绝对化。定额的科学性会受到人们认识的局限,定额的权威性会受到限制。随着投资体制的改革和投资主体多元化格局的形成,随着企业经营机制的转换,它们都可以根据市场的变化和自身的情况,自主地调整自己的决策行为。一些与经营决策有关的工程建设定额的权威性特征,自然也就弱化了。但直接与施工生产相关的定额,在企业经营制转换和增长方式的要求下,其权威性还必须进一步强化。

3.1.3.5 定额的稳定性和时效性

工程建设定额中的任何一种都是一定时期技术发展和管理水平的反映,因而在一段时间内都表现出稳定的状态。稳定的时间有长有短,一般在5～10年。保持定额的稳定性是维护定额的权威性所必需的,更是有效地贯彻定额所必需的。如果某种定额处于经常修改变动之中,那么必然造成执行中的困难和混乱,使人们感到没有必要去认真对待它,很容易导致定额权威性的丧失。工程建设定额的不稳定也会给定额的编制工作带来极大的困难。但是工程建设定额的稳定性是相对的。当生产力向前发展了,定额就会与已经发展了的生产力不相适应,这样原有的作用就会逐步减弱以致消失,需要重新编制或修订。

3.2 工程定额的分类

定额种类很多,根据使用对象和组织施工的具体目的、要求不同,定额的形式、内容和种类也不同。定额主要有以下几种分类方法。

3.2.1 按生产要素内容分类

3.2.1.1 劳动消耗定额

劳动消耗定额简称人工定额,它是在正常的生产技术和生产组织条件下,完成单位合格产品所规定的劳动消耗量标准。它有两种表现形式,时间定额和产量定额,两者互为倒数。

(1) 时间定额:在技术条件正常,生产工具使用合理和劳动组织正确的条件下,工人为生产合格产品所消耗的劳动时间。

时间定额＝耗用的工日数/完成单位合格产品的数量,单位:工日/产品单位。可直接查定额。

如:《广东省房屋建筑与装饰工程综合定额(2018)》上册,人工挖基坑,三类土,深度 2m 以内,定额为 48.159 工日/100m³。

(2)产量定额:在技术条件正常、生产工具使用合理和劳动组织正确的条件下,工人在单位时间内完成的合格产品的数量。

产量定额＝完成合格产品的数量/耗用时间数量,其单位表示为产品单位/工日单位。

如:完成 100m³ 的基坑工程需 48.159 工日,则每工日产量为 100m³/48.159 工日＝2.08m³/工日,即每工日完成 2.08m³ 的基坑工程。产量定额由时间定额计算而来。时间定额与产量定额互为倒数关系。

3.2.1.2 材料消耗定额

材料消耗定额:指在节约和合理使用材料的条件下,生产单位合格产品所必须消耗的一定品种、规格的材料、半产品、配件、水、电、燃料等的数量标准。单位为实物单位,如 t、kg 等。应包括材料的净用量、损耗和废料。混凝土、砌体浆砌时的砂浆在搅拌制备过程中产生损耗,在材料消耗定额中计入损耗率。

材料消耗定额＝(1＋材料损耗率)×完成单位产品的材料净用量

【例题 3-1】 完成 1m³ 实体混凝土所需各材料的净用量是水泥 338kg,中砂 0.49m³,4cm 碎石 0.85m³,损耗率 2%。求 10m³ 实体混凝土各种材料的消耗定额。

解 水泥： $(1+2\%)\times 338\times 10=3448(kg)$

砂： $(1+2\%)\times 0.49\times 10=5(m^3)$

碎石： $(1+2\%)\times 0.85\times 10=8.67(m^3)$

在定额中直接查出的数值就是材料消耗定额,即已计入消耗量。

3.2.1.3 机械台班使用定额

机械台班使用定额:规定在正常施工条件下,合理地组织生产与合理地利用某种机械完成单位合格产品所必需的机械台班消耗标准,或在单位时间内机械完成的产品数量。有机械时间定额和机械产量定额两种,它们互为倒数。定额中查出的是机械时间定额。

3.2.2 按编制程序和用途分类

3.2.2.1 施工定额

施工定额是以同一性质的施工过程——工序作为研究对象,是企业内部使用的一种定额,属于企业定额的性质。施工定额是建设工程定额中分项最细、定额子目最多的一种定额,也是建设工程定额中的基础性定额。施工定额由人工定额、材料消耗定额和施工机械台班使用定额所组成。施工定额是编制预算定额的基础。

3.2.2.2 预算定额

预算定额是以建筑物或构筑物各个分部分项工程为对象编制的定额。预算定额是以施工定额为基础综合扩大编制的,同时也是编制概算定额的基础。预算定额是编制施工图预算的主要依据,是编制单位估价表、确定工程造价、控制建设工程投资的基础和依据。预算定额是社会性的。

3.2.2.3 概算定额

概算定额是以扩大的分部分项工程为对象编制的。概算定额是编制扩大初步设计概算、确定建设项目投资额的依据,一般是在预算定额的基础上综合扩大而成的。

3.2.2.4 概算指标

概算指标是概算定额的扩大与合并,它是以整个建筑物和构筑物为对象,以更为扩大的计量单位来编制的,一般是在概算定额和预算定额的基础上编制的,是设计单位编制设计概算或建设单位编制年度投资计划的依据,也可作为编制估算指标的基础。

3.2.2.5 投资估算指标

投资估算指标通常是以独立的单项工程或完整的工程项目为对象,是在项目建议书和可行性研究阶段编制投资估算、计算投资需要量时使用的一种指标,是合理确定建设工程项目投资的基础。

3.2.3 按编制单位和适用范围分类

3.2.3.1 国家定额

国家定额是指由国家建设行政主管部门组织,依据现行有关的国家产品标准、设计规范、施工及验收规范、技术操作规程、质量评定标准和安全操作规程,综合全国工程建设情况、施工企业技术装备水平和管理情况进行编制、批准、发布,在全国范围内使用的定额。

《全国统一建筑工程基础定额》和《全国统一安装工程预算定额》是根据在正常的施工条件,合理的施工组织和工艺条件,全国平均(或中等)的劳动熟练程度、机械化装备水平和劳动组织条件的基础上编制出来的,它正确地反映了价值规律的客观要求,这对于改善建筑安装工程的价格管理,保证施工企业能得到必要的人力、物力和货币资金的补偿,鼓励企业生产和经营管理的积极性,努力降低劳动消耗和成本支出,提高施工管理水平,都具有十分重要的作用。

3.2.3.2 行业定额

行业定额是指由行业建设行政主管部门组织,依据行业标准和规范,考虑行业工程建设特点,本行业施工企业技术装备水平和管理情况进行编制、批准、发布,在本行业范围内使用的定额。目前我国的各行业几乎都有自己的行业定额。

3.2.3.3 地区定额

我国地域辽阔,各地区自然条件差异较大,经济发展不平衡,材料价格和工资标准也不相同。为了合理地确定工程造价,各省、自治区、直辖市根据本地区的特点和实际情况,以全国统一建筑安装工程定额为基础编制自己的定额,在本地区范围内发布使用是必要的。如地区的《建筑工程预算定额》(或地区单位估价表)是以《全国统一建筑工程基础定额》为基础综合扩大调整,采用本地区的工资标准、材料预算价格和机械台班费用后形成的;安装工程预算定额则是以《全国统一安装工程预算定额》为基础经综合扩大、调整,采用本地区的工资标准、消耗材料预算价格和机械台班费用形成"单位估价表"或"地区基价"。

3.2.3.4 企业定额

企业定额是施工企业根据本企业的施工技术和管理水平,以及有关工程造价资料制定的,并供本企业使用的人工、材料和机械台班消耗量标准。企业定额只在企业内部使用,是企业素质的一个标志。企业定额水平一般应高于国家现行定额,才能满足生产技术发展、企业管理和市场竞争的需要。

企业定额是由企业自行编制,只限于本企业内部使用的定额,例如施工企业附属的加工厂、车间为了内部核算便利而编制的定额。至于对外实行独立核算的单位如预制混凝土和金属构件厂、大型机械化施工公司、机械租赁站等,虽然它们的定额标准并不纳入建筑安装工程定额系列之内,但它们的生产服务活动与建设工程密切相关,因此,其定额标准、出厂价格、机械台班租赁价格等,都要按规定的编制程序和方法经有关部门的批准才能在规定的范围内执行。

3.2.4 按适用专业分类

按适用专业分类时,定额一般可分为建筑工程定额、装饰工程定额、房屋修缮工程定额、安装工程定额、仿古建筑及园林工程定额、公路工程定额、矿井工程定额等。

3.3 预算定额的应用与换算

3.3.1 预算定额的查阅方法

3.3.1.1 查阅定额应该注意的问题

(1)理解定额的文字说明,包括总说明和每个分部工程的说明。总说明在定额的目录之后,分部工程说明在计算规则的前面。

(2)要准确理解定额用语及符号的含义。如定额中规定,凡有"××以内"或者"××以下"者,均包括其本身在内;而注有"××以外"或者"××以上"者,均不包括其本身。

(3)要准确掌握各分项工程的工作内容,其一般在定额子目的左上角。只有准确掌握了各分项工程的工作内容,才能准确套用定额,避免重算或漏算,严禁拆分定额。如砖砌砂井定额 A1-4-88,工作内容包括土方挖、运、填,基底平整夯实,运料、砂浆及混凝土(制作)运输,模板制作、安装、拆除,砖砌筑,混凝土浇捣,面层铺设。因此就没有必要单独计算土方工程的挖、运、填的费用了,也不用计算模板的费用,这些全部包含在定额中。

(4)要注意各分项工程的工程量计算单位必须与定额计量单位一致,特别要记住一些特殊的,且定额计量单位多是扩大的计量单位,如 $100m^3$、$100m^2$、$10m$ 等。

(5)要准确掌握定额换算范围,熟练掌握定额换算和调整的方法,一般在定额的分部工程说明中给予说明。

3.3.1.2 定额编号

为了查阅方便,广东省定额的建筑与装饰工程定额采用了"A1-×-×"来表示定额子目的代码,第一个数字 1 代表建筑与装饰工程专业,《广东省房屋建筑与装饰工程综合定额(2018)》把建筑与装饰合并为"1"后就没有"2"开头的定额代码了,"3"是安装工程专业定额代码,"4"是市政工程定额专业代码,"5"是市园林工程专业代码。例如A1-4-1,表示建筑与装饰工程专业,砌筑工程分部,砖基础分项。

3.3.2 定额的直接套用

当施工图设计要求与定额项目内容完全一致时,可以直接套用,套用时注意以下几点。

(1)根据施工图、设计说明、标准图做法说明,选择预算定额项目。

(2)应从工程内容、技术特征和施工方法上仔细核对,才能准确地确定与施工图相对应的预算定额项目。

(3)施工图中分项工程的名称、内容和计量单位要与预算定额项目相对应。

【例题 3-2】 试确定广州市 M7.5 预拌水泥砂浆砖基础的定额费用(即定额基价),并求出 50m³ 砖基础的定额分项工程费用。

分析 查定额 A1-4-1,定额项目内容刚好是水泥砂浆,与题目相符合,可直接套用,因此定额基价就是 3442.24 元/10m³,然后计算 50m³ 的定额分项费用:50÷10×3442.24＝17211.20(元)。

3.3.3 定额的换算

当施工图上分项工程或结构构件的设计要求与定额基价表中相应项目的工作内容不完全一致时,就不能直接套用定额。

当定额基价表中规定允许换算时,则应按基价表规定的换算方法对相应定额项目的基价和人、材、机进行调整换算。换算后的定额项目应在定额编号的右下角标注一个"换"或"H"字,以示区别。

3.3.3.1 定额基价表的换算类型

定额基价表的换算类型主要有以下三种:

(1)砌筑砂浆和混凝土强度等级不同时的换算;

(2)抹灰砂浆层厚度不同的换算;

(3)定额说明的有关换算。

3.3.3.2 换算方法

由定额基价表的换算类型可知,定额基价表的换算绝大多数均属于材料换算。定额基价表规定:一般情况下,材料换算时,人工费和机械费保持不变,仅换算材料费。而且在材料费的换算过程中,定额上的材料用量保持不变,仅换算材料的预算单价,材料换算的公式如下:

换算后的基价＝换算前原定额基价＋应换算材料的定额用量
×(换入材料的单价－换出材料的单价)

(1)砌筑砂浆和混凝土强度等级不同时的换算。

【例题 3-3】 某综合楼工程位于广州市从化区,外墙均为240mm厚标准实心砖墙,采用M7.5水泥砂浆砌筑,试计算该砖墙的定额基价。

解 第1步,根据题目要求,查找《广东省房屋建筑与装饰工程综合定额(2018)》上册,第一部分分部分项工程项目,A.3砌筑工程,A1-4-6混水砖外墙墙体厚度1砖,计量单位为

10m³,一类地区,定额基价为3923.37元/10m³。

第2步,根据A1-4-6的材料消耗量表可知,定额基价是采用M5.0预拌水泥石灰砂浆砌筑的,且是未计价材料,但是题目要求是用M7.5水泥砂浆砌筑,因此,在定额下册附录二中查找M7.5水泥砂浆8005902的单价为290.00元/m³。

第3步,该砖墙的定额基价(每10m³)=3923.37+2.290×290.00=4587.47(元)。

(2)抹灰砂浆层厚度不同的换算。

【例题3-4】 某综合楼工程位于广州市越秀区,外墙装饰做法:18mm厚M10水泥石灰砂浆打底扫毛,水泥膏贴黄色纸皮瓷砖,试计算外墙底层灰的定额基价。

解 第1步,根据题目要求,查找《广东省房屋建筑与装饰工程综合定额(2018)》中册,第一部分分部分项工程项目,A.10墙柱面工程 P743,A1-13-1底层抹灰各种墙面15mm,计量单位为100m²,定额基价为2044.34元/100m²。

第2步,根据A1-13-1可知,定额厚度为15mm,而题目是18mm,因此需要套用3个A1-13-7(抹灰厚度每增减1mm),且都有未计价材料,在定额下册附录二 P1475里面查找M10水泥石灰砂浆8005907的单价为301元/m³。

第3步,该外墙底层抹灰的定额基价(每100m²)=2044.34+1.67×301+47.80×3+0.12×301=2726.53(元)。

(3)定额说明的有关换算。

【例题3-5】 挖土机挖土(三类土),含水率为30%,共500m³,试计算广州地区定额分部分项工程费。

解 第1步,根据题目要求,查找《广东省房屋建筑与装饰工程综合定额(2018)》上册,第一部分分部分项工程项目,A.1土石方工程,A1-1-38,计量单位:1000m³,定额基价=4253.25元/1000m³。

第2步,根据土石方分部工程章说明规定,机械挖湿土按定额相应子目人工、机械乘以系数1.1。

$$换算后定额基价(每1000m³)=4253.25+(595.03+3087.44)×(1.1-1)$$
$$=4621.50(元)$$

定额分部分项费用=500×4621.50/1000=2310.75(元)

任务4 建筑面积

本章根据中华人民共和国住房和城乡建设部发布的《建筑工程建筑面积计算规范》(GB/T 50353—2013)的规定,介绍建筑面积的计算方法。

4.1 建筑面积的概念与作用

4.1.1 建筑面积的概念

建筑面积是指建筑物各层水平面面积的总和。也就是建筑物外墙勒脚以上各层水平投影面积的总和。建筑面积包括使用面积、辅助面积和结构面积。使用面积是指建筑物各层平面布置中可直接为生产或生活使用的净面积总和,如客厅面积、卧室面积等。居室净面积在民用建筑中,也称为居住面积。辅助面积是指建筑物各层平面布置中为辅助生产和生活所占净面积的总和,如楼梯面积、走廊面积等。使用面积与辅助面积的总和称为有效面积。结构面积是指建筑物各层平面布置中的墙体、柱等结构所占面积总和。

4.1.2 建筑面积的作用

建筑面积是编制基本建设计划、控制建设规模、计算建筑工程技术经济指标的基本数据之一,也是审批建设规模的控制指标之一。在编制建筑工程预算时,建筑面积是确定其他分部分项工程量的基础数据。建筑面积的作用有如下几方面:

(1)是确定建设规模的重要指标。根据项目立项批准文件所核准的建筑面积,是初步设计的重要控制指标。

(2)是确定各项技术经济指标的基础,是核定估算、概算、预算工程造价的重要基础数据之一。

(3)是计算有关分项工程量的依据之一,应用统筹计算方法,根据底层建筑面积,就可以很方便地推算出回填体积、地(楼)面面积等。另外,建筑面积也是计算平整场地、脚手架、垂直运输和超高补贴费用的计算依据。

4.2 建筑工程建筑面积计算规范

4.2.1 总则

(1)《建筑工程建筑面积计算规范》(GB/T 50353—2013)的制定出台,是为了规范工业与民用建筑工程的面积计算,统一计算方法。

(2)《建筑工程建筑面积计算规范》(GB/T 50353—2013)适用于新建、扩建、改建的工业与民用建筑工程的面积计算。

(3)建筑面积计算应遵循科学、合理的原则。

(4) 建筑面积除应遵循《建筑工程建筑面积计算规范》(GB/T 50353—2013)外,尚应符合国家现行有关标准规范的规定。

4.2.2 相关术语

(1) 建筑面积:建筑物(包括墙体)所形成的楼地面面积。
(2) 自然层:按楼地面结构分层的楼层。
(3) 结构层高:楼面或地面结构层上表面至上部结构层上表面之间的垂直距离。
(4) 围护结构:围合建筑空间的墙体、门、窗。
(5) 建筑空间:以建筑界面限定的、供人们生活和活动的场所。
(6) 结构净高:楼面或地面结构层上表面至上部结构层下表面之间的垂直距离。
(7) 围护设施:为保障安全而设置的栏杆、栏板等围挡。
(8) 地下室:室内地平面低于室外地平面的高度超过室内净高的1/2的房间。
(9) 半地下室:室内地平面低于室外地平面的高度超过室内净高的1/3,且不超过1/2的房间。
(10) 架空层:仅有结构支撑而无外围护结构的开敞空间层。
(11) 走廊:建筑物中的水平交通空间。
(12) 架空走廊:专门设置在建筑物的二层或二层以上,作为不同建筑物之间水平交通的空间。
(13) 结构层:整体结构体系中承重的楼板层。
(14) 落地橱窗:凸出建筑物外墙面且根基落地的橱窗。
(15) 凸窗(飘窗):凸出建筑物外墙面的窗户。
(16) 檐廊:建筑物挑檐下的水平交通空间。
(17) 挑廊:挑出建筑物外墙的水平交通空间。
(18) 门斗:建筑物入口处两道门之间的空间。
(19) 雨篷:建筑出入口上方为遮挡雨水而设置的部件。
(20) 门廊:建筑物入口前有顶棚的半围合空间。
(21) 楼梯:由连续行走的梯级、休息平台和维护安全的栏杆(或栏板)、扶手以及相应的支托结构组成的作为楼层之间垂直交通使用的建筑部件。
(22) 阳台:附设于建筑物外墙,设有栏杆或栏板,可供人活动的室外空间。
(23) 主体结构:接受、承担和传递建设工程所有上部荷载,维持上部结构整体性、稳定性和安全性的有机联系的构造。
(24) 变形缝:防止建筑物在某些因素作用下引起开裂甚至破坏而预留的构造缝。
(25) 骑楼:建筑底层沿街面后退且留出公共人行空间的建筑物。
(26) 过街楼:跨越道路上空并与两边建筑相连接的建筑物。
(27) 建筑物通道:为穿过建筑物而设置的空间。
(28) 露台:设置在屋面、首层地面或雨篷上的供人室外活动的有围护设施的平台。
(29) 勒脚:在房屋外墙接近地面部位设置的饰面保护构造,如图4-1所示。
(30) 台阶:联系室内外地坪或同楼层不同标高而设置的阶梯形踏步。

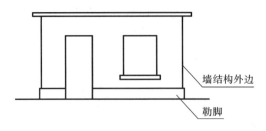

图 4-1 建筑物勒脚示意图

4.2.3 建筑面积的规定

(1) 建筑物的建筑面积应按自然层外墙结构外围水平面积之和计算。结构层高在 2.20m 及以上的,应计算全面积;结构层高在 2.20m 以下的,应计算 1/2 面积。

勒脚:建筑物外墙的墙脚,即建筑物的外墙与室外地面或散水部分的接触墙体部位的加厚部分。

结构层高:指上下两层楼面(或地面至楼面)结构标高之间的垂直距离。如图 4-2 所示。

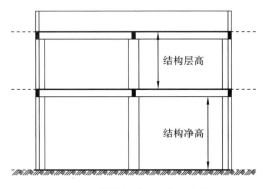

图 4-2 结构层高、净高示意图

【例题 4-1】 某单层建筑物平面图及立面图如图 4-3 所示,平面图中所标注尺寸为墙体中心线尺寸,计算该单层建筑物的建筑面积。

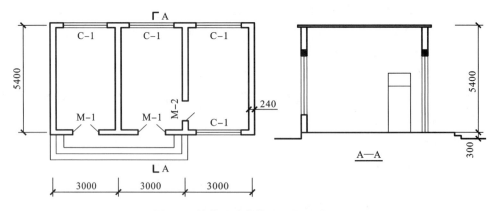

图 4-3 某单层建筑物平面图、立面图

解 $S_{建}=(3.0×3+0.24)×(5.4+0.24)=52.11(m^2)$

(2) 建筑物内设有局部楼层时,对于局部楼层的二层及以上楼层,有围护结构的应按其围护结构外围水平面积计算,无围护结构的应按其结构底板水平面积计算,且结构层高在 2.20m 及以上的,应计算全面积,结构层高在 2.20m 以下的,应计算 1/2 面积。局部楼层如图 4-4 所示。

（3）对于形成建筑空间的坡屋顶,结构净高在 2.10m 及以上的部位应计算全面积;结构净高在 1.20m 及以上至 2.10m 以下的部位应计算 1/2 面积;结构净高在 1.20m 以下的部位不应计算建筑面积。形成建筑空间的坡屋顶建筑面积计算分区如图 4-5 所示。

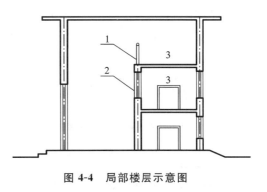

图 4-4　局部楼层示意图

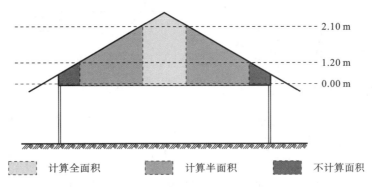

图 4-5　形成建筑空间坡屋顶建筑面积计算分区示意图

（4）对于场馆看台下的建筑空间,结构净高在 2.10m 及以上的部位应计算全面积;结构净高在 1.20m 及以上至 2.10m 以下的部位应计算 1/2 面积;结构净高在 1.20m 以下的部位不应计算建筑面积。室内单独设置的有围护设施的悬挑看台,应按看台结构底板水平投影面积计算建筑面积。有顶盖无围护结构的场馆看台应按其顶盖水平投影面积的 1/2 计算面积。场馆看台下的建筑空间建筑面积计算分区如图 4-6 所示。

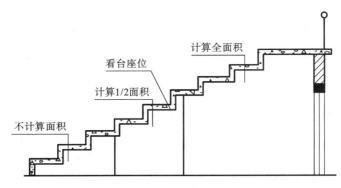

图 4-6　场馆看台下的建筑空间建筑面积计算分区示意图

（5）地下室、半地下室应按其结构外围水平面积计算。结构层高在 2.20m 及以上的,应计算全面积;结构层高在 2.20m 以下的,应计算 1/2 面积。地下室、半地下室空间分区如图 4-7 所示。

（6）出入口外墙外侧坡道有顶盖的部位,应按其外墙结构外围水平面积的 1/2 计算面积。

(7) 建筑物架空层及坡地建筑物吊脚架空层,应按其顶板水平投影计算建筑面积。结构层高在 2.20m 及以上的,应计算全面积;结构层高在 2.20m 以下的,应计算 1/2 面积。吊脚架空层如图 4-8 所示。

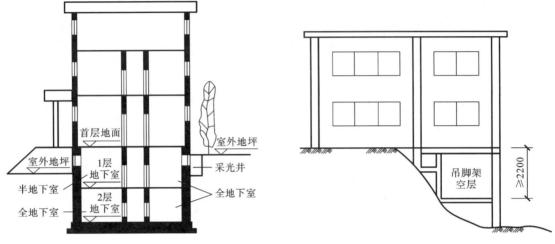

图 4-7 地下室、半地下室空间分区

图 4-8 吊脚架空层示意图

(8) 建筑物的门厅、大厅应按一层计算建筑面积,门厅、大厅内设置的走廊应按走廊结构底板水平投影面积计算建筑面积。结构层高在 2.20m 及以上的,应计算全面积;结构层高在 2.20m 以下的,应计算 1/2 面积。建筑物门、厅如图 4-9 所示。

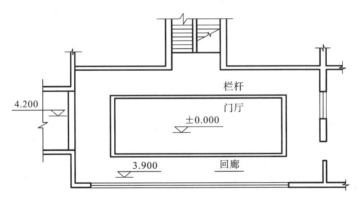

图 4-9 建筑物门、厅示意图

(9) 对于建筑物间的架空走廊,有顶盖和围护设施的,应按其围护结构外围水平面积计算全面积;无围护结构、有围护设施的,应按其结构底板水平投影面积计算 1/2 面积。架空走廊如图 4-10 所示。

(10) 对于立体书库、立体仓库、立体车库,有围护结构的,应按其围护结构外围水平面积计算建筑面积;无围护结构,有围护设施的,应按其结构底板水平投影面积计算建筑面积。无结构层的应按一层计算,有结构层的应按其结构层面积分别计算。结构层高在 2.20m 及以

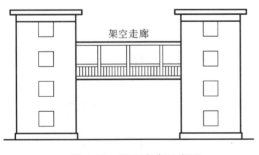

图 4-10 架空走廊示意图

上的,应计算全面积;结构层高在 2.20m 以下的,应计算 1/2 面积。

(11) 有围护结构的舞台灯光控制室,应按其围护结构外围水平面积计算。结构层高在 2.20m 及以上的,应计算全面积;结构层高在 2.20m 以下的,应计算 1/2 面积。

(12) 附属在建筑物外墙的落地橱窗,应按其围护结构外围水平面积计算。结构层高在 2.20m 及以上的,应计算全面积;结构层高在 2.20m 以下的,应计算 1/2 面积。

(13) 窗台与室内楼地面高差在 0.45m 以下且结构净高在 2.10m 及以上的凸(飘)窗,应按其围护结构外围水平面积计算 1/2 面积。飘窗面积计算示意如图 4-11 所示。

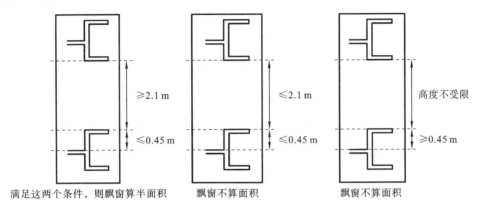

图 4-11　飘窗面积计算示意图

(14) 有围护设施的室外走廊(挑廊),应按其结构底板水平投影面积计算 1/2 面积;有围护设施(或柱)的檐廊,应按其围护设施(或柱)外围水平面积计算 1/2 面积。挑廊、走廊、檐廊如图 4-12 所示。

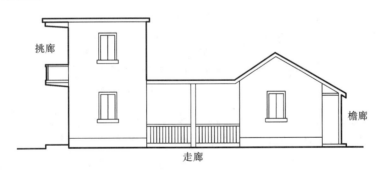

图 4-12　挑廊、走廊、檐廊示意图

(15) 门斗应按其围护结构外围水平面积计算建筑面积,且结构层高在 2.20m 及以上的,应计算全面积;结构层高在 2.20m 以下的,应计算 1/2 面积。门斗如图 4-13 所示。

(16) 门廊应按其顶板的水平投影面积的 1/2 计算建筑面积;有柱雨篷应按其结构板水平投影面积的 1/2 计算建筑面积;无柱雨篷的结构外边线至外墙结构外边线的宽度在 2.10m 及以上的,应按雨篷结构板的水平投影面积的 1/2 计算建筑面积。

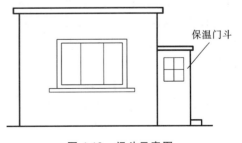

图 4-13　门斗示意图

【例题 4-2】 某建筑物入口处的雨篷的平面图及立面图如图 4-14 所示,计算该雨篷的建筑面积。

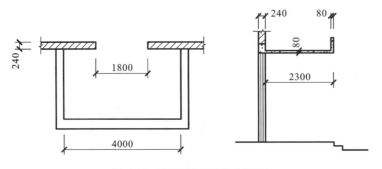

图 4-14 雨篷平面图及立面图

解 $S_建=2.3×(4+0.08×2)×1/2=4.78(m^2)$

(17) 设在建筑物顶部的、有围护结构的楼梯间、水箱间、电梯机房等,结构层高在 2.20m 及以上的应计算全面积;结构层高在 2.20m 以下的,应计算 1/2 面积。屋顶楼梯间、水箱间如图 4-15 所示。

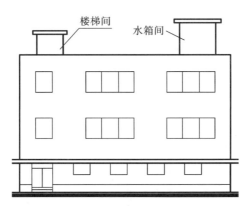

图 4-15 屋顶楼梯间、水箱间示意图

(18) 围护结构不垂直于水平面的楼层,应按其底板面的外墙外围水平面积计算。结构净高在 2.10m 及以上的部位,应计算全面积;结构净高在 1.20m 及以上至 2.10m 以下的部位,应计算 1/2 面积;结构净高在 1.20m 以下的部位,不应计算建筑面积。

(19) 建筑物的室内楼梯、电梯井、提物井、管道井、通风排气竖井、烟道,应并入建筑物的自然层计算建筑面积。有顶盖的采光井应按一层计算面积,且结构净高在 2.10m 及以上的,应计算全面积;结构净高在 2.10m 以下的,应计算 1/2 面积。

(20) 室外楼梯应并入所依附建筑物自然层,并应按其水平投影面积的 1/2 计算建筑面积。

(21) 在主体结构内的阳台,应按其结构外围水平面积计算全面积;在主体结构外的阳台,应按其结构底板水平投影面积计算 1/2 面积。阳台面积计算分区如图 4-16 所示。

(22) 有顶盖无围护结构的车棚、货棚、站台、加油站、收费站等,应按其顶盖水平投影面积的 1/2 计算建筑面积。

【例题 4-3】 某自行车车棚的平面图及剖面图如图 4-17 所示,计算该自行车车棚的建筑面积。

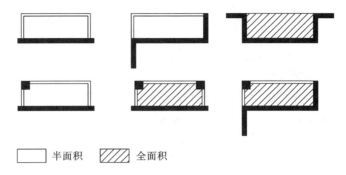

□ 半面积　▨ 全面积

图 4-16　阳台面积计算分区示意图

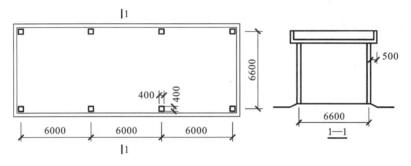

图 4-17　自行车棚平面图及剖面图

解　$(6.0 \times 3 + 0.4 + 0.5 \times 2) \times (6.6 + 0.4 + 0.5 \times 2) \times 1/2 = 77.60 (m^2)$

（23）以幕墙作为围护结构的建筑物，应按幕墙外边线计算建筑面积。

（24）建筑物的外墙外保温层，应按其保温材料的水平截面积计算，并计入自然层建筑面积。

【例题 4-4】　某单层建筑物平面图及立面图如图 4-18 所示，平面图中所标注尺寸为墙体中心线尺寸，该工程外墙外表面做 30mm 厚胶粉聚苯颗粒保温层，计算该单层建筑物的建筑面积。

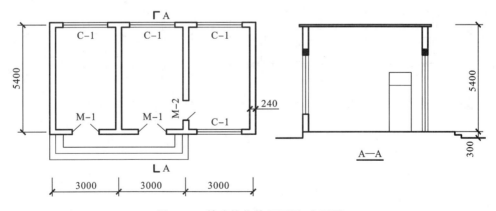

图 4-18　某建筑物的平面图、立面图

解　$S_{建} = (3.0 \times 3 + 0.24 + 0.03 \times 2) \times (5.4 + 0.24 + 0.03 \times 2) = 52.08 (m^2)$

（25）与室内相通的变形缝，应按其自然层合并在建筑物建筑面积内计算。对于高低联跨的建筑物，当高低跨内部连通时，其变形缝应计算在低跨面积内。

(26) 对于建筑物内的设备层、管道层、避难层等有结构层的楼层,结构层高在 2.20m 及以上的,应计算全面积;结构层高在 2.20m 以下的,应计算 1/2 面积。

(27) 下列项目不应计算建筑面积:

① 与建筑物内不相连通的建筑部件;

② 骑楼、过街楼底层的开放公共空间和建筑物通道;

③ 舞台及后台悬挂幕布和布景的天桥、挑台等;

④ 露台、露天游泳池、花架、屋顶的水箱及装饰性结构构件;

⑤ 建筑物内的操作平台、上料平台、安装箱和罐体的平台;

⑥ 勒脚、附墙柱、垛、台阶、墙面抹灰、装饰面、镶贴块料面层、装饰性幕墙,主体结构外的空调室外机搁板(箱)、构件、配件,挑出宽度在 2.10m 以下的无柱雨篷和顶盖高度达到或超过两个楼层的无柱雨篷;

⑦ 窗台与室内地面高差在 0.45m 以下且结构净高在 2.10m 以下的凸(飘)窗,窗台与室内地面高差在 0.45m 及以上的凸(飘)窗;

⑧ 室外爬梯、室外专用消防钢楼梯;

⑨ 无围护结构的观光电梯;

⑩ 建筑物以外的地下人防通道,独立的烟囱、烟道、地沟、油(水)罐、气柜、水塔、贮油(水)池、贮仓、栈桥等构筑物。

【例题 4-5】 某建筑物平面图及剖面图如图 4-19 所示,墙体厚度为 240mm,标注尺寸为墙体中心线尺寸,试计算:

(1) 当 $H=3.0$m 时,建筑物的建筑面积;

(2) 当 $H=2.0$m 时,建筑物的建筑面积。

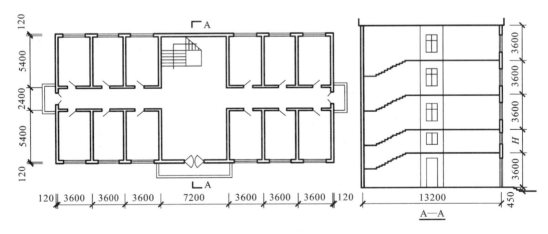

图 4-19 某建筑物平面图、剖面图

解 (1) $H=3.0$m 时

$$S=(3.6\times6+7.2+0.24)\times(5.4+2.4+5.4+0.24)\times5=1951.49(m^2)$$

(2) $H=2.0$m 时

$$S=(3.6\times6+7.2+0.24)\times(5.4+2.4+5.4+0.24)\times4.5=1756.34(m^2)$$

任务 5　土石方工程

5.1　基础知识

5.1.1　土壤及岩石的分类

土石方工程与土壤及岩石的种类和性质有很大的关系。地壳表层土质的变化是比较复杂的,不同地区的土质情况千差万别,甚至在同一地区不同地点,或同一地点不同深度的地质情况也常有变化。这就涉及对地层土质类别的区分,其中包括土壤的坚硬度、密实度、含水率等。因为这些因素直接影响到土壤开挖的施工方法、工效而导致施工费用的变化。所以,必须掌握土石方类别的划分方法,才能准确计算土石方费用。

在《建筑工程工程量清单计价规范》(GB 50500—2013)中,按土壤及岩石的名称、天然湿度下平均容重、极限压碎强度、开挖方法以及紧固系数等,将土壤分为一类土、二类土、三类土和四类土,将岩石分为极软岩、软岩、较软岩、较硬岩、坚硬岩,土壤及岩石类别的划分详见《建设工程工程量清单计价规范》(GB 50500—2013)中"表 A.1-1 土壤分类表、表 A.2-1 岩石分类表"。

5.1.2　土石方工程的主要内容

土石方工程的主要内容包括平整场地、挖一般土方、挖沟槽土方、挖基坑土方、挖石方、土石方回填以及土石方运输等。

5.1.2.1　平整场地

平整场地是指在开挖建筑物基坑(槽)之前,将天然地面改造成所要求的设计地面时所进行的土石方施工过程。适用于建筑场地厚度在±30cm 以内的挖、填、运、找平。

5.1.2.2　挖基础土方及管沟土方

挖基础土方及管沟土方是指开挖浅基础、桩承台及管沟等施工而进行的土石方工程。挖基础土方包括带型基础、独立基础、满堂基础(包括地下室基础)及设备基础的挖方;挖管沟土方指管沟土方的开挖。该项内容的特点是要求开挖的标高、断面、轴线准确,土石方量少,受气候影响大等。因此,施工前必须做好各项准备工作,制定合理的施工方案,以达到减轻劳动量、加快施工进度和节省工程费用的目的。

5.1.2.3　挖一般土(石)方

挖土方是指设计室外地坪以上的挖土,适用于±30cm 以外的竖向布置的挖土或山坡切土;挖石方指人工凿岩石、机械破碎岩石、爆破岩石等工作。挖土(石)方工程具有工程量大、劳动繁重和施工条件复杂等特点。开挖前要确定场地设计标高,计算挖填方的平衡调配,并根据工程规模、工期要求、土方机械设备条件等,制定出以经济分析为依据的施工方案。土

(石)方工程按开挖方法分为人工土(石)方工程和机械土(石)方工程两种。

人工土(石)方工程主要采用锹、镐及手工电动工具进行挖掘。

机械土(石)方工程的土(石)方开挖、碾压等主要是采用土(石)方机械进行施工,所用的机械一般有挖土机、推土机、碾压机、压路机等。

5.1.2.4 回填土

1. 基础回填土

基础回填土是指在基础施工完毕以后,必须将槽、坑四周未做基础的部分进行回填至室外设计地坪标高。基础回填土必须夯填密实。

2. 室内回填土

室内回填土指的是铺设管道以后,将管道四周用回填土回填并夯实。

5.1.2.5 地基、地坪夯实

地基、地坪夯实是指建筑物或构建物建造之前对土壤表面的夯实。

1. 人工夯实

人工夯实指用木夯、石夯等夯实工具进行的地基夯实。它适用于地槽、地坑及范围较小的地坪表土夯实。

2. 机械碾压

机械碾压指用压路机、碾压机进行的大面积的基坑、地坪压实平整。它普遍用于施工前的三通一平,运动场、露天堆放场、室外道路等的场地平整或地表的碾压。

5.1.2.6 余方弃置

当回填土施工完毕后,如果还有多余的土,则须进行余土外运;如果挖出的土不够回填,则须进行取土运入。

土石方运输的运距如下。

(1) 人工运输的运距。

在一般情况下,综合定额的人工挖、填土项目的内容中已包括了一个基本运距,如广东省建筑工程综合定额规定,挖土置于槽(坑)边(2m 以内)、回填土于 5m 内取土,超出其基本运距时,套用土方场内运输相应子目。

(2) 机械挖运土石方的运距。

如挖土不发生运距,则只需要套用挖土机挖土一个定额子目。挖土堆放在坑、槽边。

如挖出的土需运出场外时,应套用挖土机挖土、自卸汽车运土的定额子目,该子目基本运距为 1km 以内,超出部分,按超运距定额子目计算。

5.2 工程量清单项目编制及工程量计算规则

5.2.1 工程量清单项目设置

土石方工程的工程量清单项目有土方工程、石方工程、土方回填工程 3 节内容。适用于建筑物和构筑物的土石方开挖及回填工程。内容详见《房屋建筑与装饰工程工程量计算规范》(GB 50854—2013)(以下简称《计算规范》)。

《计算规范》中的表 A.1 土方工程 010101 设置有平整场地(010101001),挖一般土方

(010101002),挖沟槽土方(010101003),挖基坑土方(010101004),冻土开挖(010101005),以及挖淤泥、流沙(010101006)及挖管沟土方(010101007)共7个清单。

《计算规范》中的表 A.2 石方工程 010102 设置有挖一般石方(010102001)、挖沟槽石方(010102002)、挖基坑石方(010102003)及挖管沟石方(010102004)共4个清单。

《计算规范》中的表 A.3 土方回填工程 010103 设置有回填方(010103001)、余方弃置(010103002)共2个清单。

5.2.2 清单项目工程量计算与清单编制

5.2.2.1 土方工程(010101)

1. 土方工程工程量计算规则及注意事项

平整场地计算规则:按设计图示尺寸以建筑物首层建筑面积计算。

挖一般土方计算规则:按设计图示尺寸以体积计算。

挖沟槽土方、挖基坑土方计算规则:按设计图示尺寸以基础垫层底面积乘以挖土深度计算。

冻土开挖,计算规则:按设计图示尺寸开挖面积乘以厚度以体积计算。

挖淤泥、流沙计算规则:按设计图示位置、界限以体积计算。

挖管沟土方,计算规则:① 以米计量,按设计图示以管道中心线长度计算。② 以立方米计量,按设计图示管底垫层面积乘以挖土深度计算;无管底垫层按管外径的水平投影面积乘以挖土深度计算。不扣除各类井长度,井的土方并入计算。

土方工程工程量清单编制注意事项如下。

(1) 挖土方平均厚度应按自然地面测量标高至设计地坪标高的平均厚度确定。基础土方开挖深度应按基础垫层底表面标高至交付施工现场地标高确定,无交付施工场地标高时,应按自然地面标高确定。

(2) 建筑物场地厚度≤±300mm 的挖、填、运、找平,应按表 A.1 中平整场地项目编码列项。厚度>±300mm 的竖向布置挖土或山坡切土应按表 A.1 中挖一般土方项目编码列项。

(3) 沟槽、基坑、一般土方的划分为:底宽≤7m,底长>3 倍底宽为沟槽;底长≤3 倍底宽、底面积≤150m² 为基坑;超出上述范围则为一般土方。

(4) 挖土方如需要截桩头时,应按桩基工程相关项目编码列项。

(5) 桩间挖土不扣除桩的体积,并在项目特征中加以描述。

(6) 弃、取土运距可以不描述,但应注明由投标人根据施工现场实际情况自行考虑,决定报价。

(7) 土壤的分类应按表 5-1 确定,如土壤类别不能准确划分时,招标人可注明为综合,由投标人根据地勘报告决定报价。

表 5-1 土壤分类表

土壤分类	土壤名称	开挖方法
一、二类土	粉土、砂土(粉砂、细砂、中砂、粗砂、砾砂)、粉质黏土、弱中盐渍土、软土(淤泥质土、泥炭、泥炭质土)、软塑红黏土、冲填土	用锹、少许用镐、条锄开挖。机械能全部直接铲挖满载者

续表

土壤分类	土壤名称	开挖方法
三类土	黏土、碎石土(圆砾、角砾)混合土、可塑红黏土、硬塑红黏土、强盐渍土、素填土、压实填土	主要用镐、条锄开挖,少许用锹开挖。机械须部分刨松方能铲挖满载者或可直接铲挖但不能满载者
四类土	碎石土(卵石、碎石、漂石、块石)、坚硬红黏土、超盐渍土、杂填土	全部用镐、条锄挖掘,少许用撬棍挖掘。机械须普遍刨松方能铲挖满载者

注:本表土的名称及其含义按国家标准《岩土工程勘察规范》(GB 50021—2001)(2009年版)定义。

(8)土方体积应按挖掘前的天然密实体积计算。如需要按天然密实体积折算时,应按表5-2系数计算。

表5-2 土方体积折算系数表

天然密实度体积	虚方体积	夯实后体积	松填体积
0.77	1.00	0.67	0.83
1.00	1.30	0.87	1.08
1.15	1.50	1.00	1.25
0.92	1.20	0.80	1.00

注:① 虚方指未经碾压、堆积时间≤1年的土壤。
② 本表按《全国统一建筑工程预算工程量计算规则》(GJDGZ 101—1995)整理。
③ 设计密实度超过规定的,填方体积按工程设计要求执行;无设计要求按各省、自治区、直辖市或行业建设行政主管部门规定的系数执行。

(9)挖沟槽、基坑、一般土方因工作面和放坡增加的工程量(管沟工作面增加的工程量)是否并入各土方工程量中,按各省、自治区、直辖市或行业建设主管部门的规定实施,如并入各土方工程量中,办理工程结算时,按经发包人认可的施工组织设计规定计算,编制工程量清单时,可按表5-3、表5-4、表5-5规定计算。

表5-3 放坡系数表

土壤类别	放坡起点/m	人工挖土	机械挖土		
			在坑内作业	在坑上作业	顺沟槽在坑上作业
一、二类土	1.20	1:0.5	1:0.33	1:0.75	1:0.5
三类土	1.50	1:0.33	1:0.25	1:0.67	1:0.33
四类土	2.00	1:0.25	1:0.10	1:0.33	1:0.25

注:① 沟槽、基坑中土类别不同时,分别按其放坡起点、放坡系数,依不同土类厚度加权平均计算。
② 计算放坡时,在交接处的重复工程量不予扣除,原槽、坑作基础垫层时,放坡自垫层上表面开始计算。

表5-4 基础施工所需工程面宽度计算表

基础材料	每边各增加工作面宽度/mm
砖基础	200
浆砌毛石、条石基础	150
混凝土基础垫层支模板	300
混凝土基础支模板	300
基础垂直面做防水层	1000(防水层面)

注:本表按《全国统一建筑工程预算工程量计算规则》(GJDGZ 101—1995)整理。

表 5-5 管沟施工每侧所需工作面宽度计算表

管沟材料 \ 管道结构宽/mm	≤500	≤1000	≤2500	>2500
混凝土及钢筋混凝土管道/mm	400	500	600	700
其他材质管道/mm	300	400	500	600

注：① 本表按《全国统一建筑工程预算工程量计算规则》(GJDGZ 101—1995)整理。
② 管道结构宽：有管座的按基础外缘，无管座的按管道外径。

(10) 挖方出现流沙、淤泥时，应根据实际情况由发包人与承包人双方现场签证确认工程量。

(11) 管沟土方项目适用于管道(给排水、工业、电力、通信)、光(电)缆沟(包括人孔桩、接口坑)及连接井(检查井)等。

2. 土方工程工程量的计算方法

(1) 挖沟槽土方工程量计算方法，沟槽示意图见图 5-1、图 5-2。

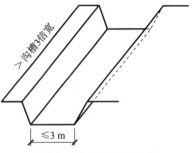

图 5-1 沟槽截面示意图

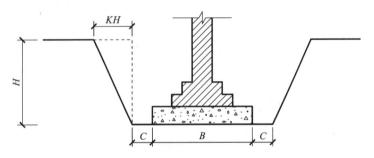

图 5-2 有放坡沟槽示意图

计算公式：
$$V=(B+2C+KH)HL$$

式中 V——挖基坑工程量(体积)；
L——沟槽长度；
B——沟槽宽度；
C——工作面宽度；
K——放坡系数；
H——挖土深度。

(2) 挖基坑土方工程量计算方法，基坑土方示意图见图 5-3。
计算公式：
$$V=(B+2C+KH)(L+2C+KH)H+K^2H^3/3$$

式中 V——挖基坑工程量(体积)；
L——基坑长度；
B——基坑宽度；
C——加宽工作面宽度；
K——放坡系数；

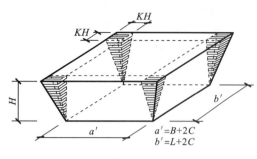

图 5-3 基坑土方示意图

H——挖土深度。

(3) 其他土方计算公式。

计算规则:挖基坑工程量,按设计图示尺寸以体积计算,包括基础工作面和放坡。

计算公式如下:

不放坡时:$V=L\times w\times h$

放坡时:

$$V=\frac{1}{3}(S_{上}+S_{下}+2\sqrt{S_{上}\times S_{下}})\times h$$

式中 V——基坑的体积;
L——基础底垫层长度加工作面后的长度;
w——基础底垫层宽度加工作面后的宽度;
h——挖基础基坑深度(按前面挖土深度确定);
$S_{上}$——基坑底面积;
$S_{下}$——基坑顶面积。

注:该公式类似于经验公式,土石方计算公式很多种,这里简单介绍上述几种常规公式。

【例题 5-1】 某工程首层的外墙外边尺寸如图 5-4 所示,该场地在±300mm 内挖填找平,已知土壤为一、二类土,场地平整中不发生弃土与取土,试计算该工程平整场地清单工程量(该阳台在主体结构外,采用钢管栏杆、扶手)。

解 ① 计算清单工程量。

平整场地:

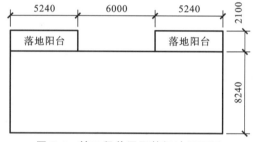

图 5-4 某工程首层平整场地平面图

$(5.24\times 2+6.00)\times 8.24+5.24\times 2.1\times 0.5\times 2=146.80(m^2)$

② 分部分项工程量清单填写见表 5-6。

表 5-6 分部分项工程和单价措施项目清单与计价表

序号	项目编码	项目名称	项目特征	计量单位	工程量	金额(元)		
						综合单价	合价	其中 暂估价
1	010101001001	平整场地	1.土壤类别:一、二类土	m²	146.80			

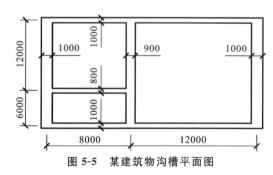

图 5-5 某建筑物沟槽平面图

【例题 5-2】 某工程基础采用混凝土条形基础,沟槽尺寸如图 5-5 所示,室外地坪标高为-0.200m,沟槽底标高为-2.7m,土壤类别为三类土,采用人工挖土,试计算该工程沟槽挖土方清单工程量。

解 ① 计算清单工程量。

外墙地槽长(宽 1.0m)

$=(8+12+6+12)\times 2=76m$

内墙地槽长(宽 0.9m)＝(6＋12－0.5×2－0.3×2)＝16.4m
内墙地槽长(宽 0.8m)＝8－0.5－0.45－0.3×2＝6.45m。
垫层为混凝土,所以 C＝300mm。
挖土深度＝2.7－0.2＝2.5(m)＞1.5(m),故 K 取 0.33。
V_1＝(1＋0.33×2.5＋2×0.3)×2.5×7.6＝460.75(m³)
V_2＝(0.9＋0.33×2.5＋2×0.3)×2.5×16.4＝95.33(m³)
V_3＝(0.8＋0.33×2.5＋2×0.3)×2.5×6.45＝35.88(m³)
挖沟槽土方: $V_1＋V_2＋V_3$＝591.96(m³)
② 分部分项工程量清单填写见表 5-7。

表 5-7　分部分项工程和单价措施项目清单与计价表

序号	项目编码	项目名称	项目特征	计量单位	工程量	金额(元)		
						综合单价	合价	其中暂估价
1	010101003001	挖沟槽土方	1.土壤类别:三类土 2.挖土深度:2.5m	m³	591.96			

【例题 5-3】 某工程人工开挖混凝土独立基础 36 个(见图 5-6),混凝土基础垫层尺寸为 1500mm×1400mm,深度为 1400mm,土质类型为四类土,试计算该工程挖基坑土方清单工程量。

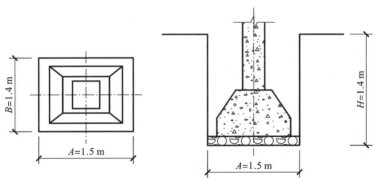

图 5-6　人工开挖混凝土独立基础

解 ① 计算清单工程量。

该类基坑长为 1.5m,宽为 1.40m,深度为 1.40m,人工挖基坑四类土,A＝1.5m,B＝1.4m,四类土方,H＝1.40m,K＝0 不放坡。

挖基坑土方:(1.5＋2×0.3)×(1.4＋2×0.3)×1.4×36＝211.68(m³)

② 分部分项工程量清单见表 5-8。

表 5-8　分部分项工程和单价措施项目清单与计价表

序号	项目编码	项目名称	项目特征	计量单位	工程量	金额(元)		
						综合单价	合价	其中暂估价
1	010101004001	挖基坑土方	1.土壤类别:四类土 2.挖土深度:1.4m	m³	211.68			

5.2.2.2 石方工程(010102)

挖一般石方计算规则：按设计图示尺寸以体积计算。

挖沟槽石方计算规则：按设计图示尺寸沟槽底面积乘以挖石深度以体积计算。

挖基坑石方计算规则：按设计图示尺寸基坑底面积乘以挖石深度以体积计算。

挖管沟石方计算规则：① 以米计量，按设计图示以管道中心线长度计算；② 以立方米计量，按设计图示截面积乘以长度计算。

石方工程工程量清单编制注意事项如下：

(1) 挖石应按自然地面测量标高至设计地坪标高的平均厚度确定。基础石方开挖深度应按基础垫层底表面标高至交付施工现场地标高确定，无交付施工场地标高时，应按自然地面标高确定。

(2) 厚度>±300mm 的竖向布置挖石或山坡凿石应按挖一般石方项目编码列项。

(3) 沟槽、基坑、一般石方的划分为：底宽≤7m，底长>3倍底宽为沟槽；底长≤3倍底宽、底面积≤150m² 为基坑；超出上述范围则为一般石方。

(4) 废碴运距可以不描述，但应注明由投标人根据施工现场实际情况自行考虑决定报价。

(5) 岩石的分类应按表 5-9 确定。

表 5-9　岩石分类表

岩石分类		代表性岩石	开挖方法
极软岩		1.全风化的各种岩石 2.各种半成岩	部分用手凿工具、部分用爆破法开挖
软质岩	软岩	1.强风化的坚硬岩或较硬岩 2.中等风化～强风化的较软岩 3.未风化～微风化的页岩、泥岩、泥质砂岩等	用风镐和爆破法开挖
	较软岩	1.中等风化～强风化的坚硬岩或较硬岩 2.未风化～微风化的凝灰岩、千枚岩、泥灰岩、砂质泥岩等	用爆破法开挖
硬质岩	较硬岩	1.微风化的坚硬岩 2.未风化～微风化的大理岩、板岩、石灰岩、白云岩、钙质砂岩等	用爆破法开挖
	坚硬岩	未风化～微风化的花岗岩、闪长岩、辉绿岩、玄武岩、安山岩、片麻岩、石英岩、石英砂岩、硅质砾岩、硅质石灰岩等	用爆破法开挖

注：本表依据国家标准《工程岩体分级标准》(GB/T 50218—2014)和《岩土工程勘察规范》(GB 50021—2001)(2009年版)整理。

(6) 石方体积应按挖掘前的天然密实体积计算。非天然密实方应按表 5-10 折算。

表 5-10　石方体积折算系数表

石方类别	天然密实度体积	虚方体积	松填体积	码方
石方	1.0	1.54	1.31	
块石	1.0	1.75	1.43	1.67
砂夹石	1.0	1.07	0.94	

注：本表按建设部颁发的《爆破工程消耗量定额》(GYD—102—2008)整理。

(7) 管沟石方项目适用于管道(给排水、工业、电力、通信)、光(电)缆沟(包括:人(手)孔、接口坑)及连接井(检查井)等。

5.2.2.3 土(石)方回填工程(010103)

回填方计算规则:按设计图示尺寸以体积计算。① 场地回填:回填面积乘以平均回填厚度;② 室内回填:主墙间面积乘以回填厚度,不扣除间隔墙;③ 基础回填:按挖方清单项目减去自然地坪以下埋设的基础体积(包括基础垫层及其他构筑物)计算。

余方弃置计算规则:按挖方清单项目工程量减去利用回填方体积(正数)计算。

土(石)方回填工程工程量清单编制注意事项如下。

(1) 填方密实度要求,在无特殊要求情况下,项目特征可描述为满足设计和规范的要求。

(2) 填方材料品种可以不描述,但应注明由投标人根据设计要求验方后方可填入,并符合相关工程的质量规范要求。

(3) 填方粒径要求,在无特殊要求情况下,项目特征可以不描述。

(4) 如需要买土回填应在项目特征填方来源中描述,并注明买土方数量。

5.3 定额项目内容及工程量计算规则

5.3.1 定额项目设置及定额工作内容

5.3.1.1 土方工程

《广东省房屋建筑与装饰工程综合定额(2018)》中土方工程定额项目分类见表5-11。

表5-11 土方工程定额项目分类表

项目名称	子目设置	定额编码	计量单位	工作内容
平整场地,原土打夯	平整场地,原土夯实	A1-1-1～A1-1-4	100m²	1. 平整场地:标高在±30cm以内的就地挖,填,运土方及找平 2. 原土打夯:夯实、平整
人工土方	人工挖土方	A1-1-5～A1-1-7	100m³	1. 人工挖一般土方:挖土、装土、修整边及底 2. 人工挖淤泥流砂、装淤泥、流砂
	人工挖淤泥、流砂	A1-1-8	100m³	
	人工挖基坑土方	A1-1-9～A1-1-17	100m³	挖基坑土方,将土置于坑边自然堆放,修平夯实基坑底、壁
	人工挖沟槽土方	A1-1-18～A1-1-26	100m³	挖沟槽土方,将土置于槽边自然堆放,修平夯实沟槽底、壁
	土方人工场内运输	A1-1-27～A1-1-34	100m³	装,运,卸及平整
	人工装车	A1-1-35～A1-1-36	100m³	装土、清理车下余土
机械土方	挖掘机挖一般土方	A1-1-37～A1-1-39	100m³	挖掘机挖一般土方(淤泥/流砂):挖土,将土堆放一边,清理机下余土,工作面内排水,修理边坡
	挖掘机挖淤泥、流砂	A1-1-40	100m³	

续表

项目名称	子目设置	定额编码	计量单位	工作内容
机械土方	挖掘机挖沟槽、基坑土方	A1-1-41～A1-1-43	1000m³	挖土,将土堆放一边,清理机下余土,工作面内排水,修理边坡
	挖掘机挖装一般土方	A1-1-44～A1-1-46	1000m³	挖掘机挖装一般土方(淤泥、流砂):挖土,装土,清理机下余土,工作面内排水,修理边坡
	挖掘机挖装淤泥、流砂	A1-1-47	1000m³	
	挖掘机挖装沟槽、基坑土方	A1-1-48～A1-1-50	1000m³	挖土,装土,清理机下余土,工作面内排水,修理边坡
	机械装土方	A1-1-51～A1-1-52	1000m³	装土,清理机下余土
机械土方	自卸汽车运土方、淤泥、流砂	A1-1-53～A1-1-56	1000m³	等待装、运、卸土方或淤泥、流砂,空回
	铲运机铲运土方	A1-1-57～A1-1-60	1000m³	铲土、运土、卸土及平整(推土、推平),修理边坡,工作面内排水
	推土机推土方	A1-1-61～A1-1-64	1000m³	
	挖掘机转推土方和机械垂直运输土方	A1-1-65～A1-1-66	见表	1.挖掘机接力挖运土方:将土方运到地面集中堆放或装车 2.安装机械设备,搭设运输便道,垂直运输土方到槽、坑上面

5.3.1.2 石方工程

《广东省房屋建筑与装饰工程综合定额(2018)》中石方工程定额项目见表5-12。

表 5-12 石方工程定额项目分类表

项目名称	子目设置	定额编码	计量单位	工作内容
人工凿石方	人工凿一般石方	A1-1-67～A1-1-69	100m³	开凿石方,打碎,修边检底,将石方运出坑边
	人工凿槽、坑石方	A1-1-70～A1-1-72	100m³	沟槽、基坑凿石,包括打槽面、碎石、坑壁打直、底检平、将石方运出坑边
机械破碎石方	凿岩机破碎石方	A1-1-73～A1-1-77	100m³	破碎岩石,整修边坡及底面、块料堆放整齐
	履带式单头液压岩石破碎机破碎石方	A1-1-78～A1-1-87	100m³	装拆凿岩机头、破碎石方、机械移动
机械挖石方	挖掘机挖松散石方	A1-1-114	1000m³	1.挖松散石方,把松散石方集中堆放、工作面内排水 2.挖、装松散石方,工作面内排水及场内道路养护
	挖掘机挖装松散石方	A1-1-115	1000m³	
	装载机装松散石方	A1-1-116	1000m³	

续表

项目名称	子目设置	定额编码	计量单位	工作内容
自卸汽车运石方	自卸汽车运石方	A1-1-117～A1-1-118	1000m³	等待装、运、卸石方,空回
石方人工场内运输	人工运石方	A1-1-121～A1-1-122	100m³	装、运、卸石方
	人力车运石方	A1-1-123～A1-1-124	100m³	
人工装石方	人工装石方	A1-1-125	100m³	装石方,清理车下余渣

5.3.1.3 回填工程

《广东省房屋建筑与装饰工程综合定额(2018)》中回填工程定额项目分类见表5-13。

表 5-13 回填工程定额项目分类表

项目名称	子目设置	定额编码	计量单位	工作内容
回填土	回填土	A1-1-126～A1-1-129	100m³	1.回填土5m以内取土 2.回填土夯实包括碎土、平土、找平、压实、洒水
回填砂、石屑	回填砂	A1-1-130	100m³	铺填、洒水夯实、找平
	回填石屑	A1-1-131	100m³	
压路机碾压土(石)方	压路机碾压土(石)方	A1-1-132～A1-1-133	100m³	填土(石)、推平、洒水、碾压,工作面内排水
支挡土板	支密板挡土板	A1-1-134～A1-1-135	100m³	挡土板制作、安装、拆除、堆放、运输
	支疏板挡土板	A1-1-136～A1-1-137	100m³	

5.3.2 定额工程量计算规则

5.3.2.1 挖基础土方

(1)平整场地工程量,按设计图示尺寸以建筑物首层外墙外边线面积计算,没有围护结构时以首层结构外围投影面积计算,包括落地阳台、地下室出入口、采光井和通风竖井所占面积。建筑物地下室结构外边线突出首层结构外边线时,其突出部分的面积合并计算。原土打夯按设计图示尺寸以面积计算。

(2)挖土方工程量,按设计图示尺寸(包括基础工作面、放坡)以体积计算。设计对基础施工工作面、放坡没有明确规定的,分别按表5-14、表5-15取定。

表 5-14 基础施工所需工作面宽度计算表

基础材料	每侧工作面宽度/mm
毛石、条石基础	150
砖基础	200
混凝土垫层、基础支模板	300
基础垂直面做砂浆防潮层	400
基础垂直面做防水层或防腐层	1000

注:① 表中基础材料多个并存时,工作面宽度按其中规定的最大宽度计算。
② 挖基础土方需支挡土板时,按槽、坑底宽每侧另增加工作面100mm。
③ 砖胎模不计工作面。

表 5-15　放坡系数表

土壤系数	放坡起点/m	人工挖土	机械挖土		
			坑内作业	坑上作业	沟槽上作业
一、二类土	1.20	1∶0.5	1∶0.33	1∶0.75	1∶0.5
三类土	1.50	1∶0.33	1∶0.25	1∶0.67	1∶0.33
四类土	2.00	1∶0.25	1∶0.10	1∶0.33	1∶0.25

注：① 挖沟槽、基坑需支挡土板时，不得计算放坡。

② 计算放坡时，在交接处的重复工程量不予扣除。

③ 土方开挖深度，按基础垫层底至交付施工场地标高确定。无交付施工场地标高时，应按自然地坪标高或设计室外地坪标高确定。

④ 土方开挖宽度，按基础垫层底宽度加工作面宽度确定。

⑤ 挖沟槽长度按下列情况分别确定。墙基沟槽：外墙按设计图示中心线长度计算；内墙按图示基础底面之间净长线长度（即基础垫层底之间净长度）计算；内外突出部分（垛、附墙烟囱等）体积并入沟槽土方工程量内计算。

（3）土方运输工程量，按挖、填土方结合施工组织设计按实以体积计算。土方运输距离按施工组织设计以挖方区重心至填土区重心或弃土区重心之间最短距离确定。其中：

① 铲运机运土运距，按挖方区重心至卸方区重心加转向距离 45m 计算；

② 采用人力垂直运土运距折合水平运距 7 倍计算。

（4）机械土方：挖掘机挖一般土方、挖掘机挖淤泥硫砂、挖掘机挖沟槽、挖掘机挖基坑土方、挖掘机挖装土方、挖掘机挖装淤泥流砂工程量按设计图示尺寸（包括基础工作面、放坡）以"m^3"计算。

5.3.2.2　挖运石方

（1）开凿、爆破石方工程量按设计图示尺寸以体积计算，允许超挖量并入岩石挖方量内计算。平基、沟槽、基坑开凿或爆破岩石，其开凿和爆破宽度及深度允许超挖量为：普坚石和次坚石为 200mm、特坚石为 150mm。

（2）石方运输工程量，按挖、填石方结合施工组织设计以体积计算。石方运输距离按施工组织设计以挖方区重心至填土区重心或弃土区重心之间最短距离确定。

5.3.2.3　土（石）方回填工程

（1）场地回填：回填面积乘以平均回填厚度。

（2）室内回填：主墙间净面积乘以回填厚度。

（3）基础回填：基础回填工程量按以下两种情况分别计算。

① 交付施工场地标高高于设计室外地坪时，按设计室外地坪以下挖方体积减去埋设的基础体积（包括基础垫层及其他构筑物）计算。

② 交付施工场地标高低于设计室外地坪时，按高差填方体积与挖方体积之和减去埋设基础体积（包括基础垫层及其他构筑物）计算。

5.3.2.4　余（取）土工程

余（取）土工程量按公式计算：余（取）土体积＝挖土总体积－回填土总体积

式中计算结果为正值时为余土外运体积，负值时为须取土体积。

5.3.2.5 挡土板工程

挡土板工程量,按槽、坑垂直支撑面以面积计算。

5.4 定额计价与清单计价

5.4.1 定额应用及定额计价

5.4.1.1 《广东省房屋建筑与装饰工程综合定额(2018)》有关说明

(1) 工程计量前,应了解以下事项:

① 地下水位标高及排(降)水方法;
② 土方、沟槽、基坑挖(填)起止标高、施工方法及运距;
③ 岩石开凿、爆破方法、石碴清运方法及运距;
④ 其他需要了解的有关事项。

(2) 本节的土石方工程量除定额注明外,挖、运土石方按天然密实度体积计算,填方按压(夯)实后的体积计算,体积折算按表 5-16 计算。

表 5-16 土方体积折算系数表

天然密实度体积	虚 方 体 积	夯实后体积	松 填 体 积
1.00	1.30	0.87	1.08
0.77	1.00	0.67	0.83
1.15	1.5	1.00	1.25
0.92	1.20	0.80	1.00

(3) 平整场地、沟槽、基坑和一般土石方划分规定:

① 建筑场地就地挖、填、运、找平土方厚度在±30cm 以内的为平整场地;
② 图示底宽在 7m 以内,且长大于宽 3 倍以上的为沟槽;
③ 图示底长小于或等于底宽 3 倍,且底面积在 150m^2 以内的为基坑;
④ 超过上述范围的,按一般土石方计算。

(4) 本节未包括地下水位以下施工的排水费用及地表排水费用。

(5) 本节的土石方运输子目适用于运距在 30km 以内的运输,超过 30km 部分按每增加 1km 相应定额子目乘以系数 0.65 计算。

(6) 本节的汽车运土、石方的运输道路是按不同道路等级综合确定的,已考虑了运输过程中道路清理的人工,如需要铺筑材料时,另行计算。汽车、人力车运输重车上坡降效因素,除定额有规定外,已综合在相应的运输子目中,不另行计算。

(7) 土方定额是按干土编制的。如挖湿土时,人工挖土按相应定额子目人工费乘以系数 1.18;机械挖土按相应定额子目人工费、机具费乘以系数 1.10。干湿土的划分:以地质勘测资料为准,含水率<25%为干土,含水率≥25%且小于液限为湿土;或以地下常水位为准划分,地下常水位以上为干土,以下为湿土,如采用降水措施的,应以降水后的水位为地下常水位,降水措施费用应另行计算。

(8) 挖淤泥、流沙工程量,按挖土方工程量计算规则计算;未考虑涌沙、涌泥,发生时按实计算。

(9) 挖桩间土不扣除桩芯直径 60cm 以内的桩或类似尺寸障碍物所占体积。人工挖桩间土方,按定额相应子目的人工费乘以系数 1.30;机械挖桩间土方,按定额相应子目的人工费、机具费乘以系数 1.10。

(10) 在有挡土板支撑下采用人工挖土方时,人工费乘以系数 1.20。

(11) 机械挖土人工辅助开挖,按施工组织设计的规定分别计算机械、人工挖土工程量;如施工组织设计无规定的,按机械挖土方 95%、人工挖土方 5% 计算。

(12) 挖掘机在垫板上进行作业时,相应定额子目的人工费、机具费乘以系数 1.25,搭拆垫板的费用另行计算。

(13) 盖挖法全部采用人工开挖土方时,按人工挖土方相应项目的人工乘以系数 1.80。机械开挖土方为主、人工开挖土方为辅时,人工挖土方按相应项目的人工乘以系数 1.60;机械挖土方按相应项目的人工、机具费乘以系数 1.30。机械挖土方人工配合挖土时,有施工组织设计规定时,按规定计算。施工组织设计无规定时,机械挖土方按总土方量的 95% 计算,人工挖土方按总土方量的 5% 计算。

5.4.1.2 定额计价

【例题 5-4】 求例题 5-1 平整场地工程量并套用定额,计算定额分部分项工程费。

解 ① 计算定额工程量。

平整场地:$(5.24 \times 2 + 6.00) \times 8.24 + 5.24 \times 2.1 \times 0.5 \times 2 = 146.80(m^2)$

② 查找定额,计算定额分部分项工程费,结果见表 5-17。

表 5-17 定额分部分项工程费汇总表

序号	项目编码	项目名称	计量单位	工程数量	定额基价(元)	合价(元)
1	A1-1-1	平整场地	100m²	1.468	196.09	287.86
合计						287.86

【例题 5-5】 求例题 5-2 挖沟槽土方工程量并套用定额,计算定额分部分项工程费。

解 ① 计算定额工程量。

$$外墙地槽长(宽 1.0m) = 76m$$
$$内墙地槽长(宽 0.9m) = 17m$$
$$内墙地槽长(宽 0.8m) = 7.05m$$

垫层为混凝土,所以 $C = 300mm$。

挖土深度 $= 2.7m - 0.2m = 2.5m > 1.5m$,故 K 取 0.33。

$$V = (B + KH + 2C)HL$$
$$V_1 = (1 + 0.33 \times 2.5 + 2 \times 0.3) \times 2.5 \times 76 = 460.75(m^3)$$
$$V_2 = (0.9 + 0.33 \times 2.5 + 2 \times 0.3) \times 2.5 \times 17 = 98.81(m^3)$$
$$V_3 = (0.8 + 0.33 \times 2.5 + 2 \times 0.3) \times 2.5 \times 7.05 = 39.22(m^3)$$

该沟槽土方开挖工程量: $V = V_1 + V_2 + V_3 = 598.78(m^3)$

② 查找定额,计算定额分部分项工程费,结果见表 5-18。

表 5-18 定额分部分项工程费汇总表

序号	项目编码	项目名称	计量单位	工程数量	定额基价(元)	合价(元)
1	A1-1-22	人工挖沟槽土方(三类土),深度在 4m 内	100m³	5.988	6722.02	40251.46
合计						40251.46

【例题 5-6】 求例题 5-3 挖基坑土方工程量并套用定额,计算定额分部分项工程费。

解 ① 计算定额工程量。

挖基坑土方:
$$(1.5+2\times0.3)\times(1.4+2\times0.3)\times1.4\times36=211.68(m^3)$$

② 查找定额,计算定额分部分项工程费,结果见表 5-19。

表 5-19 定额分部分项工程费汇总表

序 号	项目编码	项目名称	计量单位	工程数量	定额基价(元)	合价(元)
1	A1-1-15	人工挖基坑土方(四类土),深度在 2m 内	100m³	2.117	9496.21	20103.48
合计						20103.48

5.4.2 清单计价

5.4.2.1 清单项目综合单价确定

综合单价分析表中的人工费按照 2017 年广东省建筑市场综合水平取定,各时期各地区的水平差异可按各市发布的动态人工调整系数进行调整,材料费、施工机具费按照广州市 2020 年 10 月份信息指导价,利润为人工费与施工机具费之和的 20%,管理费按分部分项的人工费与施工机具费之和乘以相应专业管理费分摊费率计算。计算方法与结果见综合单价分析表。

例题 5-1、例题 5-2、例题 5-3 的综合单价分析表见表 5-20、表 5-21、表 5-22。

表 5-20 综合单价分析表

项目编码	010101001001	项目名称		平整场地		计量单位	m²	工程量	146.80

清单综合单价组成明细								
定额编号	定额项目名称	定额单位	数量	单价				合价			
				人工费	材料费	机具费	管理费和利润	人工费	材料费	机具费	管理费和利润
A1-1-1	平整场地	100m²	0.01	13.8		151.65	58.73	0.14		1.52	0.59
人工单价		小计						0.14		1.52	0.59
		未计价材料费									
		清单项目综合单价								2.24		
材料费明细	主要材料名称、规格、型号					单位	数量	单价(元)	合价(元)	暂估单价(元)	暂估合价(元)

表 5-21 综合单价分析表

项目编码	010101003001	项目名称	挖沟槽土方	计量单位	m³	工程量	591.96

清单综合单价组成明细										
定额编号	定额项目名称	定额单位	数量	单价				合价		
				人工费	材料费	机具费	管理费和利润	人工费	材料费	机具费	管理费和利润
A1-1-22	人工挖沟槽土方（三类土），深度在4m内	100m³	0.0101	5819.93			2066.08	58.87			20.9
人工单价			小计				58.87			20.9
			未计价材料费							
			清单项目综合单价						79.77		

材料费明细	主要材料名称、规格、型号	单位	数量	单价（元）	合价（元）	暂估单价（元）	暂估合价（元）

表 5-22 综合单价分析表

项目编码	010101004001	项目名称	挖基坑土方	计量单位	m³	工程量	211.68

清单综合单价组成明细										
定额编号	定额项目名称	定额单位	数量	单价				合价		
				人工费	材料费	机具费	管理费和利润	人工费	材料费	机具费	管理费和利润
A1-1-15	人工挖沟基坑（四类土），深度在2m内	100m³	0.01	8221.83			2918.75	82.22			29.19
人工单价			小计				82.22			29.19
			未计价材料费							
			清单项目综合单价						111.41		

材料费明细	主要材料名称、规格、型号	单位	数量	单价（元）	合价（元）	暂估单价（元）	暂估合价（元）

5.4.2.2 分部分项工程与单价措施项目清单与计价表填写

分部分项工程与单价措施项目清单与计价表填写见表 5-23。

表 5-23 分部分项工程与单价措施项目清单与计价表

工程名称：×××

序号	项目编码	项目名称	项　目　特　征	计量单位	工程量	金额(元)		其中 暂估价
						综合单价	合价	
1	010101001001	平整场地	土壤类别：一、二类土	m²	146.80	2.24	328.83	
2	010101003001	挖沟槽土方	1. 土壤类别：三类土 2. 挖土深度：2.5m	m³	591.96	79.77	47220.65	
3	010101004001	挖基坑土方	1. 土壤类别：四类土 2. 挖土深度：1.4m	m³	211.68	111.41	23583.27	
			小计				71132.75	

任务6 地基处理与边坡支护工程计量与计价

6.1 基础知识

本章包括地基处理、基坑与边坡支护两部分。

6.1.1 地基处理工程

地基处理一般是指用于改善支承建筑物的地基(土或岩石)的承载能力,改善其变形性能或抗渗能力所采取的工程技术措施。

6.1.1.1 地基处理种类

常用的地基处理方法有换填垫层法、强夯法、砂石桩法、振冲法、水泥土搅拌法、高压喷射注浆法、预压法、夯实水泥土桩法、水泥粉煤灰碎石桩法、石灰桩法、灰土挤密桩法和土挤密桩法、柱锤冲扩桩法、单液硅化法和碱液法等。

(1) 换填垫层法,即将基础下一定范围内的土层挖去,然后回填以强度较大的砂、碎石或灰土等,并夯实至密实。适用于浅层软弱地基及不均匀地基的处理。其主要作用是提高地基承载力,减少沉降量,加速软弱土层的排水固结,防止冻胀和消除膨胀土的胀缩。

(2) 强夯法,适用于处理碎石土、砂土、低饱和度的粉土与黏性土、湿陷性黄土、杂填土和素填土等地基。强夯置换法适用于高饱和度的粉土,软-流塑的黏性土等地基上对变形控制不严的工程,在设计前必须通过现场试验确定其适用性和处理效果。强夯法和强夯置换法主要用来提高土的强度,减少压缩性,改善土体抵抗振动液化能力和消除土的湿陷性。对饱和黏性土宜结合堆载预压法和垂直排水法使用。

(3) 砂石桩法,适用于挤密松散砂土、粉土、黏性土、素填土、杂填土等地基,用于提高地基的承载力和降低压缩性,也可用于处理可液化地基。对饱和黏土地基上变形控制不严的工程也可采用砂石桩置换处理,使砂石桩与软黏土构成复合地基,加速软土的排水固结,提高地基承载力。

(4) 振冲法,分加填料和不加填料两种。加填料的通常称为振冲碎石桩法。振冲法适用于处理砂土、粉土、粉质黏土、素填土和杂填土等地基。对于处理不排水抗剪强度不小于20kPa的黏性土和饱和黄土地基,应在施工前通过现场试验确定其适用性。不加填料振冲加密适用于处理黏粒含量不大于10%的中、粗砂地基。振冲碎石桩主要用来提高地基承载力,减少地基沉降量,还可用来提高土坡的抗滑稳定性或提高土体的抗剪强度。

(5) 水泥土搅拌法,分为浆液深层搅拌法(简称湿法)和粉体喷搅法(简称干法)。水泥土搅拌法适用于处理正常固结的淤泥与淤泥质土、黏性土、粉土、饱和黄土、素填土以及无流动地下水的饱和松散砂土等地基。不宜用于处理泥炭土、塑性指数大于25的黏土、地下水具有腐蚀性以及有机质含量较高的地基。若需采用时必须通过试验确定其适用性。当地基的天然含水量小于30%(黄土含水量小于25%)、大于70%或地下水的pH值小于4时不宜采用此法。连续搭接的水泥搅拌桩可作为基坑的止水帷幕,受其搅拌能力的限制,该法在地基承载力大于140kPa的黏性土和粉土地基中的应用有一定难度。

(6) 高压喷射注浆法,适用于处理淤泥、淤泥质土、黏性土、粉土、砂土、人工填土和碎石土地基。当地基中含有较多的大粒径块石、大量植物根茎或较高的有机质时,应根据现场试验结果确定其适用性。对地下水流速度过大、喷射浆液无法在注浆套管周围凝固等情况不宜采用。高压旋喷桩的处理深度较大,除用作地基加固外,也可作为深基坑或大坝的止水帷幕,目前最大处理深度已超过30m。

(7) 预压法,适用于处理淤泥、淤泥质土、冲填土等饱和黏性土地基。按预压方法分为堆载预压法及真空预压法。堆载预压分塑料排水带或砂井地基堆载预压和天然地基堆载预压。当软土层厚度小于4m时,可采用天然地基堆载预压法处理,当软土层厚度超过4m时,应采用塑料排水带、砂井等竖向排水预压法处理。对真空预压工程,必须在地基内设置排水竖井。预压法主要用来解决地基的沉降及稳定问题。

(8) 夯实水泥土桩法,适用于处理地下水位以上的粉土、素填土、杂填土、黏性土等地基。该法施工周期短、造价低、施工文明、造价容易控制,在北京、河北等地的旧城区危改小区工程中得到不少成功的应用。

(9) 水泥粉煤灰碎石桩(CFG桩)法,适用于处理黏性土、粉土、砂土和已自重固结的素填土等地基。对淤泥质土应根据地区经验或现场试验确定其适用性。基础和桩顶之间需设置一定厚度的褥垫层,保证桩、土共同承担荷载形成复合地基。该法适用于条基、独立基础、箱基、筏基,可用来提高地基承载力和减少变形。对可液化地基,可采用碎石桩和水泥粉煤灰碎石桩多桩型复合地基,达到消除地基土的液化和提高承载力的目的。

(10) 石灰桩法,适用于处理饱和黏性土、淤泥、淤泥质土、杂填土和素填土等地基。用于地下水位以上的土层时,可采取减少生石灰用量和增加掺料含水量的办法提高桩身强度。该法不适用于地下水位以下的砂类土。

(11) 灰土挤密桩法和土挤密桩法,适用于处理地下水位以上的湿陷性黄土、素填土和杂填土等地基,可处理的深度为5~15m。当用来消除地基土的湿陷性时,宜采用土挤密桩法;当用来提高地基土的承载力或增强其水稳定性时,宜采用灰土挤密桩法;当地基土的含水量大于24%、饱和度大于65%时,不宜采用这种方法。灰土挤密桩法和土挤密桩法在消除土的湿陷性和减少渗透性方面效果基本相同,土挤密桩法对提高地基的承载力和增强地基的稳定性不及灰土挤密桩法。

(12) 柱锤冲扩桩法,适用于处理杂填土、粉土、黏性土、素填土和黄土等地基,对地下水位以下的饱和松软土层,应通过现场试验确定其适用性。地基处理深度不宜超过6m。

(13) 单液硅化法和碱液法,适用于处理地下水位以上渗透系数为0.1~2m/d的湿陷性黄土等地基。在自重湿陷性黄土场地,对Ⅱ级湿陷性地基,应通过试验确定碱液法的适用性。

(14) 综合比较法,在确定地基处理方案时,宜选取多种方法进行比选。对复合地基而言,方案选择是针对不同土性、设计要求的承载力提高幅度,选取适宜的成桩工艺和增强体材料。

(15) 其他地基基础处理办法,其他地基基础处理办法还有砖砌连续墙基础法、混凝土连续墙基础法、单层或多层条石连续墙基础法、浆砌片石连续墙(挡墙)基础法等。

6.1.1.2 地基处理方案的确定

地基处理方案可按以下步骤确定。

(1) 搜集详细的工程质量、水文地质及地基基础的设计材料。

(2) 根据结构类型、荷载大小及使用要求,结合地形地貌、土层结构、土质条件、地下水特征、周围环境和相邻建筑物等因素,初步选定几种可供考虑的地基处理方案。另外,在选择地基处理方案时,应同时考虑上部结构、基础和地基的共同作用;也可选用加强结构措施(如设置圈梁和沉降缝等)和处理地基相结合的方案。

(3) 对初步选定的各种地基处理方案,分别从处理效果、材料来源及消耗、机具条件、施工进度、环境影响等方面进行认真的技术经济分析和对比,根据安全可靠、施工方便、经济合理等原则,因地制宜地寻找最佳的处理方法。值得注意的是,每一种处理方法都有一定的适用范围、局限性和优缺点。没有一种处理方案是万能的。必要时也可选择两种或多种地基处理方法组成综合方案。

(4) 对已选定的地基处理方法,应按建筑物重要性和场地复杂程度,可在有代表性的场地上进行相应的现场试验和试验性施工,并进行必要的测试以验算设计参数和检验处理效果。如达不到设计要求时,应查找原因、采取措施或修改设计以满足设计的要求。

(5) 地基土层的变化是复杂多变的,因此,确定地基处理方案,一定要请有经验的工程技术人员参加,对重大工程的设计一定要请专家参加。一些重大的工程,由于设计部门缺乏经验和过分保守,往往造成方案不合理,浪费严重,必须引起重视。

6.1.2 基坑与边坡支护工程

基坑支护是为保证地下结构施工及基坑周边环境的安全,对基坑侧壁及周边环境采用的支挡、加固与保护措施。

常见的基坑支护形式主要有:

(1) 排桩支护,桩撑、桩锚、排桩悬臂;

(2) 地下连续墙支护,地下连续墙+支撑;

(3) 水泥挡土墙;

(4) 型钢桩横挡板支护,钢板桩支护(见图 6-1);

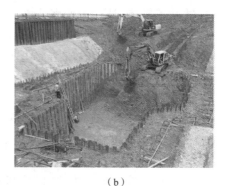

(a) (b)

图 6-1 钢板桩支护

(5) 土钉墙(喷锚支护)(见图 6-2);

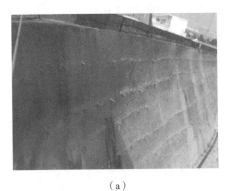
(a)

(b)

图 6-2 土钉墙

(6) 逆作拱墙;
(7) 原状土放坡;
(8) 基坑内支撑;
(9) 桩、墙加支撑系统;
(10) 简单水平支撑;
(11) 钢筋混凝土排桩(见图 6-3);

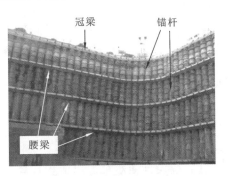

图 6-3 钢筋混凝土排桩

(12) 上述两种或者两种以上方式的合理组合等(见图 6-4)。

(a)

(b)

图 6-4 组合支护

6.2 工程量清单项目编制及工程量计算规则

6.2.1 工程清单设置

地基处理与边坡支护工程工程量清单项目有地基处理、基坑与边坡支护两节内容,内容详见《房屋建筑与装饰工程工程量计算规范》(GB 50854—2013)(以下简称《计算规范》)。

6.2.1.1 地基处理清单

《计算规范》中表 B.1 地基处理(010201),设置有换填垫层(010201001)、铺设土工合成材料(010201002)、预压地基(010201003)、强夯地基(010201004)、振冲密实(不填料)(010201005)、振冲桩(填料)(010201006)、砂石桩(010201007)、水泥粉煤灰碎石桩(010201008)、深层搅拌桩(010201009)、粉喷桩(010201010)、夯实水泥土桩(010201011)、高压喷射注浆桩(010201012)、石灰桩(010201013)、灰土挤密桩(010201014)、柱锤冲扩桩(010201015)、注浆地基(010201016)、褥垫层(010201017)共 17 个子目。

6.2.1.2 基坑与边坡支护清单

《计算规范》中表 B.2 基坑与边坡支护(010202),设置有地下连续墙(010202001)、咬合灌注桩(010202002)、圆木桩(010202003)、预制钢筋混凝土板桩(010202004)、型钢桩(010202005)、钢板桩(010202006)、锚杆(锚索)(010202007)、土钉(010202008)、喷射混凝土、水泥砂浆(010202009)、钢筋混凝土支撑(010202010)、钢支撑(010202011)共 11 个子目。

6.2.2 清单项目工程量计算与清单编制

6.2.2.1 地基处理(010201)

换填垫层计算规则:按设计图示尺寸以体积计算。

铺设土工合成材料计算规则:按设计图示尺寸以面积计算。

预压地基、强夯地基、振冲密实(不填料)计算规则:按设计图示处理范围以面积计算。

振冲桩(填料)计算规则:① 以米计量,按设计图示尺寸以桩长计算;② 以立方米计量,设计桩截面乘以桩长以体积计算。

砂石桩计算规则:① 以米计量,按设计图示尺寸以桩长(包括桩尖)计算;② 以立方米计量,按设计桩截面乘以桩长(包括桩尖)以体积计算。

水泥粉煤灰碎石桩计算规则:按设计图示尺寸以桩长(包括桩尖)计算。

深层搅拌桩、粉喷桩,计算规则:按设计图示尺寸以桩长计算。

夯实水泥土桩计算规则:按设计图示尺寸以桩长(包括桩尖)计算。

高压喷射注浆桩计算规则:按设计图示尺寸以桩长计算。

石灰桩、灰土(土)挤密桩计算规则:按设计图示尺寸以桩长(包括桩尖)计算。

柱锤冲扩桩计算规则:按设计图示尺寸以桩长计算。

注浆地基计算规则:① 以米计量,按设计图示尺寸以钻孔深度计算;② 以立方米计量,按设计图示尺寸以加固体积计算。

褥垫层计算规则:① 以平方米计量,按设计图示尺寸以铺设面积计算;② 以立方米计量,按设计图示尺寸以体积计算。

【例题 6-1】 某工程基底为可塑黏土,不能满足设计承载力要求,采用水泥粉煤灰碎石桩进行地基处理,桩径为 400mm,桩体强度等级为 C20,桩数为 52 根,设计桩长为 12m,桩端进入硬塑黏土层不少于 1.5m,桩顶在地面以下 1.5～2m,水泥粉煤灰碎石桩采用振动沉管灌注桩施工,桩顶采用 200mm 厚人工级配砂石(砂:碎石=3:7,最大粒径 30mm)作为褥垫层,如图 6-5、图 6-6 所示。试列出该工程地基处理分部分项工程量清单。

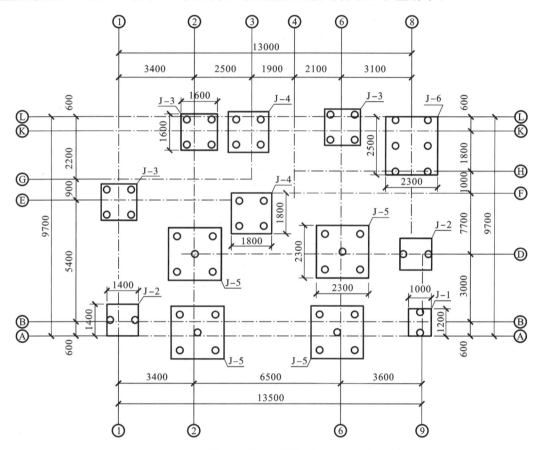

图 6-5 某工程水泥粉煤灰碎石桩平面图

解 ① 清单工程量。

水泥粉煤灰碎石桩: $L = 52 \times 12 = 624 \text{(m)}$

褥垫层:

$$J\text{-}1: S_{J\text{-}1} = 1.8 \times 1.6 \times 1 = 2.88 \text{(m}^2\text{)}$$

$$J\text{-}2: S_{J\text{-}2} = 2.0 \times 2.0 \times 2 = 8.00 \text{(m}^2\text{)}$$

$$J\text{-}3: S_{J\text{-}3} = 2.2 \times 2.2 \times 3 = 14.52 \text{(m}^2\text{)}$$

$$J\text{-}4: S_{J\text{-}4} = 2.4 \times 2.4 \times 2 = 11.52 \text{(m}^2\text{)}$$

$$J\text{-}5: S_{J\text{-}5} = 2.9 \times 2.9 \times 4 = 33.64 \text{(m}^2\text{)}$$

$$J\text{-}6: S_{J\text{-}6} = 2.9 \times 3.1 \times 1 = 8.99 \text{(m}^2\text{)}$$

$$S = 2.88 + 8.00 + 14.52 + 11.52 + 33.64 + 8.99 = 79.55 \text{(m}^2\text{)}$$

截(凿)桩头:

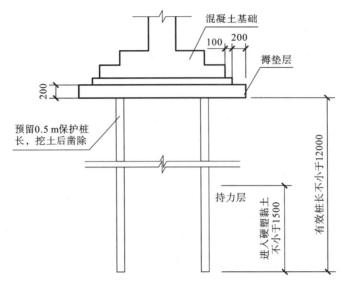

图 6-6 某工程水泥粉煤灰碎石桩详图

$$J\text{-}1: N_{J\text{-}1} = 2 \times 1 = 2 (根)$$
$$J\text{-}2: N_{J\text{-}2} = 2 \times 2 = 4 (根)$$
$$J\text{-}3: N_{J\text{-}3} = 4 \times 3 = 12 (根)$$
$$J\text{-}4: N_{J\text{-}4} = 4 \times 2 = 8 (根)$$
$$J\text{-}5: N_{J\text{-}5} = 5 \times 4 = 20 (根)$$
$$J\text{-}6: N_{J\text{-}6} = 6 \times 1 = 6 (根)$$
$$N = N_{J\text{-}1} + N_{J\text{-}2} + N_{J\text{-}3} + N_{J\text{-}4} + N_{J\text{-}5} + N_{J\text{-}6} = 2 + 4 + 12 + 8 + 20 + 6 = 52 (根)$$

② 分部分项工程量清单见表 6-1。

表 6-1 分部分项工程和单价措施项目清单与计价表

序号	项目编码	项目名称	项目特征	计量单位	工程量	金额(元)		
						综合单价	合价	其中 暂估价
1	010201008001	水泥粉煤灰碎石桩	1.地层情况:可塑黏土 2.桩长:设计桩长为12m 3.桩径:400mm 4.成孔方法:振动沉管 5.混合料强度等级:C20	m	624			
2	010201017001	褥垫层	1.厚度:200mm 2.材料品种及比例:人工级配砂石 (砂:碎石:3:7,最大粒径30mm)	m²	79.55			
3	010301004001	截(凿)桩头	1.桩头截面、高度:桩径为400mm,高度0.5m 2.桩身强度等级:C20 3.有无钢筋:无钢筋	根	52			

6.2.2.2 基坑与边坡支护(010202)

地下连续墙计算规则:按设计图示墙中心线长乘以厚度再乘以槽深以体积计算。

咬合灌注计算规则:① 以米计量,按设计图示尺寸以桩长计算;② 以根计量,按设计图示数量计算。

圆木桩、预制钢筋混凝土板桩计算规则:① 以米计量,按设计图示尺寸以桩长(包括桩尖)计算;② 以根计量,按设计图示数量计算。

型钢桩计算规则:① 以吨计量,按设计图示尺寸以质量计算;② 以根计量,按设计图示数量计算。

钢板桩计算规则:① 以吨计量,按设计图示尺寸以质量计算;② 以平方米计量,按设计图示墙中心线长乘以桩长以面积计算。

锚杆(锚索)、土钉计算规则:① 以米计量,按设计图示尺寸以钻孔深度计算;② 以根计量,按设计图示数量计算。

喷射混凝土、水泥砂浆计算规则:按设计图示尺寸以面积计算。

钢筋混凝土支撑计算规则:按设计图示尺寸以体积计算。

钢支撑计算规则:按设计图示尺寸以质量计算(不扣除孔眼质量,焊条、铆钉、螺栓等,不另增加质量)。

【例题 6-2】 某地下室工程采用地下连续墙作基坑挡土和地下室外墙。设计墙身长度纵轴线 80m 两道、横轴线 60m 两道围成封闭状态,墙底标高 -12m,墙顶标高 -3.6m,自然地坪标高 -0.6m,墙厚 1000mm,C35 混凝土浇捣;设计要求导墙采用 C30 混凝土浇筑,具体方案由施工方自行确定(根据地质资料已知沟范围为三类土);现场余土及泥浆必须外运 5km 处弃置。试计算该连续墙清单工程量及编列清单。

解 ① 计算清单工程量。

地下连续墙:

$$连续墙长度=(80+60)\times 2=280(m)$$
$$成槽深度=12-0.6=11.4(m)$$
$$墙高=12-3.6=8.4(m)$$
$$V=280\times 11.4\times 1=3192(m^3)$$

② 分部分项工程量清单见表 6-2。

表 6-2 分部分项工程和单价措施项目清单与计价表

序号	项目编码	项目名称	项目特征	计量单位	工程量	金额(元)		
						综合单价	合价	其中暂估价
1	010202001001	地下连续墙	1.地层情况:三类土 2.墙体厚度:1m 3.成槽深度:11.4m 4.混凝土种类、强度等级:C30 素混凝土	m³	3192			

6.3 定额项目内容及工程量计算规则

6.3.1 定额项目设置及定额工作内容

6.3.1.1 地基处理

《广东省房屋建筑与装饰工程综合定额(2018)》中地基处理设置见表 6-3。

表 6-3 打拔钢板桩、高压旋喷桩、深层搅拌桩定额项目分类表

项目名称	子目设置	定额编码	计量单位	工作内容
打拔槽型钢板桩	打拔槽型钢板桩	A1-2-1～A1-2-2	10t	1. 钢板桩运输、起吊、就位和组拼,钢板桩支撑制作、试拼、安装、打桩 2. 钢板桩支撑拆除、堆放、系桩、拔桩、运桩、堆放
打拔拉森钢板桩	陆上打拉森钢板桩	A1-2-3～A1-2-6	10t	1. 打拉森钢板桩:钢板桩装、卸和运输,打钢板桩 2. 拔拉森钢板桩,拔桩,运桩,堆放,回程运输 3. 钢板桩接头:上下对接、校正、焊接、清理
	拔拉森钢板桩	A1-2-7	10t	
	打拔拉森钢板桩	A1-2-8～A1-2-9	10t	
	钢板桩接头	A1-2-10	10个	
钢板桩支撑	钢板桩支撑拆	A1-2-11～A1-2-12	见表	钢板桩支撑制作:试拼,安装,拆除,堆放,回程运输
高压旋喷桩	高压旋喷桩	A1-2-13～A1-2-15	10m	清理场地、放样定位,钻机就位、钻孔、移位,配置浆液,喷射装置就位、分层喷射注浆、移位,泥浆清理,机具清洗及操作范围内料具搬运
高压旋喷桩-空桩	高压旋喷桩(空桩)	A1-2-16～A1-2-18	10m	清理场地、放样定位,钻机就位、钻孔、移位,泥浆清理,机具清洗及操作范围内料机搬运
高压旋喷桩-水平喷桩	水平高压旋喷桩	A1-2-19	10m	清理场地、放样定位,钻机就位、钻孔、移位,洞内及垂直运输,配置浆液,喷射装置就位、分层喷射注浆、移位,泥浆清理,机具清洗及操作范围内料具搬运
深层搅拌水泥桩	深层搅拌水泥桩	A1-2-20～A1-2-31	100m	测量放线,桩机移位、定位钻进,喷浆(粉)搅拌、提升,调制水泥浆、输送、压浆,泥浆
φ850SMW	SMW工法搅拌二搅二喷	A1-2-32	m/三轴	1. 测量放线,挖掘机挖沟槽,桩机就位,预搅下沉,拌制水泥浆,喷水泥浆并搅拌上升,重复上下搅拌,移位,除浮浆 2. 准备工作,安拆插拔机具,运输、定位,刷减磨剂,型钢切割、焊接及加工,插拔型钢,堆放,清理
	插拔型钢桩	A1-2-33	10t	

6.3.1.2 边坡支护

《广东省房屋建筑与装饰工程综合定额(2018)》中边坡支护设置见表6-4。

表6-4 地下连续墙、锚杆土钉定额项目分类表

项目名称	子目设置	定额编码	计量单位	工 作 内 容
成槽	履带式液压抓斗	A1-2-34~A1-2-36	10m³	1. 机具定位 2. 安放跑板导轨 3. 制浆、输送、循环分离泥浆 4. 钻孔、挖土成槽、护壁整修测量 5. 清底置换
	二钻一抓	A1-2-37	10m³	
	冲击式	A1-2-38~A1-2-39	10m³	1. 准备机具安放就位 2. 制浆、输送 3. 冲孔成槽、测量 4. 清底置换
地下连续墙入岩增加费	地下连续墙入岩增加费	A1-2-40	10m³	1. 准备机具,成槽出渣 2. 清孔
锁扣管吊拔	锁扣管吊拔	A1-2-41~A1-2-43	段	锁口管对接组装、入槽就位、灌注混凝土过程中上下移动、拔除、拆卸、冲洗、堆放
浇捣混凝土连续墙	浇筑混凝土	A1-2-44	10m³	1. 浇捣架就位 2. 导管安拆 3. 商品混凝土浇筑 4. 清理场地
连续墙型钢封口	连续墙型钢封口制作	A1-2-45	t	放样、划线、截斜、平整、焊接、成品校正、吊装、校正
	连续墙型钢封口安装	A1-2-46	t	
锚杆土钉成孔	锚杆土钉机械成孔	A1-2-47~A1-2-49	100m	钻孔机具安拆,钻孔,安拔防护套管
	成孔入岩增加费	A1-2-50		
锚杆土钉灌浆	锚杆土钉灌浆	A1-2-51~A1-2-53	100m	搅拌灰浆,灌浆浇捣端头锚固件保护混凝土

6.3.2 定额工程量计算规则

(1) 打拔钢板桩。

① 打拔钢板桩按设计图示入土深度(即从始挖地面至桩底)以"t"计算。

② 当设计支护钢板桩单根长度大于12m且需要接驳时,可计算钢板桩接头。钢板桩接头按设计图示数量以"个"计算。

③ 支撑宽度在2.5m以内的,按设计管道(沟槽)中心长度以"m"计算;宽度大于2.5m的,则按设计图示支撑的理论质量以"t"计算。

(2) 高压旋喷桩。

① 实桩部分按设计有效桩长计算,即设计桩顶标高至桩底标高的长度以"m"计算。

② 空桩部分按自然地坪标高到设计桩顶标高的长度以"m"计算。

(3) 喷浆(粉)桩(深层搅拌桩)。

① 桩长按设计顶标高至桩底长度另加 0.50m 计算,空搅部分按自然地坪标高到设计桩顶标高的长度扣减 0.50m 计算。

② SMW 工法搅拌桩按设计桩长以三轴每米计算,群桩间重叠部分不扣除。

③ SMW 工法搅拌桩中的插、拔型钢工程量按设计图示尺寸以"t"计算。

④ 如需凿除桩头,按实际凿除量以"m^3"计算,执行桩基础工程凿桩头子目乘以 0.65 计算。

(4) 地下连续墙。

① 地下连续墙成槽按设计图示墙中心线长度乘以厚度再乘以槽深以"m^3"计算。

② 灌注混凝土应以设计图示墙中心线长度乘以厚度再乘以实际灌注深度以"m^3"计算。需要凿除墙顶浮浆时,可套用凿桩头子目。

③ 混浆外运按连续墙的成槽工程量以"m^3"计算。

④ 锁口管按设计图示以"段"计算。

⑤ 型钢板封口接头工程量,按设计图示尺寸以"t"计算,如设计没有,则不计算。

(5) 锚杆土钉成孔、灌浆工程量,按入土长度以"m"计算。

(6) 高压定喷防渗墙按设计图示尺寸垂直投影面积以"m^2"计算。

6.4 定额计价与清单计价

6.4.1 定额应用及定额计价

《广东省房屋建筑与装饰工程综合定额(2018)》有关说明如下。

(1) 本章定额包括打拔钢板桩、高压旋喷桩、深层搅拌桩、地下连续墙、锚杆土钉、高压定喷防渗墙、大型钢支撑安拆、喷射混凝土,共八节。

(2) 打拔钢板桩。

① 打拔钢板桩土质类别按综合上类考虑。

② 打拔槽型钢板桩子目已包含支撑安拆,打拔拉森钢板桩子目均不包含支撑安拆。

③ 沟槽和基坑按土石方工程章说明中的规定划分。

④ 打拔钢板桩子目已包含了 30 天、60 天、180 天摊销使用期,非施工方原因导致实际支护时间(经验收合格之日起计算)超出摊销使用期,可按表 6-5 调整。

表 6-5 超出摊销使用期调整方式

序号	项目	适用范围	摊销使用期	超期补偿
1	打拔钢板桩	综合土质	30 天内	1.钢板桩按 1kg/t·天费用补偿 2.累计增加材料费不能超过新购置钢板桩材料费的 70%
2	陆上打拔拉森钢板桩	综合土质	60 天内	
3	水上打拔拉森钢板桩	综合土质	180 天内	

⑤ 当实际的打拔钢板桩机械与定额所含的机械有不同时,不作换算;当实际支护或支撑的型钢种类不同时可按实换算,但消耗量不变。

(3) 高压旋喷桩。

① 高压旋喷桩定额已综合接头处的复喷工料,单位长度设计水泥用量不同时可以换算。

② 桩上部空孔部分套用空桩子目计算。

③ 本章打桩工程除高压水平旋喷桩外,均按打直桩编制,设计要求打斜桩时,斜率小于1∶6时,相应定额人工费、机具费乘以系数1.25;斜率大于1∶6时,相应定额人工费、机具费乘以系数1.43。

(4) 喷浆(粉)桩(深层搅拌桩)。

① 深层搅拌水泥桩项目按一喷二搅或二喷二搅施工综合考虑编制,实际施工为二喷四搅或四喷四搅时,定额人工费和机具费乘以系数1.43计算。

② 深层搅拌水泥桩的水泥掺入量按加固土重($1800kg/m^3$)的13%考虑,如设计不同时按实调整。

③ 深层搅拌水泥桩定额已综合了正常施工工艺需要的重复喷浆(粉)和搅拌。

④ SMW工法搅拌桩水泥掺入量按加固土重($1800kg/m^3$)的20%考虑,如设计不同时按实调整;定额子目按二喷二搅施工编制,设计不同时,每增(减)一搅二喷按相应子目人工费和机具费增(减)40%计算。空搅部分按相应定额的人工费和机具费乘以系数0.50计算,并扣除水泥和水的含量。

⑤ SMW工法搅拌桩设计要求全断面套打时,相应子目的人工费及机具费乘以系数1.50,其余不变。

(5) 地下连续墙。

① 本节定额包括成槽、钢筋网片制作吊装、地下连续墙工字形钢板封口、入岩增加费、锁口管吊拔、浇捣连续墙混凝土等内容。

② 本节成槽子目是以连续墙厚80cm编制的,当墙厚为60cm时,子目乘以系数1.10,当墙厚为100cm时,子目乘以系数0.95计算。

③ 如有发生导墙修筑时,导墙的土方开挖可套用土石方中的沟槽开挖定额子目;导墙模板可套用"独立基础模板"子目,导墙浇捣可套用"其他混凝土基础"子目,制安钢筋可套用A.1.5.5节中的定额子目;如在实际中导墙需要拆除时,可套"拆除工程"相应子目。

④ 地下连续墙成槽的泥浆池砌筑和拆除可根据设计或施工方案套用"砌筑工程"和"拆除工程"的相应子目在措施费中计列,竣工结算时应按实结算。

⑤ 预埋件可套用相应专业的定额子目。地下连续墙若设计增加检测管时,执行桩的相应子目。

⑥ 锁口管吊拔定额中已包括锁口管的摊销费用。

(6) 锚杆、土钉。

① 锚杆钻孔、灌浆,高于地面1.2m处作业搭设的操作平台,按实际搭设长度乘以2m宽,套满堂脚手架相应子目。

② 锚杆、土钉钢筋(管)按钢筋混凝土工程相应子目计算。

(7) 高压定喷防渗墙。

高压定喷防渗墙不包括钢筋制作及安装。

(8) 高压旋喷桩、喷浆(粉)桩、地下连续墙、高压定喷防渗墙等成孔、成槽所产生的泥浆外运,套用桩基工程泥浆运输相关子目,对没有使用泥浆灌车即时运走的,经晾晒后的泥浆按装运土方子目计算。

(9) 大型钢支撑安拆。

① 当钢支撑宽度大于或等于8m时属于大型钢支撑。

② 大型钢支撑定额适用于地下连续墙、混凝土板桩、拉森钢板桩等支撑宽度大于8m的深基坑支护钢支撑。

③ 预埋钢件和混凝土支撑可另套本综合定额相应章节的子目计算。
(10) 喷射混凝土。
① 未包括搭设平台的费用,发生时按审定的施工方案计算。
② 隧道喷射混凝土按照《广东省市政工程综合定额(2018)》相应项目执行。

6.4.2 定额计价

【例题 6-3】 根据表 6-6 分部分项工程量清单,某边坡共植入 91 根长 10m 的锚杆,杆体采用直径为 25mm 的 HRB335 钢筋,边坡喷射 120mm 厚的 C20 混凝土共 411.07 m^2,计算定额分部分项工程费(混凝土和砂浆的单价查阅定额附录)。

表 6-6 分部分项工程和单价措施项目清单与计价表

序号	项目编码	项目名称	项目特征	计量单位	工程量	金额(元)		
						综合单价	合价	其中暂估价
1	010202008001	土钉	1.地层情况:带块石的碎石土 2.钻孔深度:10m 3.钻孔直径:90mm 4.杆体材料品种、规格,数量:1 根 HRB335,直径 25 的钢筋	m	910			
2	010202009001	喷射混凝土	1.部位:边坡 2.厚度:120mm 3.混凝土(砂浆)类别、强度等级:C20	m^2	411.07			

解 ① 计算定额工程量。

土钉工程量:
$$L = 10 \times 91 = 910 (m)$$

水泥砂浆 1∶1 制作工程量 $= 910/100 \times 2.009 = 18.28 (m^3)$

C20 混凝土 $910/100 \times 0.101 = 0.92 (m^3)$

喷射混凝土工程量:

喷射混凝土工程量 $= 411.07 (m^2)$

C20 混凝土 20 石(商品混凝土)制作工程量 $= 411.07/100 \times (5.35 + 7 \times 1.02)$
$$= 51.3426 (m^3)$$

② 查找定额,计算定额分部分项工程费见表 6-7、表 6-8。

表 6-7 定额分部分项工程费汇总表

序号	项目编码	项目名称	计量单位	工程数量	定额基价(元)	合价(元)
1	A1-2-47	锚杆土钉机械成孔,土层,孔径≤100mm	100m	9.10	4256.61	38735.15
2	A1-2-51	锚杆土钉灌浆,孔径≤100mm	100m	9.10	1334.11	12140.40
3	8021903	普通预拌混凝土,碎石粒径综合考虑 C20	m^3	0.9191	322	295.95
4	80010190	1∶1 抹灰用水泥砂浆	m^3	18.28	325.02	5941.98
		小计				57113.48

表 6-8 定额分部分项工程费汇总表

序号	项目编码	项目名称	计量单位	工程数量	定额基价（元）	合价(元)
1	A1-2-60 换	喷射混凝土，素喷，初喷 5cm，实际厚度：12cm	100m²	4.1107	9483.18	38982.51
2	8021903	普通预拌混凝土，碎石粒径综合考虑 C20	m³	51.3426	322	16532.32
		小计				55514.83

6.4.3 清单计价

综合单价分析表中的人工费按照 2017 年广东省建筑市场综合水平取定，各时期各地区的水平差异可按各市发布的动态人工调整系数进行调整，材料费、施工机具费按照广州市 2020 年 10 月份信息指导价，利润为人工费与施工机具费之和的 20%，管理费按分部分项的人工费与施工机具费之和乘以相应专业管理费分摊费率计算。计算方法与结果见综合单价分析表。

例题 6-3 的综合单价分析表见表 6-9、表 6-10（注：土钉即 HRB335，直径 25 的钢筋费用没包含在报价内），分部分项工程和单价措施项目清单与计价表见表 6-11。

表 6-9 综合单价分析表

工程名称：×××　　　　　　　　　标段：　　　　　　　　　第　页　共　页

项目编码	010202008001	项目名称	土钉	计量单位	m	工程量	910

清单综合单价组成明细									
定额编号	定额项目名称	定额单位	数量	单价				合价			
				人工费	材料费	机具费	管理费和利润	人工费	材料费	机具费	管理费和利润
A1-2-47	锚杆土钉机械成孔，土层孔径≤100mm	100m	0.01	1488.57		2088.29	1337.03	14.89		20.88	13.37
A1-2-51	锚杆土钉灌浆，孔径≤100mm	100m	0.01	360.16	1035.99	166.65	196.92	3.6	10.36	1.67	1.97
8021903	普通预拌混凝土，碎石粒径综合考虑 C20	m³	0.001		578				0.58		
人工单价			小计					18.49	10.94	22.55	15.34
			未计价材料费								
			清单项目综合单价					67.32			

续表

	主要材料名称、规格、型号	单位	数量	单价（元）	合价（元）	暂估单价（元）	暂估合价（元）
材料费明细	水	m³	0.006	4.58	0.03		
	普通预拌混凝土 碎石粒径综合考虑 C20	m³	0.001	578	0.58		
	复合普通硅酸盐水泥 P.C 32.5	t	0.0164	319.11	5.23		
	中砂	m³	0.0162	275.97	4.48		
	其他材料费			—	0.63	—	
	材料费小计			—	10.95	—	

表6-10 综合单价分析表

工程名称：×××　　　　　标段：　　　　　　第　页　共　页

项目编码	010202009001	项目名称	喷射混凝土	计量单位	m²	工程量	411.07

清单综合单价组成明细

定额编号	定额项目名称	定额单位	数量	单价				合价			
				人工费	材料费	机具费	管理费和利润	人工费	材料费	机具费	管理费和利润
A1-2-60换	喷射混凝土，素喷，初喷5cm，实际厚度：12cm	100m²	0.01	5275.33	440.11	2428.77	2879.79	52.75	4.4	24.29	28.8
8021903	普通预拌混凝土，碎石粒径综合考虑 C20	m³	0.1249		578				72.19		
人工单价			小计					52.75	76.59	24.29	28.8
			未计价材料费								
			清单项目综合单价					182.43			

	主要材料名称、规格、型号	单位	数量	单价（元）	合价（元）	暂估单价（元）	暂估合价（元）
材料费明细	材料费调整	元	0.0002	1			
	高压橡胶风管	m	0.0658	24.79	1.63		
	水	m³	0.3981	4.58	1.82		
	其他材料费	元	0.9464	1	0.95		
	普通预拌混凝土，碎石粒径综合考虑 C20	m³	0.1249	578	72.19		
	材料费小计			—	76.59		

表 6-11　分部分项工程和单价措施项目清单与计价表

序号	项目编码	项目名称	项目特征	计量单位	工程量	金额(元)		
						综合单价	合价	其中 暂估价
1	010202008001	土钉	1.地层情况:带块石的碎石土 2.钻孔深度:10m 3.钻孔直径:90mm 4.杆体材料品种、规格、数量:1根 HRB335,直径 25 的钢筋	m	910	67.32	61261.20	
2	010202009001	喷射混凝土	1.部位:边坡 2.厚度:120mm 3.混凝土(砂浆)类别、强度等级:C20	m²	411.07	182.43	74991.50	
			小计				136252.70	

任务 7 桩基工程计量与计价

7.1 基础知识

7.1.1 桩基工程概念

由桩和连接桩顶的桩承台(简称承台)组成的深基础或由柱与桩基连接的单桩基础,简称桩基。若桩身全部埋于土中,承台底面与土体接触,则称为低承台桩基;若桩身上部露出地面而承台底位于地面以上,则称为高承台桩基。建筑桩基通常为低承台桩基础。高层建筑中,桩基础应用广泛。

(1)按照基础的受力原理不同,桩基可分为摩擦桩和端承桩。

① 摩擦桩。

摩擦桩是利用地层与基桩的摩擦力来承载构造物并可分为压力桩及拉力桩,大致用于地层无坚硬的持力层或持力层较深的情况。

② 端承桩。

端承桩是使桩基坐落于持力层上(岩盘上),使之可以承载构造物。

(2)按照施工方式不同,桩基可分为预制桩和灌注桩。

① 预制桩。

通过打桩机将预制的钢筋混凝土桩打入地下。优点是省材料,强度高,适用于较高要求的建筑,缺点是施工难度高,受机械数量限制,施工时间长。

② 灌注桩。

首先在施工场地上钻孔,当达到所需深度后将钢筋放入,浇灌混凝土。优点是施工难度低,尤其是人工挖孔桩,可以不受机械数量的限制,所有桩基同时进行施工,大大节省时间,缺点是承载力低,费材料。

7.1.2 桩的制作

7.1.2.1 预制桩制作

较短的桩一般在预制厂制作,较长的桩一般在施工现场附近露天预制。为节省场地,现场预制方桩多用叠浇法,重叠层数取决于地面允许荷载和施工条件,一般不宜超过 4 层。制桩场地应平整、坚实,不得产生不均匀沉降。桩与桩间应做好隔离层,桩与邻桩、底模间的接触面不得发生黏结。上层桩或邻桩的浇筑,必须在下层桩或邻桩的混凝土达到设计强度的 30% 以后方可进行。钢筋骨架及桩身尺寸偏差如超出规范允许的偏差,桩容易被打坏,桩的预制先后次序应与打桩次序对应,以缩短养护时间。预制桩的混凝土浇筑,应由桩顶向桩尖连续进行,严禁中断,并应防止另一端的砂浆积聚过多。

7.1.2.2 灌注桩

灌注桩按其成孔方法不同,可分为钻孔灌注桩、沉管灌注桩、人工挖孔灌注桩、爆扩灌注桩等。

1. 钻孔灌注桩

钻孔灌注桩,指利用钻孔机械钻出桩孔,并在孔中浇筑混凝土(或先在孔中吊放钢筋笼)而成的桩。根据钻孔机械的钻头是否在土的含水层中施工,又分为泥浆护壁成孔和干作业成孔等。

(1)泥浆护壁成孔灌注桩施工流程:场地平整→桩位放线→开挖浆池、浆沟→护筒埋设→钻机就位、孔位校正→成孔、泥浆循环、清除废浆、泥渣→第一次清孔→质量验收→下钢筋笼和钢导管→第二次清孔→浇筑水下混凝土→成桩。

(2)干作业成孔灌注桩施工流程:测定桩位→钻孔→清孔→下钢筋笼→浇筑混凝土。

2. 沉管灌注桩

沉管灌注桩,指利用锤击打桩法或振动打桩法,将带有活瓣式桩尖或预制钢筋混凝土桩靴的钢套管沉入土中,然后边浇筑混凝土(或先在管内放入钢筋笼),边锤击或振动边拔管而成的桩。前者称为锤击沉管灌注桩,后者称为振动沉管灌注桩。

沉管灌注桩成桩过程为:桩机就位→锤击(振动)沉管→上料→边锤击(振动)边拔管,并继续浇筑混凝土→下钢筋笼、继续浇筑混凝土及拔管→成桩。

3. 人工挖孔灌注桩

人工挖孔灌注桩,指桩孔采用人工挖掘方法进行成孔,然后安放钢筋笼,浇筑混凝土而成的桩。为了确保人工挖孔桩施工过程中的安全,施工时必须考虑预防孔壁坍塌和流沙现象发生,制定合理的护壁措施。护壁方法可以采用现浇混凝土护壁、喷射混凝土护壁、砖砌体护壁、沉井护壁、钢套管护壁、型钢或木板桩工具式护壁等多种。下面以应用较广的现浇混凝土分段护壁为例说明人工挖孔灌注桩的施工工艺流程。

人工挖孔灌注桩的施工程序是:场地整平→放线、定桩位→挖第一节桩孔土方→支模浇筑第一节混凝土护壁→在护壁上二次投测标高及桩位十字轴线→安装活动井盖、垂直运输架、起重卷扬机或电动葫芦、活底吊土桶、排水、通风、照明设施等→第二节桩身挖土→清理桩孔四壁,校核桩孔垂直度和直径→拆上节模板,支第二节模板,浇筑第二节混凝土护壁→重复第二节挖土、支模、浇筑混凝土护壁工序,循环作业直至设计深度→进行扩底(当需要扩底时)→清理虚土、排除积水,检查尺寸和持力层→吊放钢筋笼就位→浇筑桩身混凝土。

4. 爆扩灌注桩

爆扩灌注桩,指用钻孔爆扩成孔,孔底放入炸药,再灌入适量的混凝土,然后引爆,使孔底形成扩大头,再放入钢筋笼,浇筑桩身混凝土。

7.2 工程量清单项目编制及工程量计算规则

7.2.1 工程清单设置

桩基工程工程量清单项目有打桩、灌注桩两项,内容详见《房屋建筑与装饰工程工程量计算规范》(GB 50854—2013)(以下简称《计算规范》)。

《计算规范》中表 C.1 打桩(010301)设置有预制钢筋混凝土方桩(010301001)、预制钢筋混凝土管桩(010301002)、钢管桩(010301003)、截(凿)桩头(010301004)共 4 个清单。预制方桩、管桩见图 7-1、图 7-2。

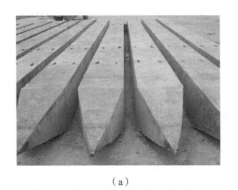
(a)

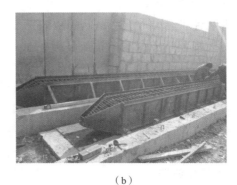
(b)

图 7-1 预制方桩

(a)

(b)

图 7-2 预制管桩与钢桩尖

《计算规范》中表 C.2 灌注桩(010302)设置有泥浆护壁成孔灌注桩(010302001)、沉管灌注桩(010302002)、干作业成孔灌注桩(010302003)、挖孔桩土(石)方(010302004)、人工挖孔灌注桩(010302005)、钻孔压浆桩(010302006)、灌注桩后压浆(010302007)共 7 个清单。灌注桩和人工挖孔桩见图 7-3、图 7-4。

(a)

(b)

图 7-3 灌注桩

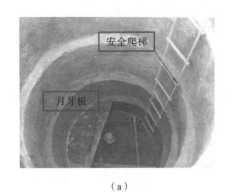

(a) （b）

图 7-4 人工挖孔桩

7.2.2 清单项目工程量计算与清单编制

7.2.2.1 打桩(010301)

预制钢筋混凝土方桩、预制钢筋混凝土管桩计算规则：① 以米计量，按设计图示尺寸以桩长(包括桩尖)计算；② 以立方米计量，按设计图示截面积乘以桩长(包括桩尖)以体积计算；③ 以根计量，按设计图示数量计算。

钢管桩计算规则：① 以吨计量，按设计图示尺寸以质量计算；② 以根计量，按设计图示数量计算。

截(凿)桩头计算规则：① 以立方米计量，按设计桩截面乘以桩头长度以体积计算；② 以根计量，按设计图示数量计算。

【例题 7-1】 某工程采用标准设计预制钢筋混凝土方桩 100 根，混凝土强度等级要求为 C40，桩顶标高 -2.5m，现场自然地坪标高 -0.3m；现场施工场地不能满足桩基堆放，需在离单体工程平均距离 350m 以外制作、堆放；地基土以中等密实的黏土为主，其中含沙夹层连续厚度 2.2m，设计要求 5% 的桩位须单独试桩。计算工程量及编列项目清单(不含钢筋)。

解 ① 根据设计、现场和图集资料，确定该工程设计预制桩工程量及有关工作内容和项目特征如下。

打桩及打试桩土壤级别：二类土

单桩长度：14+14=28(m)　　　桩截面：400mm×400mm

混凝土强度等级：C40　　　　　桩现场运输距离：≥350m

根数：因设计桩基础只有一个规格标准，可以按"根"作为计量单位。

打预制桩：100-5=95(根)　　　打试桩：100×5%=5(根)

送桩：每根桩要求送桩，桩顶标高 -2.5m，自然地坪标高 -0.3m。

焊接接桩：查图集为角钢接桩，每个接头质量 9.391kg。

接头每根桩一个接头，共 100 个(其中试桩接桩 5 个)。

② 分部分项工程量清单见表 7-1。

表 7-1 分部分项工程和单价措施项目清单与计价表

序号	项目编码	项目名称	项目特征	计量单位	工程量	金额(元)		
						综合单价	合价	其中 暂估价
1	010301001001	预制钢筋混凝土方桩	1.地层情况:二类土 2.送桩深度、桩长:28m 3.桩截:400mm×400mm 4.沉桩方法:静力压桩法 5.接桩方式:焊接法 6.混凝土强度等级:C40	m	2660			
2	010301001002	预制钢筋混凝土方桩	1.试验桩 2.地层情况:二类土 3.送桩深度、桩长:28m 4.桩截:400mm×400mm 5.沉桩方法:静力压桩法 6.接桩方式:焊接法 7.混凝土强度等级:C40	m	140			

【例题 7-2】 某工程 110 根 C50 预应力钢筋混凝土管桩,外径 $\phi600$、内径 $\phi400$,每根桩总长 25m;桩顶灌注 C30 混凝土 1.5m 高;每根桩顶连接构造(假设)钢托板 3.5kg、圆钢骨架 38kg,设计桩顶标高 -3.5m,现场自然地坪标高为 -0.45m,现场条件允许可以不发生场内运桩。

计算工程量及编列项目清单。

解 ① 预制钢筋混凝土管桩工程量 $=110\times25=2750$(m)。

② 分部分项工程量清单见表 7-2。

表 7-2 分部分项工程和单价措施项目清单与计价表

序号	项目编码	项目名称	项目特征	计量单位	工程量	金额(元)		
						综合单价	合价	其中 暂估价
1	010301002001	预制钢筋混凝土管桩	1.地层情况:综合考虑 2.桩外径、壁厚:$\phi500$、100mm 3.混凝土强度等级:C50 4.填充材料种类:C30混凝土	m	2750			

7.2.2.2 灌注桩(010302)

泥浆护壁成孔灌注桩、沉管灌注桩、干作业成孔灌注桩计算规则:① 以米计量,按设计图示尺寸以桩长(包括桩尖)计算;② 以立方米计量,按不同截面在桩上范围内以体积计算;③ 以根计量,按设计图示数量计算。

挖孔桩土(石)方计算规则:按设计图示尺寸(含护壁)截面积乘以挖孔深度以立方米计算。

人工挖孔灌注桩计算规则:① 以立方米计量,按桩芯混凝土体积计算;② 以根计量,按设计图示数量计算。

钻孔压浆桩计算规则:① 以米计量,按设计图示尺寸以桩长计算;② 以根计量,按设计图示数量计算。

灌注桩后压浆计算规则:按设计图示以注浆孔数计算。

【例题 7-3】 某工程采用 C30 钻孔灌注桩 80 根,设计桩径 1200mm,要求桩穿越碎卵石层后进入强度为 28MPa 的中等风化岩层 1.7m,入岩深度下面部分做成 200mm 深的凹底;桩底标高(凹底)—49.8m,桩顶设计标高—4.8m,现场自然地坪标高为—0.45m,设计规定加灌长度 1.5m;废弃泥浆要求外运 5km 处;钢护筒 2m,每 m 重量 238.2kg。试列出该桩基清单工程量,编列项目清单,入岩增加费的清单(略)(结果填入下表)

解 ① 按设计要求和现场条件涉及的工程描述内容有:

桩长 45m,桩基根数 80 根,桩截面 $\phi1200$,成孔方法为钻孔,混凝土强度等级 C30;桩顶、自然地坪标高、加灌长度及泥浆运输距离,其中设计穿过碎卵石层进入 28mPa 的中等风化岩层(较软岩),应考虑入岩因素及其工程量参数。

$$清单工程量 = 3.14 \times 0.6^2 \times (49.8 - 4.8) \times 80 = 4069.44 (m^3)$$

其中入岩长度 $= 80 \times 1.7 = 136 (m)$

② 分部分项工程量清单见表 7-3。

表 7-3 分部分项工程和单价措施项目清单与计价表

序号	项目编码	项目名称	项目特征	计量单位	工程量	金额(元)		
						综合单价	合价	其中暂估价
1	010302001001	泥浆护壁成孔灌注桩	1.地层情况:中等风化岩层 2.桩长:45m 3.桩径:$\phi1200$ 4.成孔方法:钻孔 5.混凝土强度等级:C30 6.泥浆运输:5km 7.护筒埋设及拆除:2m	m^3	4069.44			

7.3 定额项目内容及工程量计算规则

7.3.1 定额项目设置及定额工作内容

7.3.1.1 预制混凝土桩

《广东省房屋建筑与装饰工程综合定额(2018)》中预制混凝土桩工程定额项目设置见表 7-4。

表 7-4 预制混凝土桩工程定额项目分类表

项目名称	子目设置	定额编码	计量单位	工作内容
打(压)预制混凝土桩	打预制方桩	A1-3-1～A1-3-15	100m	准备打(压)桩机具,移动打桩机及其轨道,吊装定位,安卸桩帽,校正,打桩
	打预制管桩	A1-3-16～A1-3-27	100m	
	压预制方桩	A1-3-28～A1-3-33	100m	
	压预制管桩	A1-3-34～A1-3-41	100m	
桩尖	钢桩尖制作	A1-3-42	100m	钢板矫正、放样、号料、氧气切割、剪断、刨边、焊接、材料成品现场水平搬运
接桩	方桩接桩	A1-3-43～A1-3-45	10个	准备接桩工具,对接上下节桩、桩顶垫平、放置接桩、角铁、钢板、焊接、焊制、安放、拆卸夹箍等
	管桩接桩	A1-3-46～A1-3-49	10个	
预制混凝土管桩填芯	预制混凝土管桩填芯	A1-3-50～A1-3-51	10m³	1.填混凝土:冲洗管桩内芯、混凝土运输、填芯 2.填砂:冲洗管桩内芯、运砂、填芯
打(压)钢管桩	打钢管桩	A1-3-52～A1-3-57	10t	准备打桩机具、吊桩找位、安卸桩帽、校正、打桩
	压钢管桩	A1-3-58～A1-3-63	10t	
钢管桩接桩	钢管桩电焊接桩	A1-3-64～A1-3-66	个	准备机具、磨焊接头、上下接桩对接、焊接
钢管桩内切割	钢管桩内切割	A1-3-67～A1-3-69	根	准备机具、测定标高、钢管桩内排水、内切割钢管、截除钢管、就地安放
钢管桩精割盖帽	精割盖帽	A1-3-70～A1-3-72	个	准备机具、测定标高画线、整圆、排水、精割、清泥、除锈、安放及焊接
钢管桩内钻孔取土	钢管桩内钻孔取土	A1-3-73	10m³	准备钻孔机具、钻机就位、钻孔取土、土方场内运输
钢管桩填芯	钢管桩填芯	A1-3-74～A1-3-75	m³	1.填混凝土:冲洗管桩内芯、混凝土运输、填芯 2.填砂:冲洗管桩内芯、运砂、填芯

7.3.1.2 灌注混凝土桩

《广东省房屋建筑与装饰工程综合定额(2018)》中灌注桩工程定额项目设置见表7-5。

表 7-5 灌注桩工程定额项目分类表

项目名称	子目设置	定额编码	计量单位	工作内容
沉管混凝土灌注桩	沉管混凝土灌注桩	A1-3-76～A1-3-77	10m³	放线定位,埋桩尖、准备打桩机具、安拆桩架、移动桩机及其轨道、用钢管打桩孔、混凝土运输、灌注、拔钢管、夯实、整平隆起土壤
沉管夯扩混凝土桩	沉管混凝土夯扩桩	A1-3-78	10m³	
钻、冲孔混凝土灌注桩	钻孔桩成孔	A1-3-81～A1-3-86	10m³	1.准备冲孔机具(含桩机移动)、冲孔出渣、泥浆和泥浆制作 2.清除桩孔泥浆
	冲孔桩成孔	A1-3-87～A1-3-92		

续表

项目名称	子目设置	定额编码	计量单位	工作内容
旋挖成孔灌注桩	旋挖桩成孔	A1-3-93～A1-3-95	10m³	1.准备打桩机具("含桩机移动),旋挖,清渣,成孔 2.泥浆制作
灌注桩检测管制安	钢管	A1-3-96	t	准备工作、切割制作、焊接固定、封头、接长、随钢筋骨架吊装入孔
	塑料管	A1-3-97	100m	准备工作、声测管制作、埋设安装、清洗管道等全部过程
灌注桩后压浆	桩底(侧)后压浆	A1-3-98	10t	准备机具,浆液配置,压注浆等全部过程
钢护筒埋设及拆除	铜护筒埋设、拆除(陆上)	A1-3-99	t	铜护筒制作、安装、吊埋就位、拆除
	铜护筒埋设、不拆除(陆上)	A1-3-100		
	铜护筒埋设、不拆除(水上水深)	A1-3-101～A1-3-103		铜护筒制作、安装、吊埋就位
入岩增加费	钻孔桩入岩增加费	A1-3-104～A1-3-109	10m³	1.准备机具、成孔出渣 2.清除桩孔泥浆
	冲孔桩入岩增加费	A1-3-110～A1-3-115		
	旋挖桩入岩增加费	A1-3-116～A1-3-118		测量放线
泥浆运输	泥浆罐车泥浆运输	A1-3-119～A1-3-120	10m³	装卸泥浆、运输、清理场地
灌注混凝土	钻孔(旋挖)桩	A1-3-121	10m³	混凝土灌注,安、拆导管及漏斗等
	冲孔桩	A1-3-122		

7.3.2 定额工程量计算规则

7.3.2.1 预制混凝土桩工程

打(压)预制混凝土方桩工程量计算规则:按设计图示尺寸以桩长(包括桩尖)计算;打(压)预制混凝土管桩工程量,计算规则:按设计图示尺寸以桩长(不包括桩尖)计算。

钢桩尖制作工程量计算规则:按设计图示尺寸以质量计算,不扣除孔眼(0.04m² 内)、切边、切肢的质量,焊条、铆钉、螺栓等不另增加质量,不规则或多边形钢板以其外接矩形面积乘以厚度乘以单位理论质量计算。

预制混凝土接桩工程量计算规则:按设计图示接头数量以个计算。

预制混凝土管桩填芯工程量计算规则:按设计长度乘以管内截面积以体积计算。

钢管桩工程量计算规则:

① 打(压)钢管桩工程量,按入土长度以质量计算;
② 钢管桩接桩工程量,按设计图示数量以个计算;
③ 钢管桩内切割工程量,按设计图示数量以根计算;
④ 钢管桩精割盖帽工程量,按设计图示数量以个计算;
⑤ 钢管桩管内取土工程量,按设计图示尺寸以体积计算;
⑥ 钢管桩填芯工程量,按设计长度乘以管内截面积以体积计算。

7.3.2.2 成孔混凝土灌注桩

(1) 沉管灌注混凝土桩、夯扩桩工程量,按桩长乘以设计截面面积以"m^3"计算。

(2) 灌注桩检测管工程量,按钢检测管质量以"t"计算,塑料管按长度以"m"计算。桩底(侧)后压浆工程量按设计注入水泥用量以"t"计算。如水泥用量差别大,允许换算。

(3) 钢护筒工程量,按钢护筒加工后的成品质量以"t"计算。

(4) 素混凝土桩(CFG桩)工程量,按桩长乘以设计截面面积以"m^3"计算。

(5) 钻、冲孔桩工程量,按桩长乘以设计截面面积以"m^3"计算。

(6) 旋挖桩工程量,按桩长乘以设计截面面积以"m^3"计算。

(7) 钻孔桩、冲孔桩和旋挖桩入岩增加费,按入岩厚度乘以设计截面面积以"m^3"计算。

(8) 钻孔(旋挖)桩和冲孔桩的灌注混凝土工程量,预算按设计图示桩长乘以设计截面面积以"m^3"计算,结算按实调整。

7.4 定额计价与清单计价

7.4.1 定额应用及定额计价

《广东省房屋建筑与装饰工程综合定额(2018)》有关说明如下。

(1) 本章定额包括预制混凝土桩、钢管桩、成孔混凝土灌注桩、微型桩、砂石灌注桩、圆木柱、截桩头,共七节。

(2) 定额打(压)预制桩未包括接桩,打(压)桩的接桩按相应子目另行计算。

(3) 定额不包括清除地下障碍物,若发生时按实计算。

(4) 打(压)试验桩套相应打(压)桩子目,人工费、机具费乘以系数2.00。

(5) 单位工程打(压)桩、灌注桩工程量在表7-6规定数量以内时,其人工费、机具费按相应子目乘以系数1.25。

表7-6 人工、机械台班消耗扩大系数为1.25时的单位工程的工程量最大值

项　　目	单位工程的工程量
预制钢筋混凝土方桩	200m³
砂、砂石桩	40m³
钻孔、旋挖成孔灌注桩	150m³
沉管、冲孔灌注桩	100m³
预制钢筋混凝土管桩	1000m

(6) 型钢综合包括桩帽、送桩器、桩帽盖、钢管、钢模、金属设备及料斗等。

(7) 经审定的施工方案,单位工程内出现送桩和打桩的应分别计算。送桩工程量按送桩长度计算(即打桩机架底至桩顶面或自然地坪面另加 0.5m 计算),套用相应打(压)桩子目,并按照下述规定调整消耗量。

① 预制混凝土桩送桩,人工费、机具费乘以系数 1.20。

② 钢管桩送桩,人工费、机具费乘以系数 1.50。

③ 预制混凝土桩和钢管桩送桩时,不计算预制混凝土桩和钢管桩的材料费用。

(8) 有计算送桩的打(压)预制混凝土桩项目,子目桩消耗量 103.8m 改为 101m。

(9) 预制混凝土方桩接桩定额钢材用量与设计不同时,按实调整,其他不变。

(10) 定额钢管桩按成品考虑,不含防腐处理费用,如发生时可根据实际要求按实计算。

(11) 沉管混凝土灌注桩,钻、冲孔灌注桩、水泥粉煤灰碎石灌注(CFG)桩和地下连续墙的混凝土含量按 1.20 扩散系数考虑,实际灌注量不同时,可调整混凝土量,其他不变。

(12) 沉管混凝土灌注桩:

① 在原位打扩大桩时,按人工费乘以系数 0.85,机具费乘以系数 0.5;

② 沉管混凝土灌注桩至地面部分(包括地下室)采用砂石代替混凝土时,其材料按实计算;

③ 如在支架打桩,人工费及机具费乘以系数 1.25;

④ 活页桩尖铁件摊销每立方米混凝土 1.5kg。

(13) 钻、冲孔桩,旋挖成孔灌注桩入岩增加费,极软岩和软岩不作入岩计算,较硬岩、坚硬岩作入岩计算,较软岩按入岩相应子目乘以系数 0.7。

(14) 泥浆运输子目适用于钻、冲孔灌注桩,旋挖成孔灌注桩,微型桩,地下连续墙等项目。本章子目未考虑泥浆池(槽)砌筑及拆除,发生时按照措施其他项目的规定计算。

(15) 所有桩的长度,除另有规定外,预算按设计长度;结算按实际入土桩的长度(单独制作的桩尖除外)计算,超出地面的桩长度不得计算,成孔灌注混凝土桩的计算桩长以成孔长度为准。

7.4.2 定额计价

【例题 7-4】 根据例题 7-1 计算定额分部分项工程费,采用压桩机压桩。

解 ① 计算定额工程量。

普通桩:

$$压预制桩工程量=(100-5)\times(14+14)=2660(m)$$
$$压送桩工程量=(2.5-0.3+0.5)\times 95=256.5(m)$$
$$焊接接桩工程量=95 个$$

试验桩:

$$压实验桩工程量=5\times(14+14)=140(m)$$
$$压送实验桩工程量=(2.5-0.3+0.5)\times 5=13.5(m)$$
$$焊接接桩工程量=5 个$$

② 查找定额,计算定额分部分项工程费,结果见表 7-7、表 7-8。

表 7-7 定额分部分项工程费汇总表

序号	项目编号	项目名称	计量单位	工程数量	定额基价(元)	合价(元)
1	A1-3-31	压预制方桩,截面 400mm×400mm,桩长(18m)以外	100m	26.6	14610.4	388636.64
2	A1-3-31 换	压预制方桩,截面 400mm×400mm 桩长(18m)以外,送桩,人工×1.2,机械×1.2,材料[04290130]含量为 0	100m	2.565	5504.59	14119.27
3	A1-3-43	方桩接桩,电焊接桩包角钢	10 个	9.5	2870.89	27273.46
		小计				430029.37

表 7-8 定额分部分项工程费汇总表

序号	项目编号	项目名称	计量单位	工程数量	定额基价(元)	合价(元)
1	A1-3-10 R×2,J×2	打预制方桩,截面 400mm×400mm 桩长(18m)以外,陆上,打(压)试验桩,人工×2,机械×2	100m	1.4	15537.37	21752.32
2	A1-3-10 换	打预制方桩,截面 400mm×400mm 桩长(18m)以外,陆上,送桩,人工×1.2,机械×1.2,材料[04290130]含量为 0	100m	0.135	3363.59	454.08
3	A1-3-43	方桩接桩,电焊接桩包角钢	10 个	0.5	2870.89	1435.45
		小计				23641.85

7.4.3 清单计价

综合单价分析表中的人工费按照 2017 年广东省建筑市场综合水平取定,各时期各地区的水平差异可按各市发布的动态人工调整系数进行调整,材料费、施工机具费按照广州市 2020 年 10 月份信息指导价,利润为人工费与施工机具费之和的 20%,管理费按分部分项的人工费与施工机具费之和乘以相应专业管理费分摊费率计算。计算方法与结果见综合单价分析表。计算方法与计算结果见表 7-9、表 7-10、表 7-11。

【**例题 7-5**】 根据企业设定的投标方案,按例题 7-1 提供的清单计算预制混凝土桩的综合单价以及分部分项和措施项目综合报价(投标方设定的方案:混凝土桩自行在现场制作,制作点按照施工平面确定平均距离为 400m,根据桩长采用一台静力压桩机压桩,现场采用 15t 载重汽车配以两台 15t 履带式起重机吊运;其他按定额,不再考虑其他风险)。

表 7-9 综合单价分析表

工程名称:×××

项目编码	010301001001	项目名称	预制钢筋混凝土方桩	计量单位	m	工程量	2660

清单综合单价组成明细									
定额编号	定额项目名称	定额单位	数量	单价				合价		
				人工费	材料费	机具费	管理费和利润	人工费	材料费	机具费	管理费和利润
A1-3-31	压预制方桩,截面400mm×400mm,桩长(18m)以上	100m	0.01	928.98	10300.42	748.89	1374.78	9.29	103	27.49	13.75
A1-3-31换	压预制方桩,截面400mm×400mm,桩长(18m)以外,送桩,人工×1.2,机械×1.2,材料[04290130]含量为0	100m	0.01	1114.78	323.15	3298.67	1649.75	11.15	3.23	32.99	16.5
A1-3-43	方桩接桩,电焊接桩包角钢	10个		679.96	1373.85	587.06	473.61				
人工单价				小计				20.44	106.23	60.48	30.25
				未计价材料费							
清单项目综合单价								217.39			

材料费明细	主要材料名称、规格、型号	单位	数量	单价(元)	合价(元)	暂估单价(元)	暂估合价(元)
	其他材料费	元		1			
	型钢(综合)	kg	0.0794	5.97	0.47		
	橡胶垫	kg	0.0024	7.16	0.02		
	麻袋	个	0.0212	1.89	0.04		
	预制钢筋混凝土方桩400×400	m	1.038	96.12	99.77		
	松杂板枋材	m³	0.0044	1348.1	5.93		
	角钢(综合)	kg		3.55			
	低碳钢焊条(综合)	kg		6.01			
	钢垫板 δ20	kg		3.72			
	材料费小计				106.23		

表 7-10 综合单价分析表

工程名称：×××

项目编码	010301001002	项目名称	预制钢筋混凝土方桩	计量单位	m	工程量	140

清单综合单价组成明细

定额编号	定额项目名称	定额单位	数量	单价(元) 人工费	材料费	机械费	管理费和利润	合价(元) 人工费	材料费	机械费	管理费和利润
A1-3-31 R×2, J×2	压预制方桩,截面400mm×400mm,桩长(18m)以上,打(压)试验桩,人工×2,机械×2	100m	0.01	1857.96	10300.4	5497.78	2749.58	18.58	103	54.98	27.5
A1-3-31换	压预制方桩,截面400mm×400mm,桩长(18m)以上,打(压)试验桩人工×2,机械×2,送桩人工×1.2,机械×1.2,材料[04290130]含量为0	100m	0.001	2229.55	323.15	6597.34	3299.49	2.15	0.31	6.36	3.18
A1-3-43	方桩接桩,电焊接桩包角钢	10个	0.025	679.96	1373.85	587.06	473.61	17	34.35	14.68	11.84
人工单价				小计				37.73	137.66	76.02	42.52
				未计价材料费							
清单项目综合单价								293.92			

材料费明细	主要材料名称、规格、型号	单位	数量	单价(元)	合价(元)	暂估单价(元)	暂估合价(元)
	其他材料费	元	0.1255	1	0.13		
	型钢(综合)	kg	0.0435	5.97	0.26		
	橡胶垫	kg	0.0013	7.16	0.01		
	麻袋	个	0.0116	1.89	0.02		
	预制钢筋混凝土方桩400×400	m	1.038	96.12	99.77		
	松杂板枋材	m³	0.0024	1348.1	3.24		
	角钢(综合)	kg	8.75	3.55	31.06		
	低碳钢焊条(综合)	kg	0.5093	6.01	3.06		
	钢垫板 δ20	kg	0.0263	3.72	0.1		
	材料费小计				137.65		

表 7-11 分部分项工程和单价措施项目清单与计价表

序号	项目编码	项目名称	项目特征	计量单位	工程量	金额(元)		其中
						综合单价	合价	暂估价
1	010301001001	预制钢筋混凝土方桩	1. 地层情况：二类土 2. 送桩深度、桩长：28m 3. 桩截面：400mm×400mm 4. 沉桩方法：静力压桩法 5. 接桩方式：焊接法 6. 混凝土强度等级：C40	m	2660	217.39	578257.4	
2	010301001002	预制钢筋混凝土方桩	1. 试验桩 2. 地层情况：二类土 3. 送桩深度、桩长：28m 4. 桩截面：400mm×400mm 5. 沉桩方法：静力压桩法 6. 接桩方式：焊接法 7. 混凝土强度等级：C40	m	140	293.92	41148.8	
			小计				619406.2	

【例题 7-6】 按照例题 7-3 提供的工程量清单项目，计算"钻孔灌注桩"的综合单价，计算结果见表 7-12、表 7-13（混凝土按商品水下混凝土考虑计价）。

解 ① 计算定额工程量。

钢护筒埋设、拆除工程量 $= 238.2 \times 2 \times 80 \div 1000 = 38.112(t)$

钻孔桩成孔工程量 $= 3.14 \times 0.6^2 \times (49.8 - 0.45) \times 80 = 4462.82(m^3)$

灌注混凝土工程量 $= 3.14 \times 0.6^2 \times (49.80 - 4.80 + 1.50) \times 80 = 4205.088(m^3)$

泥浆运输工程量 $= 4462.82(m^3)$

表 7-12 综合单价分析表

工程名称：×××

项目编码	010302001001	项目名称	泥浆护壁成孔灌注桩	计量单位	m^3	工程量	4069.44

清单综合单价组成明细										
定额编号	定额项目名称	定额单位	数量	单价(元)				合价(元)		
				人工费	材料费	机具费	管理费和利润	人工费	材料费	机具费	管理费和利润
A1-3-99	钢护筒埋设、拆除，陆上	t	0.0094	991.78	712.92	144.83	424.86	9.29	6.68	1.36	3.98
A1-3-82	钻孔桩成孔，设计桩径(1200mm)以内	10m³	0.1097	1042.59	403.06	2138.52	1189.1	114.34	44.2	234.52	130.4

续表

A1-3-119换	泥浆罐车泥浆运输,运距1km内,实际运距(km):5	10m³	0.1097	299.97		554.83	319.52	32.9		60.85	35.04
A1-3-121	灌注混凝土,钻孔(旋挖)桩	10m³	0.1033	633.15	22.69		236.67	65.43	2.34		24.46
8021905	普通预拌混凝土,碎石粒径综合考虑C30	m³	1.24		340			421.6			
人工单价			小计				221.96	474.82	296.73	193.88
			未计价材料费							
			清单项目综合单价					1187.38		

材料费明细	主要材料名称、规格、型号	单位	数量	单价(元)	合价(元)	暂估单价(元)	暂估合价(元)
	水	m³	2.7259	4.58	12.48		
	其他材料费	元	29.0134	1	29.01		
	型钢(综合)	kg	0.3927	5.97	2.34		
	低碳钢焊条(综合)	kg	0.1075	6.01	0.65		
	黏土	m³	0.1058	45	4.76		
	其他材料费		—	425.42	—		
	材料费小计		—	474.66	—		

表 7-13 分部分项工程和单价措施项目清单与计价表

序号	项目编码	项目名称	项目特征	计量单位	工程量	金额(元)		
						综合单价	合价	其中 暂估价
1	010302001001	泥浆护壁成孔灌注桩	1.地层情况:中等风化岩层 2.桩长:45m 3.桩径:φ1200 4.成孔方法:钻孔 5.混凝土强度等级:C30 6.泥浆运输:5km 7.护筒埋设及拆除:2m	m³	4069.44	1187.38	4831971.67	

任务 8　砌筑工程计量与计价

8.1　基础知识

砌筑工程又叫砌体工程,是指在建筑工程中使用普通黏土砖、承重黏土空心砖、蒸压灰砂砖、粉煤灰砖、各种中小型砌块和石材等材料进行砌筑的工程。

1. 砌体材料分类

按制作工艺分烧结砖和非烧结砖;按制作材料分黏土砖和非黏土砖;按砖结构分普通砖(实心砖),多孔砖(空洞率≥15%)和空心砖(空洞率≥35%)。

2. 砌体规格尺寸

(1) 常用的普通烧结砖尺寸为:240mm×115mm×53mm。分清水砖墙、混水砖墙。

(2) 烧结多孔砖有:190mm×190mm×90mm(M 型)和 240mm×115mm×90mm(P型)。

(3) 烧结空心砖有:290mm×190mm×90mm 和 240mm×180mm×115mm。

3. 砌筑砂浆

(1) 在砌体中,砌筑砂浆按照胶凝材料不同,可分为水泥砂浆、石灰砂浆、混合砂浆(水泥石灰砂浆、水泥黏土砂浆、石灰黏土砂浆等)。

(2) 按其抗压强度平均值,砌筑砂浆的强度等级分为 M20、M15、M10、M7.5、M5.0、M2.5 六个等级。

8.2　工程量清单项目编制及工程量计算规则

8.2.1　工程清单设置

砌筑工程的工程量清单项目分为砖砌体、砌块砌体、石砌体、垫层、相关问题及说明,共 27 个清单项目。

8.2.2　清单项目工程量计算与清单编制

8.2.2.1　砖砌体

砖砌体包括砖基础、砖砌挖孔桩护壁、实心砖墙、多孔砖墙、空心砖墙、空斗墙、空花墙、填充墙、实心砖柱、多孔砖柱、砖检查井、零星砌砖、砖散水、地坪、砖地沟、明沟。

1. 砖基础(010401001)

砖基础清单工程量计算规则:按设计图示尺寸以体积计算。包括附墙垛基础宽出部分体积,扣除地梁(圈梁)、构造柱所占体积,不扣除基础大放脚 T 形接头处的重叠部分及嵌入基础内的钢筋、铁件、管道、基础砂浆防潮层和单个面积≤0.3m² 的孔洞所占体积,靠墙暖气沟的挑檐不增加。基础长度清单工程量计算规则:外墙按外墙中心线,内墙按内墙净长线计算(砖基础清单工程量计算与定额工程量计算相同)。

砖基础与墙身的划分如下。

(1) 使用同一种材料：

① 设计室内地面为界,以下为基础,以上为墙(柱)身,如图 8-1(a)所示；

② 有地下室者,以地下室室内设计地面为界,如图 8-1(b)所示。

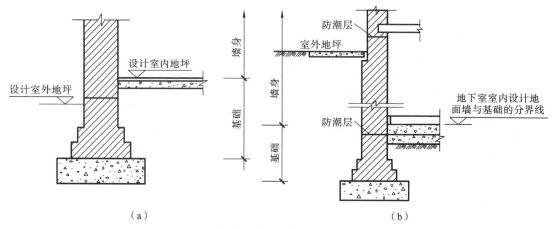

图 8-1 砖基础(同材料)

(a)基础与墙身划分示意图；(b)地下室的基础与墙身划分示意图

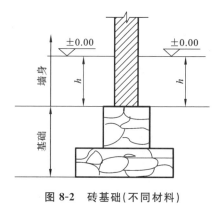

图 8-2 砖基础(不同材料)

(2) 使用不同材料(图 8-2 所示)：

① 当 $h>300$mm 时,以设计室内地坪为界：毛石基础,砖基础,砖墙；

② 当 $h\leqslant 300$mm 时,以不同材料为界：毛石基础,砖墙。

砖基础工程量计算方法如下。

按设计图示尺寸以体积计算。不扣除：基础大放脚 T 形接头处的重叠部分,嵌入基础内的钢筋、铁件、管道、基础防潮层、单个面积在 0.3m² 以内孔洞所占体积。不增加墙垛基础大放脚突出部分。附墙垛基础突出部分体积应并入基础工程量内。应扣除：嵌入基础内的钢筋混凝土柱和地圈梁的体积。

以等高条形(带形)基础(见图 8-3)工程量计算为例：

$V_{基}$ = 基础断面积 × 基础长 + 应增加的体积 − 应扣除的体积

= (基础墙厚 × 基础高 + 大放脚增加面积) × 基础长

= $(d×h+\Delta s)×L$ + 应增加的体积 − 应扣除的体积

式中　d——基础墙厚；

h——基础高；

Δs——大放脚增加面积；

L——基础长度。

① 基础长度：外墙墙基按外墙的中心线 L 中计算；内墙墙基按内墙的净长线 L 内计算。

② 断面积：基础断面积 = 基础宽度 × 基础高度 + 大放脚断面积可查大放脚增积表。

等高与不等高基础大放脚示意图见图 8-4,相应大放脚高度和断面面积变化见表 8-1。

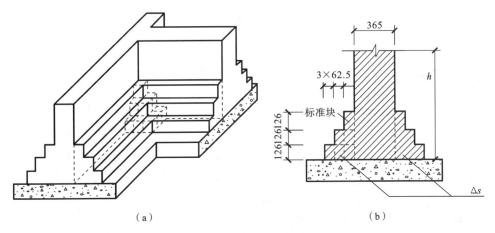

图 8-3 等高条形基础

(a) 基础放脚 T 形接头重复部分示意图；(b) 等高式大脚放砖基础

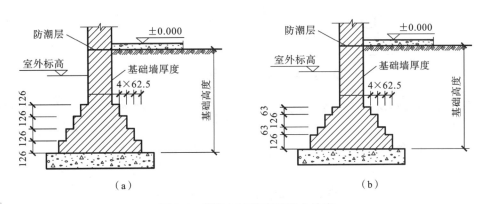

图 8-4 等高与不等高基础大放脚

表 8-1 等高、不等高基础大放脚折加高度和大放脚增加断面积表

放脚层数	折加高度（m）												增加断面面积（m²）	
	1/2 砖 (0.115)		1 砖 (0.24)		1.5 砖 (0.365)		2 砖 (0.49)		2.5 砖 (0.615)		3 砖 (0.74)			
	等高	不等高	等高	不等高	等高	不等高	等高	不等高	等高	不等高	等高	不等高	等高	不等高
一			0.066	0.066	0.043	0.043	0.032	0.032	0.026	0.026	0.021	0.021	0.0158	0.0158
二			0.197	0.164	0.129	0.108	0.096	0.08	0.077	0.064	0.064	0.053	0.0473	0.0394
三			0.394	0.328	0.259	0.216	0.193	0.161	0.154	0.128	0.128	0.106	0.0945	0.0788
四			0.656	0.525	0.432	0.345	0.321	0.253	0.256	0.205	0.213	0.17	0.1575	0.126
五	0.137	0.137	0.984	0.788	0.647	0.518	0.482	0.38	0.384	0.307	0.319	0.255	0.2363	0.189
六	0.411	0.342	1.378	1.083	0.906	0.712	0.672	0.53	0.538	0.419	0.447	0.351	0.3308	0.2599
七			1.838	1.444	1.208	0.949	0.90	0.707	0.717	0.563	0.596	0.468	0.441	0.3465
八			2.363	1.838	1.553	1.208	1.157	0.90	0.922	0.717	0.766	0.596	0.567	0.4411
九			2.953	2.297	1.942	1.51	1.447	1.125	1.153	0.896	0.958	0.745	0.7088	0.5513
十			3.61	2.789	2.372	1.834	1.768	1.366	1.409	1.088	1.171	0.905	0.8663	0.6694

【例题 8-1】 某建筑物基础平面图、剖面图如图 8-5 所示。

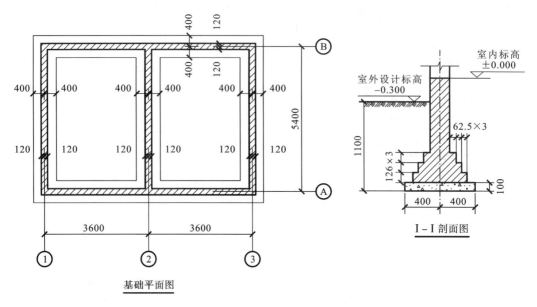

图 8-5 某建筑物基础平面图、剖面图

砖基础清单特征：MU10 标准砖，混水外墙 240mm，M5 干拌砂浆。试计算砖基础清单工程量。

解 ① 清单工程量计算。

砖基础：

外墙中心线：$L_{中}=(3.6×2+5.4)×2=25.2(m)$

内墙净长线：$L_{内}=5.4-0.12×2=5.16(m)$

砖基础高度：$H=1.1-0.1+0.3=1.3(m)$

砖基础 $=(L_{中}+L_{内})×$ 砖基础断面面积

$=(25.2+5.16)×[0.24×1.3+0.0945]$

$=12.34(m^3)$

② 分部分项工程量清单见表 8-2。

表 8-2 分部分项工程和单价措施项目清单与计价表

序号	项目编码	项目名称	项目特征	计量单位	工程量	金额(元)		
						综合单价	合价	其中暂估价
1	010401001001	砖基础	1. 砖品种、规格、强度等级：MU10 标准砖 2. 基础类型：砖基础 3. 砂浆强度等级：M5 干拌砂浆	m^3	12.34			

2. 挖孔桩护壁(010401002)

清单工程量计算规则：按设计图示尺寸以立方米计算。

3. 实心砖墙(010401003)、**多孔砖墙**(010401004)、**空心砖墙**(010401005)

清单工程量计算规则:按设计图示尺寸以体积计算。扣除门窗、洞口、嵌入墙内的钢筋混凝土柱、梁、圈梁、挑梁、过梁及凹进墙内的壁龛、管槽、暖气槽、消火栓箱所占体积,不扣除梁头、板头、檩头、垫木、木楞头、沿缘木、木砖、门窗走头、砖墙内加固钢筋、木筋、铁件、钢管及单个面积≤0.3m² 的孔洞所占的体积。凸出墙面的腰线、挑檐、压顶、窗台线、虎头砖、门窗套的体积亦不增加。凸出墙面的砖垛并入墙体体积内计算。

(1)墙长度:外墙按中心线、内墙按净长计算。

(2)墙高度如下。

① 外墙:斜(坡)屋面无檐口、天棚者算至屋面板底;有屋架且室内外均有天棚的计算至屋架下弦底加 200mm;无天棚的计算至屋架下弦底另加 300mm,出檐宽度超过 600mm 时按实砌高度计算;与钢筋混凝土楼板隔层的计算至板顶。平屋顶计算至钢筋混凝土板底,如图 8-6 所示。

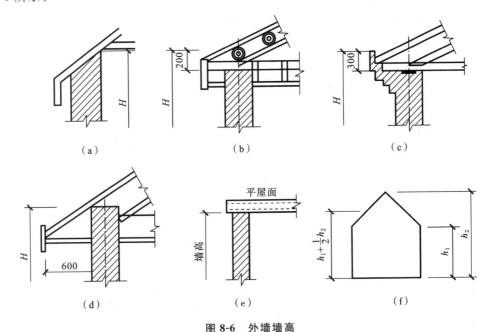

图 8-6 外墙墙高

(a) 无檐口天棚;(b) 有屋架有天棚;(c) 有屋架无天棚;(d) 挑檐宽>600mm,按实砌高度;
(e) 平屋顶至混凝土板底;(f) 山墙取平均高度

② 内墙:位于屋架下弦的计算至屋架下弦底;无屋架的计算至天棚底另加 100mm;有钢筋混凝土楼板隔层的计算至楼板顶;有框架梁的计算至梁底,如图 8-7 所示。

③ 女儿墙:从屋面板上表面计算至女儿墙顶面(如有混凝土压顶时算至压顶下表面),如图 8-8 所示。

④ 内、外山墙:按其平均高度计算。

(3)框架间墙:不分内外墙按墙体净尺寸以体积计算。

围墙:高度计算至压顶上表面(如有混凝土压顶时计算至压顶下表面),围墙柱并入围墙体积内。

墙体的基本计算公式如下:

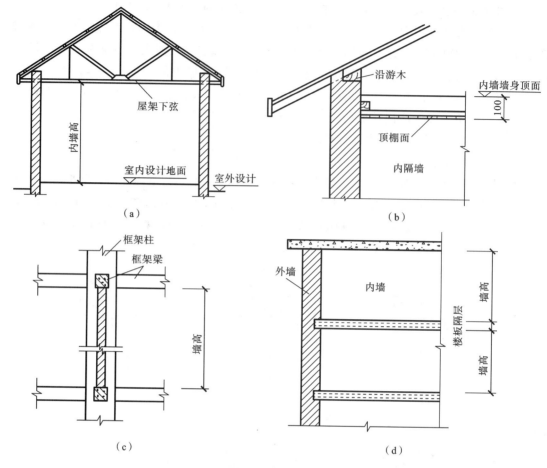

图 8-7 内墙墙高

(a) 屋架下弦的内墙高度示意；(b) 无屋架时，内墙高度示意；
(c) 有框架梁时的墙高度示意；(d) 有混凝土楼板隔层时的内墙高度示意

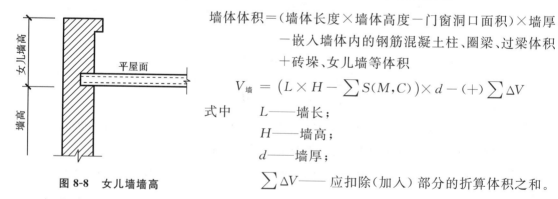

图 8-8 女儿墙墙高

墙体体积＝（墙体长度×墙体高度－门窗洞口面积）×墙厚
－嵌入墙体内的钢筋混凝土柱、圈梁、过梁体积
＋砖垛、女儿墙等体积

$$V_{墙} = (L \times H - \sum S(M,C)) \times d - (+) \sum \Delta V$$

式中　　L——墙长；

H——墙高；

d——墙厚；

$\sum \Delta V$——应扣除（加入）部分的折算体积之和。

标准砖尺寸应为 240 mm×115mm×53mm。

标准砖墙厚度应按表 8-3 计算。

表 8-3　标准砖墙厚度

砖数（厚度）	1/4	1/2	3/4	1	1＋1/4	1＋1/2	2	2＋1/2	3
计算厚度/mm	53	115	180	240	300	365	490	615	740

4. 空斗墙(010401006)、**空花墙**(010401007)、**填充墙**(010401008)

清单工程量计算规则:空斗墙按设计图示尺寸以空斗墙外形体积计算。墙角、内外墙交接处、门窗洞口立边、窗台砖、屋檐处的实砌部分体积并入空斗墙体积内。空花墙按设计图示尺寸以空花部分外形体积计算,不扣除空洞部分体积。填充墙按设计图示尺寸以填充墙外形体积计算。

5. 实心砖柱(010401009)、**多孔砖柱**(010401010)

清单工程量计算规则:按设计图示尺寸以体积计算。扣除混凝土及钢筋混凝土梁垫、梁头、板头所占体积。

6. 砖检查井(010401011)、**零星砌砖**(010401012)

清单工程量计算规则:砖检查井按设计图示数量以座计算。

零星砌砖:① 以立方米计量,按设计图示尺寸截面积乘以长度计算;② 以平方米计量,按设计图示尺寸水平投影面积计算。

7. 砖散水、地坪(010401013),**砖地沟、明沟**(010401014)

清单工程量计算规则:砖散水、地坪按设计图示尺寸以面积计算;砖地沟、明沟以米计量,按设计图示以中心线长度计算。

8.2.2.2 砌块砌体

1. 砌块墙(010402001)

清单工程量计算规则:按设计图示尺寸以体积计算。扣除门窗、洞口、嵌入墙内的钢筋混凝土柱、梁、圈梁、挑梁、过梁及凹进墙内的壁龛、管槽、暖气槽、消火栓箱所占体积,不扣除梁头、板头、檩头、垫木、木楞头、沿缘木、木砖、门窗走头、砖墙内加固钢筋、木筋、铁件、钢管及单个面积≤0.3m²的孔洞所占的体积。凸出墙面的腰线、挑檐、压顶、窗台线、虎头砖、门窗套的体积亦不增加。凸出墙面的砖垛并入墙体体积内计算。

(1)墙长度:外墙按中心线、内墙按净长计算。

(2)墙高度如下。

① 外墙:斜(坡)屋面无檐口天棚的计算至屋面板底;有屋架且室内外均有天棚的计算至屋架下弦底加 200mm;无天棚的计算至屋架下弦底另加 300mm,出檐宽度超过 600mm 时按实砌高度计算;与钢筋混凝土楼板隔层的计算至板顶。平屋顶算至钢筋混凝土板底。

② 内墙:位于屋架下弦的计算至屋架下弦底;无屋架的计算至天棚底另加 100mm;有钢筋混凝土楼板隔层的计算至楼板顶;有框架梁时计算至梁底。

③ 女儿墙:从屋面板上表面计算至女儿墙顶面(如有混凝土压顶时算至压顶下表面)。

④ 内、外山墙:按其平均高度计算。

(3)框架间墙:不分内外墙按墙体净尺寸以体积计算。

(4)围墙:高度算至压顶上表面(如有混凝土压顶时算至压顶下表面),围墙柱并入围墙体积内。

【例题 8-2】 某一层办公室平面图如图 8-9 所示:层高为 3.6m,楼面为 100mm 厚现浇混凝土板,M5 水泥石灰砂浆砌筑蒸压加气混凝土砌块墙,外墙砌块尺寸 600mm×240mm×240mm,内墙砌块尺寸 600mm×180mm×200mm,现浇混凝土框架梁截面高 600mm,梁宽同墙厚,满墙设置,柱截面为 500mm×500mm。门、窗和过梁尺寸见表 8-4。试计算内外墙清单工程量。

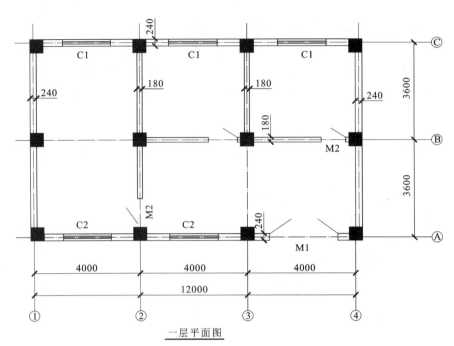

一层平面图

图 8-9 一层办公室平面

表 8-4 门、窗和过梁表

名　称	M1	M2	C1	C2
洞口尺寸(mm)	1500×2400	900×2100	1500×1800	1800×1800
单个过梁体积(m³)	0.115	0.06	0.115	0.132

解 ① 正确查找清单列项。

清单编码：010402001001　蒸压加气混凝土砌块外墙24cm。

清单编码：010402001002　蒸压加气混凝土砌块内墙墙厚18cm。

列项计算工程量（清单工程量=定额工程量），计算过程见表8-5。

表 8-5 工程量计算过程

序号	项目编码	计算过程	单位	工程量
1	外墙 010402001001	蒸压加气混凝土砌块外墙墙厚24cm	m³	18.36
		墙宽 $d=0.24$m，墙高 $h=3.6-0.6=3$(m)		
		墙长 $L=(12-0.38\times2-0.5\times2+7.2-0.38\times2-0.5)\times2$ $=32.36$(m)		
		扣除门窗面积 $S=1.5\times1.8\times4+1.8\times1.8+1.5\times2.4$ $=17.64$(m²)		
		扣除过梁体积 $V=0.115\times4+0.132+0.115=0.707$(m³)		
		外墙体积 $V_{外}=0.24\times(3\times32.36-17.64)-0.707=18.36$(m³)	m³	18.36
2	内墙 010402001002	蒸压加气混凝土砌块内墙墙厚18cm	m³	7.32
		墙宽 $d=0.18$m，墙高 $h=3.6-0.6=3$(m)		

续表

序号	项目编码	计算过程	单位	工程量
2	内墙 010402001002	$L=(8-0.25-0.5-0.38)+(7.2-0.38\times2-0.5)$ $+(3.6-0.38-0.25)=15.78(m)$ 扣除门 M2 面积 $S=0.9\times2.1\times3=5.67(m^2)$ 扣除过梁体积 $V=0.06\times3=0.18(m^3)$ 内墙体积 $V_{外}=0.18\times(3\times15.78-5.67)-0.18=7.32(m^3)$	m^3	7.32

② 分部分项工程量清单见表 8-6。

表 8-6 分部分项工程和单价措施项目清单与计价表

序号	项目编码	项目名称	项目特征	计量单位	工程量	金额(元)		
						综合单价	合价	其中 暂估价
1	010402001001	砌块墙	1.砌块规格:600mm×240mm×240mm 2.墙体类型:外墙 3.砂浆强度等级:M5 水泥石灰砂浆	m^3	18.36			
2	010402001002	砌块墙	1.砌块规格:600mm×180mm×200mm 2.墙体类型:内墙 3.砂浆强度等级:M5 水泥石灰砂浆	m^3	7.32			

2. 砌块柱(010402002)

清单工程量计算规则:按设计图示尺寸以体积计算。扣除混凝土及钢筋混凝土梁垫、梁头、板头所占体积。

8.2.2.3 石砌体

1. 石基础(010403001)

清单工程量计算规则:按设计图示尺寸以体积计算。包括附墙垛基础宽出部分体积,不扣除基础砂浆防潮层及单个面积≤$0.3m^2$ 的孔洞所占体积,靠墙暖气沟的挑檐不增加体积。基础长度:外墙按中心线、内墙按净长计算。

2. 石勒脚(010403002)

清单工程量计算规则:按设计图示尺寸以体积计算。扣除单个面积>$0.3m^2$ 的孔洞所占的体积。

3. 石墙(010403003)

清单工程量计算规则如下。

按设计图示尺寸以体积计算。扣除门窗、洞口、嵌入墙内的钢筋混凝土柱、梁、圈梁、挑梁、过梁及凹进墙内的壁龛、管槽、暖气槽、消火栓箱所占体积,不扣除梁头、板头、檩头、垫木、木楞头、沿缘木、木砖、门窗走头、砖墙内加固钢筋、木筋、铁件、钢管及单个面积≤$0.3m^2$ 的孔洞所占的体积。凸出墙面的腰线、挑檐、压顶、窗台线、虎头砖、门窗套的体积也不增加。凸出墙面的砖垛并入墙体体积内计算。

(1)墙长度:外墙按中心线、内墙按净长计算。

(2) 墙高度如下。

① 外墙：斜(坡)屋面无檐口天棚的计算至屋面板底；有屋架且室内外均有天棚的计算至屋架下弦底加 200mm；无天棚的计算至屋架下弦底另加 300mm，出檐宽度超过 600mm 时按实砌高度计算；与钢筋混凝土楼板隔层的计算至板顶。平屋顶算至钢筋混凝土板底。

② 内墙：位于屋架下弦的计算至屋架下弦底；无屋架计算至天棚底另加 100mm；有钢筋混凝土楼板隔层的计算至楼板顶；有框架梁时算至梁底。

③ 女儿墙：从屋面板上表面计算至女儿墙顶面（如有混凝土压顶时计算至压顶下表面）。

④ 内、外山墙：按其平均高度计算。

(3) 围墙：高度算至压顶上表面（如有混凝土压顶时计算至压顶下表面），围墙柱并入围墙体积内。

8.3 定额项目内容及工程量计算规则

8.3.1 定额项目设置及定额工作内容

《广东省房屋建筑与装饰工程综合定额(2018)》中砌筑工程定额项目设置见表 8-7。

表 8-7 砌筑工程定额项目分类表

项目名称	子目设置	定额编码	计量单位	工作内容
砖基础	砖基础	A1-4-1	10m³	运料、淋砖、砂浆运输、清理基槽坑、砌砖等
砖墙	混水砖外墙	A1-4-2～A1-4-4；A1-4-6～A1-4-9	10m³	运料、淋砖、砂浆运输、砌砖、安放垫块、木砖、铁件等；砖旋、砖过梁、砖拱包括制作、安装及拆除模板
	空花(斗)墙	A1-4-5、A1-4-10		
	单面清水砖墙	A1-4-11～A1-4-12；A1-4-19～A1-4-20		
	混水砖内墙	A1-4-13～A1-4-18		
	混水弧形砖墙/双面混水弧形砖墙	A1-4-21～A1-4-23		
	单面清水弧形砖墙	A1-4-24～A1-4-25		
砖柱	清水砖方形柱（周长）	A1-4-26～A1-4-28	10m³	运料、淋砖、砂浆运输、砌砖、安放木砖、铁件
	混水砖方形柱（周长）	A1-4-29～A1-4-31		
	异形砖柱	A1-4-32		
砖烟囱、烟道	砖烟囱	A1-4-33～A1-4-34	10m³	运料、淋砖、砂浆运输、砌砖、原浆勾缝、支模出檐、安装爬梯、烟囱帽抹灰
	砖烟囱内衬	A1-4-35～A1-4-37		运料、淋砖、砂浆运输、砌砖、内部灰缝刮平及填充隔热材料等
	砖烟道	A1-4-38～A1-4-39		

续表

项目名称	子目设置	定额编码	计量单位	工作内容
砌块	清质混凝土小型空心砌块墙	A1-4-40～A1-4-47	10m³	运料、淋砌块、砂浆运输、砌筑块料、留洞
	蒸压加气混凝土砌块墙	A1-4-48～A1-53		
	泡沫混凝土砌块墙	A1-4-54～A1-4-59		
	蒸压灰砂砖墙	A1-4-58～A1-4-61	10m³	
	陶粒砖墙	A1-4-62～A1-4-64		
砌石基础	砌石基础	A1-4-70～A1-4-71	10m³	清理基槽坑、运料、砂浆运输、砌筑
砌石墙、柱	砌石墙、柱毛石景石墙	A1-4-72～A1-4-77	10m³	运料、砂浆运输、砌筑、平整墙角及门窗洞口处的石料加工等
安砌石踏步	安砌石踏步	A1-4-78	10m³	略
砖散水	砖散水	A1-4-80～A1-4-81	100m²	土方挖、运、填、基底平整夯实、运料、砂浆运输、砖砌筑、接缝、面层抹灰
其他砌体	地沟、明沟	A1-4-81～A1-4-87	见表	地沟:运料、淋砖、砂浆运输、砌砖
	砂井	A1-4-88～A1-4-89	10个	略
	化粪池	A1-4-90～A1-4-97	10m³	略
	砌零星构件	A1-4-102～A1-4-115	100m / 100m	略
	零星砌体	A1-4-116	见表	1.砖台阶:土方挖、运、填、基底平整夯实、运料、淋砖、砂浆运输、砌砖 2.零星砌体:运料、淋砖、砂浆运输、砌砖

8.3.2 定额工程量计算规则

(1)砖(砌块)基础、砖(砌块)墙、砖(砌块)柱、砖散水定额工程量计算规则与清单工程量计算规则相同。

(2)砖烟囱、烟道工程量按设计图示尺寸以体积计算。

(3)砖散水工程量按设计图示尺寸以面积计算。

(4)砖砌地沟工程量按设计图示尺寸以体积计算。

(5)砂井工程量按设计图示以数量计算。

(6)砖砌化粪池工程量按外形体积计算,其高度按垫层底至池顶板面高度计算,长度按池体图示尺寸计算,两端突出的体积不另计算。

(7)砖砌地沟工程量按设计图示尺寸以体积计算。

(8)砌零星等构件按以下规定计算。

① 砌筑水围基、灶基、小便槽、厕坑道工程量,按设计图示尺寸以长度计算。
② 水厕蹲位砌筑工程量,不分下沉式或非下沉式按设计图示数量以个计算。
③ 明沟铸铁盖板工程量,按设计图示尺寸以长度计算。
④ 砖混凝土混合、砖砌栏板工程量,按设计图示尺寸以长度计算。
⑤ 砖砌台阶工程量,按水平投影面积计算,台阶两侧砌体另行计算。
⑥ 砖砌零星砌体工程量,按设计图示尺寸以实体积计算。
(9) 垫层工程量按照设计图示尺寸以体积计算。

8.4 定额计价与清单计价

8.4.1 定额、清单应用及计价相关理论知识

(1) 定额是按标准砖 240mm×115mm×53mm、耐火砖 230mm×115mm×65mm 规格编制的,轻质砌块、多孔砖规格是按常用规格编制的。使用非标准砖时,其砌体厚度应按砖实际规格和设计厚度计算。

(2) 子目中的含量砂浆是按常用强度等级列出的。设计不同时,可以换算。

(3) 砖基础与砖墙(身)划分应以设计室内地坪为界(有地下室的按地下室室内设计地坪为界),以下为基础,以上为墙身。基础与墙身使用不同的材料,位于设计室内地坪±300mm 以内时以不同材料为界;超过±300mm,应以设计室内地坪为界;砖(围)墙应以设计室外地坪(围墙以内地面)为界,以下为基础,以上为墙身。

8.4.2 定额计价

【例题 8-3】 如图 8-10 所示,广州某建筑外墙、内墙为混水砖墙,采用 M5 水泥石灰砂浆,墙厚 240mm,为标准实心黏土砖,墙垛尺寸:120mm×240mm,门窗尺寸见表 8-8,设圈梁一道,(墙垛、内墙、外墙)断面为 240mm×300mm,屋面板厚 100mm。设基础为砖基础(采用 M7.5 水泥石灰砂浆)。外墙过梁体积为 0.598m³,内墙过梁体积为 0.125m³,计算定额分部分项工程费。

解 ① 计算定额工程量。
1 砖混水砖外墙:

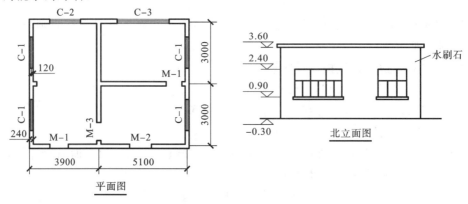

图 8-10 广州某建筑平面图、立面图

表 8-8 门窗尺寸

名　称	尺　寸
M-1	1000mm×2000mm
M-2	1200mm×2000mm
M-3	900mm×2400mm
C-1	1500mm×1500mm
C-2	1800mm×1500mm
C-3	3000mm×1500mm

$$V_{外墙}=[(9+6)\times2\times3.4-1.5\times1.5\times4-1.8\times1.5-3.0\times1.5-1\times2-1.2\times2]\times0.24$$
$$-0.598+0.12\times0.24\times3.4=19.04(m^3)$$

1 砖混水砖内墙：

$$V_{内墙}=[(6+5.1-0.24-0.24)\times3.4-0.9\times2.4-1\times2]\times0.24-0.125=7.54(m^3)$$

② 查找定额，计算定额分部分项工程费，计算结果见表 8-9。

表 8-9 定额分部分项工程费汇总表

序号	项目编码	项目名称	计量单位	工程数量	定额基价（元）	合价（元）
1	A1-4-6	混水砖外墙,墙体厚度,1 砖	10m³	1.904	3923.37	7470.1
2	80050020	砌筑用混合砂浆（配合比），中砂,M5.0	m³	4.3602	185.19	807.47
3	A1-4-16	混水砖内墙,墙体厚度,1 砖	10m³	0.754	3787.08	2855.46
4	80050020	砌筑用混合砂浆（配合比），中砂,M5.0	m³	1.7191	185.19	318.36
		小计				11451.39

8.4.3　清单计价

综合单价分析表中的人工费按照 2017 年广东省建筑市场综合水平取定，各时期各地区的水平差异可按各市发布的动态人工调整系数进行调整，材料费、施工机具费按照广州市 2020 年 10 月份信息指导价，利润为人工费与施工机具费之和的 20%，管理费按分部分项的人工费与施工机具费之和乘以相应专业管理费分摊费率计算。计算方法与结果见综合单价分析表。计算方法与计算结果见综合单价分析表。

例题 8-3 的综合单价分析表见表 8-10、表 8-11，分部分项工程与单价措施项目清单与计价表见表 8-12。

1. 计算综合单价分析

计算综合单价分析表见表 8-10、表 8-11。

表 8-10 实心砖外墙综合单价分析表

项目编码	010401003001	项目名称	实心砖外墙		计量单位	m³	工程量	19.04

清单综合单价组成明细

定额编号	定额项目名称	定额单位	数量	单价(元)				合价(元)			
				人工费	材料费	机具费	管理费和利润	人工费	材料费	机具费	管理费和利润
A1-4-6	混水砖外墙,墙体厚度1砖	10m³	0.1	1909.83	1727.23		671.12	190.98	172.72		67.11
80050020	砌筑用混合砂浆(配合比)中砂 M5.0	m³	0.229		429.6				98.38		
人工单价			小计					190.98	271.1		67.11
			未计价材料费								
			清单项目综合单价						529.2		

	主要材料名称、规格、型号	单位	数量	单价(元)	合价(元)	暂估单价(元)	暂估合价(元)
材料费明细	水	m³	0.1976	4.58	0.91		
	其他材料费	元	1.82	1	1.82		
	松杂板枋材	m³	0.0017	1348.1	2.29		
	圆钉 50~75	kg	0.037	3.54	0.13		
	复合普通硅酸盐水泥 P.C 32.5	t	0.0518	319.11	16.53		
	标准砖 240mm×115mm×53mm	千块	0.5358	310.92	166.59		
	中砂	m³	0.2743	275.97	75.7		
	生石灰	t	0.0174	409.27	7.12		
	材料费小计			—	271.09	—	

表 8-11 实心砖内墙综合单价分析表

项目编码	010401003002	项目名称	实心砖内墙		计量单位	m³	工程量	7.54

清单综合单价组成明细

定额编号	定额项目名称	定额单位	数量	单价				合价			
				人工费	材料费	机具费	管理费和利润	人工费	材料费	机具费	管理费和利润
A1-4-16	混水砖内墙,墙体厚度1砖	10m³	0.1	1814.28	1699.3		637.54	181.43	169.93		63.75

续表

定额编号	定额项目名称	定额单位	数量	单价 人工费	单价 材料费	单价 机具费	单价 管理费和利润	合价 人工费	合价 材料费	合价 机具费	合价 管理费和利润
80050020	砌筑用混合砂浆（配合比）中砂 M5.0	m³	0.228		429.6				97.95		
人工单价				小计				181.43	267.88		63.75
				未计价材料费							
				清单项目综合单价					513.06		

材料费明细	主要材料名称、规格、型号	单位	数量	单价(元)	合价(元)	暂估单价(元)	暂估合价(元)
	水	m³	0.1972	4.58	0.9		
	其他材料费	元	1.811	1	1.81		
	松杂板枋材	m³	0.0007	1348.1	0.94		
	圆钉 50～75	kg	0.017	3.54	0.06		
	复合普通硅酸盐水泥 P.C32.5	t	0.0481	319.11	15.35		
	标准砖 240mm×115mm×53mm	千块	0.535	310.92	166.34		
	中砂	m³	0.2731	275.97	75.37		
	生石灰	t	0.0173	409.27	7.08		
	材料费小计				267.85		

2. 分部分项工程与单价措施项目清单与计价表填写

分部分项工程与单价措施项目清单与计价表填写情况见表8-12。

表8-12 分部分项工程与单价措施项目清单与计价表

工程名称：×××

序号	项目编码	项目名称	项目特征	计量单位	工程量	金额(元) 综合单价	金额(元) 综合合价	其中 暂估价
1	010401003001	实心砖墙	1.砖品种、规格、强度等级：黏土砖 2.墙体类型：外墙240mm 3.砂浆强度等级、配合比：混合砂浆 M5.0	m³	19.04	529.2	10075.97	
2	010401003002	实心砖墙	1.砖品种、规格、强度等级：黏土砖 2.墙体类型：外墙240mm 3.砂浆强度等级、配合比：混合砂浆 M5.0	m³	7.54	513.06	3868.47	
			小计				13944.44	

任务9　混凝土工程计量与计价

9.1　基础知识

9.1.1　混凝土工程

混凝土是以胶凝材料(水泥)、水、细骨料、粗骨料为原料,需要时掺入外加剂和矿物混合材料,按适当比例配合,经过均匀搅拌、密实成型及养护硬化而成的人工石材。

9.1.1.1　混凝土种类

混凝土的品种有很多,它们的性能和用途也各不相同。

(1) 按其质量密度分。

① 特重混凝土:其表观密度>2500kg/m³,用特别密实和特别重的骨料制成,主要用于原子能工程的屏蔽结构,具有防 χ 射线和 γ 射线的作用。

② 重混凝土:表观密度为 1900~2500kg/m³,用天然砂、石作骨料制成,主要用于各种承重结构,是常见的普通混凝土。

③ 轻混凝土:表观密度为 500~1900kg/m³。用轻骨料如浮石、陶粒、膨胀珍珠岩等制成,可用于承重隔热结构。

④ 特轻混凝土:表观密度在 500kg/m³ 以下的混凝土,采用特轻骨料制成,主要用于隔热保温层。

(2) 按其强度分:一般强度混凝土,其强度为 10~40MPa;高强度混凝土,其强度≥50MPa;超高强度混凝土,其强度≥100MPa。

(3) 按施工方法分:普通浇筑混凝土、泵送混凝土、喷射混凝土、大体积混凝土、预填骨料混凝土、水下混凝土、预应力混凝土等。

(4) 按配钢筋情况分:素(即无筋)混凝土、钢筋混凝土、劲性钢筋混凝土、钢管混凝土、纤维混凝土、预应力混凝土等。

9.1.1.2　混凝土的强度等级

混凝土的强度主要包括抗压、抗拉、抗剪等强度。一般讲的混凝土强度是指它的抗压强度,我国常用的混凝土强度等级有 C10、C15、C20、C30、C35、C40、C50、C60 等。C10 即表示混凝土的抗压强度为 10MPa,其余类推。

9.1.1.3　混凝土的拌制

混凝土的拌制,就是将水、水泥和砂石骨料进行均匀拌和及混合的过程,同时通过搅拌,还要使材料达到强化、塑化的目的。

9.1.1.4　混凝土的运输

在混凝土运输工序中,应控制混凝土运至浇筑地点后,不离析、不分层、组成成分不发生变化,并能保证施工所必需的稠度。运送混凝土的容器和管道,应不吸水、不漏浆、并保证卸料及输送通畅。容器和管道在冬夏季都要有保温或隔热措施。

9.1.2 预制混凝土工程

预制混凝土构件施工主要工艺内容分为构件制作、安装和进场运输三部分。

9.1.2.1 预制混凝土构件制作

预制混凝土构件制作工艺及要求同现浇混凝土。

9.1.2.2 预制混凝土构件安装

预制混凝土构件安装工艺包括构件拼装和构件吊装。

9.1.2.3 构件运输

构件运输是将工厂生产的预制混凝土构件运到施工现场。运输方式只能是陆运,即通过载重汽车、平板拖车等方式运输。运输的方法主要有:平运,即将构件重叠平放在运输车辆上,各层之间将方垫木放在吊点位置处以便起吊;立运,即将构件靠放或内插立置于运输车辆上进行运输。

9.2 工程量清单项目编制及工程量计算规则

9.2.1 工程清单设置

现浇混凝土工程量清单项目有现浇混凝土基础、现浇混凝土柱、现浇混凝土梁、现浇混凝土板、现浇混凝土楼梯、现浇混凝土其他构件、后浇带、预制混凝土柱、预制混凝土梁、预制混凝土屋架等17节内容,内容详见《房屋建筑与装饰工程工程量计算规范》(GB 50854—2013)(以下简称《计算规范》)。

现浇混凝土构件从010501~010508编制设置,共39个清单。

《计算规范》中表 E.1 现浇混凝土基础(010501),设置有垫层(010501001)、带形基础(010501002)、独立基础(010501003)、满堂基础(010501004)、桩承台基础(010501005)、设备基础(010501002)共6个清单。

独立基础、满堂基础分别见图9-1、图9-2。

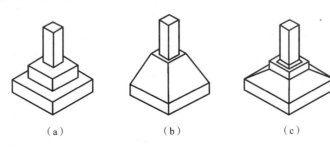

图 9-1 独立基础
(a) 阶梯形;(b) 锥形;(c) 杯形

《计算规范》中表 E.2 现浇混凝土柱(010502),设置有矩形柱(010502002)、构造柱

(010502002)、异形柱(010502003)共 3 个清单。构造柱见图 9-3。

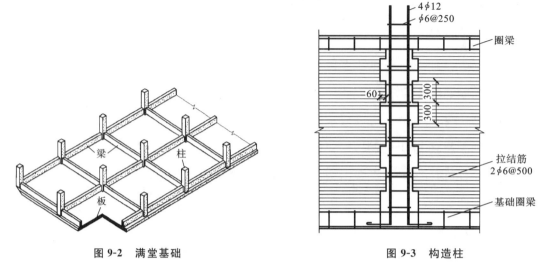

图 9-2 满堂基础　　　　　　图 9-3 构造柱

《计算规范》中表 E.3 现浇混凝土梁(010503)设置有基础梁(010503001),矩形梁(010503002)、异形梁(010503003)、圈梁(010503004)、过梁(010503005)、弧形、拱形梁(010503006)共 6 个清单。

《计算规范》中表 E.4 现浇混凝土墙(010504),设置有直形墙(010504001)、弧形墙(010504002)、短肢剪力墙(010504003)、挡土墙(010504004)共 4 个清单。

《计算规范》中表 E.5 现浇混凝土板(010505),设置有梁板(010505001)、无梁板(010505002)、平板(010505003)、拱板(010505004)、薄壳板(010505005)、栏板(010505006)、天沟檐沟挑檐板(010505007)、雨篷悬挑板阳台板(010505008)、空心板(010505009)、其他板(010505010)共 10 个清单。

《计算规范》中表 E.6 现浇混凝土楼梯(010506),设置有直形楼梯(010506001)、弧形楼梯(010506002)共 2 个清单。

《计算规范》中表 E.7 现浇混凝土其他构件(010507),设置有散水坡道(010507001)、室外地坪(010507002)、电缆沟地沟(010507003)、台阶(010507004)、扶手压顶(010507005)、化粪池检查井(010507006)、其他构件(010507007)共 7 个清单。

《计算规范》中表 E.8 后浇带(010508),设置有后浇带(010508001)1 个清单。

预制混凝土构件从 010509~010514 编制设置,共 24 个清单。

《计算规范》中表 E.9 预制混凝土(010509),设置有矩形柱(010509001)、异形柱(010509002)共 2 个清单。

《计算规范》中表 E.10 预制混凝土梁(010510),设置有矩形梁(010510001)、异形梁(010510002)、过梁(010510003)、拱形梁(010510004)、鱼腹式吊车梁(010510005)、其他梁(010510006)共 6 个清单。

《计算规范》中表 E.11 预制混凝土屋架(010511),设置有折线型(010511001)、组合(010511002)、薄腹(010511003)、门式钢架(010511004)、天窗架(010511005)共 5 个清单。

《计算规范》中表 E.12 预制混凝土板(010512),设置有平板(010512001)、空心板(010512002)、槽形板(010512003)、网架板(010512004)、折线板(010512005)、带肋板(010512006)、大型板(010512007)、沟盖板、井盖板、井圈(010512008)共 8 个清单。

《计算规范》中表 E.13 预制混凝土楼梯(010513),设置有楼梯(010513001)1 个清单。

《计算规范》中表 E.14 其他预制构件(010514)设置有垃圾道、通风道、烟道(010514001),其他构件(010514002)共 2 个清单。

9.2.2 清单项目工程量计算与清单编制

9.2.2.1 现浇混凝土工程

1. 现浇混凝土基础(010501)

垫层、带形基础、独立基础、满堂基础、桩承台基础、设备基础计算规则:按设计图示尺寸以体积计算。不扣除伸入承台基础的桩头所占体积。

【例题 9-1】 某基础为独立基础,采用 C25 商品混凝土,垫层采用 C10 素混凝土,平面图、剖面图如图 9-4 所示,试计算垫层、基础清单工程量。

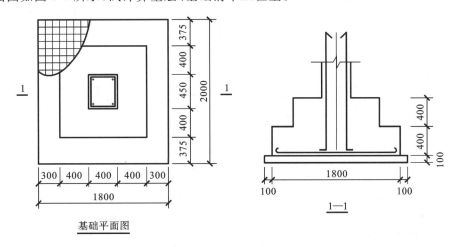

图 9-4 独立基础

解 ① 计算清单工程量。

垫层: $(1.8+2\times0.1)\times(2+2\times0.1)\times0.1=0.44(m^3)$

独立基础: $1.8\times2\times0.4+(1.8-0.3\times2)\times(2-0.375\times2)\times0.4=2.04(m^3)$

② 分部分项工程量清单见表 9-1。

表 9-1 分部分项工程和单价措施项目清单与计价表

序号	项目编码	项目名称	项目特征	计量单位	工程量	金额(元) 综合单价	合价	其中 暂估价
1	010501001001	垫层	1.混凝土种类:普通商品混凝土 2.混凝土强度等级:C10	m³	0.44			
2	010501003001	独立基础	1.混凝土种类:普通商品混凝土 2.混凝土强度等级:C25	m³	2.04			

2. 现浇混凝土柱(010502)

矩形柱、构造柱、异形柱计算规则:按设计图示尺寸以体积计算。

柱高:

① 有梁板的柱高,应自柱基上表面(或楼板上表面)至上一层楼板上表面之间的高度计算;

② 无梁板的柱高,应自柱基上表面(或楼板上表面)至柱帽下表面之间的高度计算;

③ 框架柱的柱高,应自柱基上表面至柱顶高度计算;

④ 构造柱按全高计算,嵌接墙体部分(马牙槎)并入柱身体积;

⑤ 依附柱上的牛腿和升板的柱帽,并入柱身体积计算。

柱高计算示意图见图 9-5。

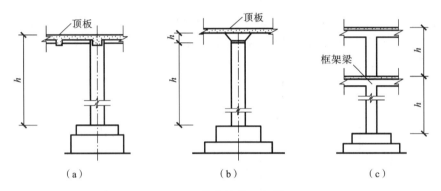

图 9-5 柱高计算示意图
(a)有梁板的柱高;(b)无梁板的柱高;(c)框架柱的柱高

3. 现浇混凝土梁(010503)

矩形梁、基础梁、异形梁、圈梁、过梁、弧形拱形梁计算规则:按设计图示尺寸以体积计算。伸入墙内的梁头、梁垫并入梁体积内。

梁长:

(1)梁与柱连接时,梁长算至柱侧面;

(2)主梁与次梁连接时,次梁长算至主梁侧面。

4. 现浇混凝土墙(010504)

直形墙、弧形墙、短肢剪力墙、挡土墙计算规则:按设计图示尺寸以体积计算。扣除门窗洞口及单个面积>0.3m² 的孔洞所占体积,墙垛及突出墙面部分并入墙体体积内计算。

5. 现浇混凝土板(010505)

(1)有梁板、无梁板、平板、拱板、薄壳板、栏板计算规则:按设计图示尺寸以体积计算,不扣除构件内钢筋、预埋铁件及单个面积≤0.3m² 的柱、垛以及孔洞所占体积。压形钢板混凝土楼板扣除构件内压形钢板所占体积。有梁板(包括主、次梁与板)按梁、板体积之和计算,无梁板按板和柱帽体积之和计算,各类板伸入墙内的板头并入板体积内,薄壳板的肋、基梁并入薄壳体积内计算。

(2)天沟、挑檐板计算规则:按设计图示尺寸以体积计算。

(3)雨篷、悬挑板、阳台板计算规则:按设计图示尺寸以墙外部分体积计算。包括伸出墙外的牛腿和雨篷反挑檐的体积。

(4)空心板计算规则:按设计图示尺寸以墙外部分体积计算。空心板(GBF 高强薄壁蜂巢芯板等)应扣除空心部分体积。

(5) 其他板:按照设计图示尺寸以体积计算。

【例题 9-2】 图 9-6 所示为现浇钢筋混凝土单层厂房,屋面板顶标高 6.0m,柱基顶面标高－0.6m,板厚 100mm,柱截面尺寸:Z3＝4000mm×4000mm,Z4＝4000mm×6000mm(柱中心线与轴线重合),预拌混凝土 C20 泵送。计算清单项目工程量并编制清单(不含基础,不计措施费)。

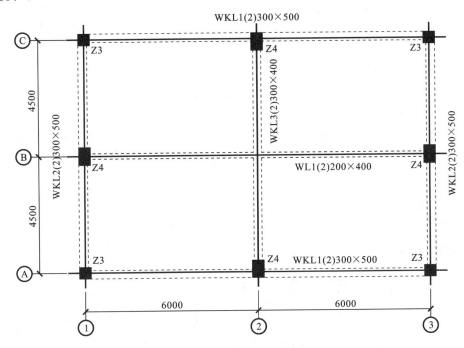

图 9-6 现浇钢筋混凝土单层厂房

解 ① 计算清单工程量。
矩形柱工程量:
$$Z3 \text{ 矩形柱工程量} = 0.4 \times 0.4 \times (6+0.6) \times 4 = 4.224(m^3)$$
$$Z4 \text{ 矩形柱工程量} = 0.4 \times 0.6 \times (6+0.6) \times 4 = 6.336(m^3)$$
$$\text{矩形柱清单工程量合计} = 4.224 + 6.336 = 10.56(m^3)$$

有梁板工程量:
梁工程量:
$$WKL1 \text{ 梁工程量} = (6+6-0.2 \times 2-0.4) \times 0.3 \times (0.5-0.1) \times 2 = 2.688(m^3)$$
$$WKL2 \text{ 梁工程量} = (4.5+4.5-0.2 \times 2-0.6) \times 0.3 \times (0.5-0.1) \times 2 = 1.92(m^3)$$
$$WKL3 \text{ 梁工程量} = (4.5+4.5-0.4 \times 2) \times 0.3 \times (0.4-0.1) = 0.738(m^3)$$
$$WL1 \text{ 梁工程量} = (6+6-0.2 \times 2-0.3) \times 0.2 \times (0.4-0.1) = 0.678(m^3)$$

梁体积小计:$6.024m^3$
板工程量:
Z3、Z4 单个面积均在 $0.3m^2$ 以内,不扣除。
$$(6+6+0.2+0.2) \times (4.5+4.5+0.2+0.2) \times 0.1 = 11.66(m^3)$$
有梁板清单工程量合计＝6.02＋11.66＝17.68(m^3)
② 分部分项工程量清单见表 9-2。

表 9-2　分部分项工程和单价措施项目清单与计价表

序号	项目编码	项目名称	项目特征	计量单位	工程量	金额（元）		
						综合单价	合价	其中 暂估价
1	010502001001	矩形柱	1.混凝土种类：预拌混凝土，碎石粒径综合考虑 2.混凝土强度等级：C20	m³	10.56			
2	010505001001	有梁板	1.混凝土种类：预拌混凝土，碎石粒径综合考虑 2.混凝土强度等级：C20	m³	17.68			

6. 现浇混凝土楼梯（010506）

直形楼梯、弧形楼梯计算规则：以平方米计量，按设计图示尺寸以水平投影面积计算（不扣除宽度≤500mm 的楼梯井，伸入墙内部分不计算）；以立方米计量，按设计图示尺寸以体积计算。

【例题 9-3】 某宿舍楼楼梯如图 9-7 所示，轴线居中，墙厚 200mm，商品混凝土标号为 C25，楼梯斜板厚 90mm，求楼梯的混凝土清单工程量，并编制分部分项工程量清单。

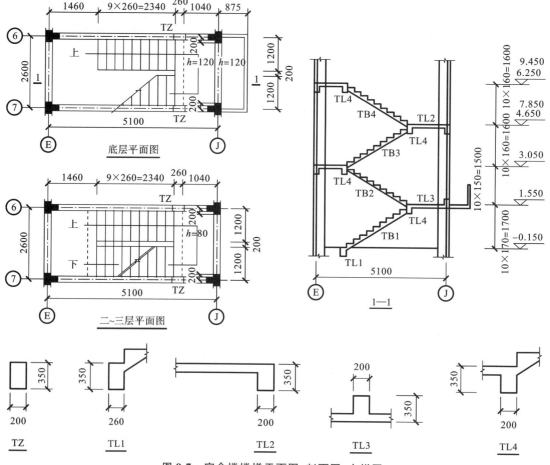

图 9-7　宿舍楼楼梯平面图、剖面图、大样图

解 ① 计算清单工程量。

TL1： $0.26 \times 0.35 \times (2.6-0.2) = 0.218 (m^3)$

TL2： $0.2 \times 0.35 \times (2.6-0.2 \times 2) \times 2 = 0.308 (m^3)$

TL3： $0.2 \times 0.35 \times (2.6- 2 \times 0.2) = 0.154 (m^3)$

TL4： $0.26 \times 0.35 \times (2.6-0.2) \times 6 = 1.310 (m^3)$

一层休息平台： $(1.04-0.1) \times (2.6-0.2) \times 0.12 = 0.271 (m^3)$

二层、三层休息平台： $(1.04-0.1) \times (2.6-0.2) \times 0.08 \times 2 = 0.361 (m^3)$

TB1 斜板： $0.09 \times \sqrt{2.34^2 + 9 \times 0.17^2} \times 1.1 = 0.237 (m^3)$

TB2 斜板： $0.09 \times \sqrt{2.34^2 + 9 \times 0.15^2} \times 1.1 = 0.236 (m^3)$

TB3、TB4 斜板： $0.09 \times \sqrt{2.34^2 + 9 \times 0.16^2} \times 1.1 \times 4 = 0.946 (m^3)$

TB1 踏步： $0.26 \times 0.17 \div 2 \times 1.1 \times 9 = 0.219 (m^3)$

TB2 踏步： $0.26 \times 0.15 \div 2 \times 1.1 \times 9 = 0.193 (m^3)$

TB3、TB4 踏步： $0.26 \times 0.16 \div 2 \times 1.1 \times 9 \times 4 = 0.824 (m^3)$

$$V = 5.28 m^3$$

② 分部分项工程量清单见表 9-3。

表 9-3　分部分项工程和单价措施项目清单与计价表

序号	项目编码	项目名称	项目特征	计量单位	工程量	金额(元) 综合单价	合价	其中 暂估价
1	010506001001	直形楼梯	1.混凝土种类：普通商品混凝土 2.混凝土强度等级：C25	m³	5.28			

7. 现浇混凝土其他构件(010507)

(1) 散水、坡道、室外地坪计算规则：按设计图示尺寸以水平面积计算。不扣除单个≤ $0.3m^2$ 的孔洞所占面积。

(2) 电缆沟、地沟计算规则：按设计图示以中心线长度计算。

(3) 台阶计算规则：① 以平方米计量，按设计图示尺寸水平投影面积计算；② 以立方米计量，按设计图示尺寸以体积计算。

(4) 扶手、压顶计算规则：① 以米计量，按设计图示中心线长度以延长米计算；② 以立方米计量，按设计图示尺寸以体积计算。

(5) 化粪池、检查井、其他构件计算规则：① 按设计图示尺寸以体积计算；② 以座计量，按设计图示数量计量。

8. 后浇带(010508)

后浇带详见《计算规范》附录 E。

9.2.2.2 预制混凝土工程

1. 预制混凝土柱(010509)

矩形柱、异形柱计算规则：① 以立方米计量，按设计图示尺寸以体积计算；② 以根计量，按设计图示尺寸以数量计算。

2. 预制混凝土梁(010510)

矩形梁、异形梁、过梁、拱形梁、鱼腹式吊车梁、其他梁计算规则:① 以立方米计量,按设计图示尺寸以体积计算;② 以根计量,按设计图示尺寸以数量计算。

3. 预制混凝土屋架(010511)

折线型、组合、薄腹、门式钢架、天窗架计算规则:① 以立方米计量,按设计图示尺寸以体积计算;② 以榀计量,按设计图示尺寸以数量计算。

4. 预制混凝土楼板(010512)

平板、空心板、槽形板、网架板、折形板、带肋板、大型板计算规则:① 以立方米计量,按设计图示尺寸以体积计算;不扣除构件内钢筋、预埋铁件及单个尺寸≤300mm×300mm 的孔洞所占体积,扣除空心板空洞体积;② 以块计量,按设计图示尺寸以数量计算。

沟盖板、井盖板、井圈计算规则:① 以立方米计量,按设计图示尺寸以体积计算。② 以块计量,按设计图示尺寸以数量计算。

5. 预制混凝土楼梯(010513)

楼梯计算规则:① 以立方米计量,按设计图示尺寸以体积计算(扣除空心踏步板空洞体积);② 以段计量,按设计图示数量计算。

6. 其他预制构件(010514)

垃圾道、通风道、烟道、其他构件计算规则:① 以立方米计量,按设计图示尺寸以体积计算;不扣除构件内钢筋、预埋铁件及单个面积≤300mm×300mm 的孔洞所占体积,扣除烟道、垃圾道、通风道的孔洞所占体积;② 以平方米计量,按设计图示尺寸以面积计算;不扣除构件内钢筋、预埋铁件及单个面积≤300mm×300mm 的孔洞所占面积;③ 以根计量,按设计图示尺寸以数量计算。

9.3 定额项目内容及工程量计算规则

9.3.1 定额项目设置及定额工作内容

9.3.1.1 现浇混凝土构件

《广东省房屋建筑与装饰工程综合定额(2018)》中现浇混凝土工程定额项目设置见表 9-4。

表 9-4 现浇混凝土工程定额项目分类表

项目名称	子目设置	定额编码	计量单位	工作内容
基础	毛石混凝土基础	A1-5-1	10m³	浇捣、覆膜养护
	其他混凝土基础	A1-5-2	10m³	
	地下室底板	A1-5-3	10m³	
	电梯坑	A1-5-4	10m³	
柱	矩形柱、多边形柱、异形柱、圆形柱、钢管柱	A1-5-5	10m³	
	构造柱	A1-5-6	10m³	
	升板柱帽	A1-5-7	10m³	

续表

项目名称	子目设置	定额编码	计量单位	工作内容
梁	基础梁	A1-5-8	10m³	浇捣、覆膜养护
	单梁、连续梁、异形梁	A1-5-9	10m³	
	圈梁、过梁、弧形梁	A1-5-10	10m³	
	虹梁(拱)	A1-5-11	10m³	
墙	直形墙、弧形墙、电梯井墙	A1-5-12	10m³	内模制作、安装、浇捣、覆膜养护
	毛石混凝土墙	A1-5-13	10m³	
板	平板、有梁板、无梁板	A1-5-14	10m³	1.亭面板:浇捣、覆膜养护 2.钢网亭面板:钢网绑扎、浇捣、覆膜养护
	拱板	A1-5-15	10m³	
	空心板	A1-5-16、A1-5-17	10m³	
	密肋楼板	A1-5-18	10m³	
	亭面板	A1-5-19	10m³	
	钢网亭面板	A1-5-20	100m²	
楼梯	直形楼梯	A1-5-21	10m³	浇捣、覆膜养护
	弧形楼梯	A1-5-22	10m³	
	螺旋形或艺术形楼梯	A1-5-23	10m³	
	场馆看台	A1-5-24	10m³	
后浇带	楼板、天面板	A1-5-25	10m³	浇捣、养护;铺隔离网、固定、拆除
	梁	A1-5-26	10m³	
	墙	A1-5-27	10m³	
	地下室底板、基础(梁)	A1-5-28	10m³	
现浇混凝土其他构件	阳台、雨篷	A1-5-29	10m³	浇捣、养护
	栏板、反檐	A1-5-30	10m³	
	小型构件	A1-5-31	10m³	
	天沟、挑檐	A1-5-32	10m³	
	地沟、明沟电缆沟散水坡	A1-5-33	10m³	
	台阶	A1-5-34	10m³	
	压顶、扶手	A1-5-35	10m³	
	房上水池	A1-5-36	10m³	
现浇混凝土泵送费	泵送混凝土至建筑部位	A1-5-51~A1-5-54	10m³	泵管安拆、清洗、整理、堆放、输送泵(车)就位、混凝土输送、清理等
现浇混凝土增加费	现浇劲性混凝土构件增加费	A1-5-55	10m³	浇捣、便道搭设、水平运输
	现浇爬模、滑模混凝土构件增加费	A1-5-56	10m³	
	现浇清水混凝土构件增加费	A1-5-57	10m³	

9.3.1.2 垫层及其他预制混凝土构件

《广东省房屋建筑与装饰工程综合定额(2018)》中二次灌浆、垫层、地坪定额项目分类表见表 9-5。

表 9-5　二次灌浆、垫层、地坪定额项目分类表

项目名称	子目设置	定额编码	计量单位	工作内容
二次灌浆	二次灌浆	A1-5-76、A1-5-77	10m³	模板制、安、拆、回程运输，混凝土砂浆运输、浇捣、养护等
垫层	混凝土垫层	A1-5-78	10m³	
	轻质混凝土垫层	A1-5-79	10m³	
地坪	地坪	A1-5-80、A1-5-81	100m²	

9.3.1.3　预制混凝土构件

本书不做介绍，如有需要，请参见《广东省房屋建筑与装饰工程综合定额(2018)》。

9.3.2　定额工程量计算规则

9.3.2.1　现浇混凝土工程

现浇建筑物混凝土工程量，除另有规定外，均按设计图示尺寸以体积计算，不扣除构件内钢筋、预埋铁件和伸入承台基础的桩头及墙、板中单个面积 0.3m² 以内的孔洞所占体积，但应扣除梁、板、墙的后浇带体积。依附柱上的牛腿和升板的柱帽，并入柱身体积计算。伸入墙内的梁头、梁垫并入梁体积内。墙垛(附墙柱)、暗柱、暗梁及墙突出部分并入墙体积计算。板伸入砖墙体内的板头并入板体积计算，薄壳板的肋、基梁并入薄壳体积内计算，楼板混凝土体积应扣除墙、柱混凝土体积。

(1) 柱高按下列情形分别确定：

① 有梁板的柱高，应自柱基上表面(或楼板上表面)至上一层楼板上表面之间的高度计算；

② 无梁板的柱高，应自柱基上表面(或楼板上表面)至柱帽下表面高度计算；

③ 框架柱的柱高，应自柱基上表面至柱顶高度计算；

④ 构造柱按全高计算，嵌接墙体部分并入柱身体积。

(2) 梁长按下列情形分别确定：

① 梁与柱连接时，梁长算至柱内侧面；

② 主梁与次梁连接时，次梁长算至主梁内侧面；

③ 挑檐、天沟与梁连接时，以梁外边线为分界线。

(3) 混凝土墙高按照下列情形分别确定：

① 有梁的计至梁底，与墙同厚的梁，其工程量并入墙计算，没有梁的计至板面；

② 有地下室的从地下室底板面计起，没有地下室的从基础面计起，楼层从板面计起。

(4) 现浇空心板以体积计算，扣除空心板空洞体积。

(5) 钢网亭面板按图示斜面积计算。亭面板按斜面积乘以厚度以体积计算，所带脊梁及连系亭面板的圈梁的工程量并入亭面板计算。

(6) 后浇带工程量按设计图示尺寸以体积计算。

9.3.2.2　现浇构筑物混凝土工程

现浇构筑物混凝土工程量按设计图示尺寸以体积计算，不扣除构件内钢筋、预埋铁件及

单个面积 0.3m² 以内的孔洞所占体积。

(1) 水塔。

① 筒身与槽底,以槽底连接的圈梁底为界,以上为槽底,以下为筒身。

② 筒式塔身及依附于筒身的过梁、雨篷、挑檐等合并为塔身体积计算;柱式塔身的柱、梁与塔身合并计算。

③ 塔顶及槽底:塔顶包括顶板和圈梁,槽底包括底板挑出的斜壁板和圈梁等,均合并计算。

(2) 贮水池不分平底、锥底、坡底,均按池底计算;壁基梁、池壁不分圆形和矩形壁,均按池壁计算。

(3) 其他项目按现浇建筑物混凝土相应项目的有关规定计算。

9.3.2.3 其他现浇混凝土工程

其他现浇混凝土工程量分别按以下规定计算:

(1) 二次灌浆以体积计算;

(2) 垫层按照设计图示尺寸以体积计算;

(3) 地坪按设计图示尺寸分不同厚度以面积计算,扣除凸出地面构筑物、设备基础、室内铁道、地沟等所占面积,不扣除间壁墙和 0.3m² 以内的柱、垛、附墙烟囱及孔洞所占面积;门洞、空圈、暖气包槽、壁龛的开口部分不增加面积。

9.3.2.4 预制混凝土工程

(1) 预制混凝土构件制作工程量,除另有规定外,按设计图示尺寸以体积计算,不扣除构件内的钢筋、预埋铁件及预制混凝土板单个尺寸 300mm×300mm 以内的孔洞所占体积,扣除空心板空洞体积并计算综合损耗率 2.5%,但预制混凝土屋架、桁架、托架及长度在 9m 以上的梁、板、柱不计算损耗量。

(2) 预制混凝土构件安装、运输工程量,除另有规定外,按混凝土构件的体积计算。

(3) 预制混凝土漏花、刀花制作、安装工程量,按构件外围垂直投影面积计算;其运输工程量按构件外围体积计算。

9.4 定额计价与清单计价

9.4.1 定额应用及定额计价

9.4.1.1 混凝土工程量计算

混凝土工程量计算按照《广东省房屋建筑与装饰工程综合定额(2018)》有关说明执行。

(1) 现浇混凝土工程分混凝土制作和浇捣两部分。现浇混凝土工程量按照混凝土结构体积计算;混凝土制作工程量按照混凝土浇捣子目中的混凝土含量(包括损耗率)计算。

(2) 小型构件指每件体积在 0.05m³ 以内的未列出子目的构件。

(3) 混凝土只列出常用强度等级及碎石粒径,如设计不同,可以换算。膨胀水泥混凝土,只换算水泥,其他材料不变。防水混凝土的防水材料不同时,可以调整。

(4) 悬挑板包括伸出墙外的牛脚、挑梁、其嵌入墙内的梁按照梁有关子目另行计算。悬挑板伸出墙外 500mm 以上按雨篷有关子目列项,500mm 以内按挑檐有关子目计算;伸出墙外 1.5m 以上的,按照梁、板有关子目计算。

(5) 栏板高度超过 1.2m,按墙有关子目计算。

9.4.1.2 定额计价

【例题 9-4】 求图 9-4 独立基础的混凝土工程量并套用定额(计垫层),计算定额分部分项工程费。

解 ① 计算定额工程量。

独立基础混凝土浇捣工程量 $=1.8 \times 2 \times 0.4 + (1.8 - 0.3 \times 2) \times (2 - 0.375 \times 2) \times 0.4$
$= 2.04 (m^3)$

C25 混凝土 20 石(商品混凝土)制作工程量 $=2.04 \times 1.01 = 2.06 (m^3)$

垫层混凝土浇捣工程量 $=(1.8 + 2 \times 0.1) \times (2 + 2 \times 0.1) \times 0.1 = 0.44 (m^3)$

C10 混凝土 20 石(商品混凝土)混凝土制作工程量 $=0.44 \times 1.015 = 0.45 (m^3)$

② 查找定额,计算定额分部分项工程费结果见表 9-6。

表 9-6 定额分部分项工程费汇总表

序号	项目编码	项目名称	计量单位	工程数量	定额基价(元)	合价(元)
1	A1-5-2	现浇建筑物混凝土,其他混凝土基础	10m³	0.204	679.93	138.71
2	8021904	预拌混凝土,碎石粒径综合考虑 C25	m³	2.0604	331	681.99
3	A1-5-51	泵送混凝土至建筑部位,高度 50m 以内(含±0.00 以下)	10m³	0.204	204.38	41.69
4	8021904	预拌混凝土,碎石粒径综合考虑 C25	m³	0.0102	331	3.38
5	A1-5-78	混凝土垫层	10m³	0.044	752.52	33.11
6	8021901	预拌混凝土,碎石粒径综合考虑 C10	m³	0.4466	302	134.87
7	A1-5-51	泵送混凝土至建筑部位,高度 50m 以内(含±0.00 以下)	10m³	0.044	204.38	8.99
8	8021901	预拌混凝土,碎石粒径综合考虑 C10	m³	0.0022	302	0.66
		小计				1043.41

【例题 9-5】 求图 9-6 现浇钢筋混凝土单层工业厂房柱、梁、板的混凝土工程量,计算定额分部分项工程费。

解 ① 计算定额工程量。

矩形柱浇捣工程量: $V = 4.224 + 6.336 = 10.56 (m^3)$

矩形柱制作工程量: $V = 10.56 \times 1.01 = 10.67 (m^3)$

有梁板浇捣工程量,板工程量应该扣除柱所占板面的孔洞体积:

$V = 17.68 - (0.4 \times 0.4 \times 4 + 0.4 \times 0.6 \times 4) \times 0.1 = 17.52 (m^3)$

有梁板制作工程量: $V = 17.52 \times 1.01 = 17.70 (m^3)$

注:混凝土泵送工程量等于浇捣工程量。

② 查找定额,计算定额分部分项工程费,结果见表 9-7。

表 9-7 定额分部分项工程费汇总表

序号	项目编码	项目名称	计量单位	工程数量	定额基价（元）	合价（元）
1	A1-5-5	现浇建筑物混凝土,矩形柱、多边形柱、异形柱、圆形柱、钢管柱	10m³	1.056	1725.06	1821.66
2	8021903	预拌混凝土,碎石粒径综合考虑 C20	m³	10.6656	322	3434.32
3	A1-5-51	泵送混凝土至建筑部位,高度 50m 以内（含±0.00 以下）	10m³	1.056	204.38	215.83
4	8021903	普通预拌混凝土,碎石粒径综合考虑 C20	m³	0.0528	322	17.00
5	A1-5-14	现浇建筑物混凝土,平板、有梁板、无梁板	10m³	1.752	840.25	1472.12
6	8021903	普通预拌混凝土,碎石粒径综合考虑 C20	m³	17.6952	322	5697.85
7	A1-5-51	泵送混凝土至建筑部位,高度 50m 以内（含±0.00 以下）	10m³	1.752	204.38	358.07
8	8021903	普通预拌混凝土,碎石粒径综合考虑 C20	m³	0.0876	322	28.21
		小计				13045.07

【例题 9-6】 求图 9-7 某宿舍现浇混凝土楼梯的混凝土工程量,计算定额分部分项工程费。

解 ① 计算定额工程量。

直形楼梯混凝土浇捣工程量 = 5.28(m³)

C25 混凝土 20 石（商品混凝土）制作工程量 = 5.28×1.01 = 5.33(m³)

② 查找定额,计算定额分部分项工程费,结果见表 9-8。

表 9-8 定额分部分项工程费汇总表

序号	项目编码	项目名称	计量单位	工程数量	定额基价（元）	合价（元）
1	A1-5-21	现浇建筑物混凝土,直形楼梯	10m³	0.528	1365.5	720.98
2	8121904	普通预拌混凝土,碎石粒径综合考虑 C25	m³	5.33	331	1764.23
		小计				2485.21

9.4.2 清单计价

9.4.2.1 清单项目综合单价确定

综合单价分析表中的人工费按照 2017 年广东省建筑市场综合水平取定,各时期各地区的水平差异可按各市发布的动态人工调整系数进行调整,材料费、施工机具费按照广州市 2020 年 10 月份信息指导价,利润为人工费与施工机具费之和的 20%,管理费按分部分项的人工费与施工机具费之和乘以相应专业管理费分摊费率计算。计算方法与结果见综合单价分析表。

例题 9-1、例题 9-2、例题 9-3 的综合单价分析表见表 9-9、表 9-10、表 9-11。

表 9-9 综合单价分析表

项目编码	010501003001	项目名称	独立基础	计量单位	m³	工程量	2.04

清单综合单价组成明细								
定额编号	定额项目名称	定额单位	数量	单价			合价		
				人工费	材料费	机具费	管理费和利润	人工费	材料费	机具费	管理费和利润
A1-5-2	现浇建筑物混凝土,其他混凝土基础	10m³	0.1	456.92	81.24	8.08	226.69	45.69	8.12	0.81	22.67
8021904	普通预拌混凝土,碎石粒径综合考虑 C25	m³	1.01		598				603.98		
A1-5-51换	泵送混凝土至建筑部位高度 50m 以内(含±0.00 以下),合并制作子目 C25 混凝土 20 石(配合比)	10m³	0.1	15.18	38.2	130.38	70.96	1.52	3.82	13.04	7.1
人工单价				小计				47.21	615.92	13.85	29.77
				未计价材料费							
清单项目综合单价								706.75			

材料费明细	主要材料名称、规格、型号	单位	数量	单价(元)	合价(元)	暂估单价(元)	暂估合价(元)
	水	m³	0.0586	4.58	0.27		
	其他材料费	元	0.4	1	0.4		
	复合普通硅酸盐水泥 P.C 32.5	t	0.002	319.11	0.64		
	中砂	m³	0.0028	275.97	0.77		
	土工布	m²	1.176	6.69	7.87		
	普通预拌混凝土,碎石粒径综合考虑 C25	m³	1.01	598	603.98		
	密封胶圈	个	0.027	13.33	0.36		
	高压橡胶管,综合	m	0.009	59.37	0.53		
	管箍	个	0.006	9.29	0.06		
	碎石 20	m³	0.0043	247.55	1.06		
	材料费小计			—	615.94	—	

表 9-10 综合单价分析表

项目编码	010502001001	项目名称	矩形柱	计量单位	m³	工程量	10.56

定额编号	定额项目名称	定额单位	数量	单价				合价			
				人工费	材料费	机具费	管理费和利润	人工费	材料费	机具费	管理费和利润
A1-5-5	现浇建筑物混凝土,矩形柱、多边形柱、异形柱、圆形柱、钢管柱	10m³	0.1	1181	187.77	13.01	582.08	118.1	18.78	1.3	58.21
8021903	普通预拌混凝土,碎石粒径综合考虑C20	m³	1.01		578				583.78		
A1-5-51	泵送混凝土至建筑部位高度50m以内(含±0.00以下)	10m³	0.1	15.18	13.57	130.38	70.96	1.52	1.36	13.04	7.1
8021430	C20混凝土20石(综合比)	m³	0.005		487.92				2.44		
人工单价				小计				119.62	606.36	14.34	65.31
				未计价材料费							
清单项目综合单价								805.61			

材料费明细	主要材料名称、规格、型号	单位	数量	单价(元)	合价(元)	暂估单价(元)	暂估合价(元)
	水	m³	0.1079	4.58	0.49		
	其他材料费	元	0.605	1	0.61		
	普通预拌混凝土,碎石粒径综合考虑C20	m³	1.01	578	583.78		
	复合普通硅酸盐水泥 P.C32.5	t	0.0017	319.11	0.54		
	中砂	m³	0.003	275.97	0.83		
	土工布	m²	2.704	6.69	18.09		
	密封胶圈	个	0.027	13.33	0.36		
	高压橡胶管,综合	m	0.009	59.37	0.53		
	管箍	个	0.006	9.29	0.06		
	碎石,20	m³	0.0043	247.55	1.06		
	材料费小计			—	606.35	—	

表 9-11 综合单价分析表

项目编码	010506001001	项目名称	直形楼梯	计量单位	m³	工程量	5.28

清单综合单价组成明细											
定额编号	定额项目名称	定额单位	数量	单价				合价			
				人工费	材料费	机具费	管理费和利润	人工费	材料费	机具费	管理费和利润
A1-5-21	现浇建筑物混凝土,直形楼梯	10m³	0.1	837.94	259.64	20.98	418.72	83.79	25.96	2.1	41.87
8021904	普通预拌混凝土,碎石粒径综合考虑 C25	m³	1.01		598				603.98		
人工单价				小计				83.79	629.94	2.1	41.87
				未计价材料费							
				清单项目综合单价				757.71			

材料费明细	主要材料名称、规格、型号	单位	数量	单价(元)	合价(元)	暂估单价(元)	暂估合价(元)
	水	m³	0.341	4.58	1.56		
	其他材料费	元	1.803	1	1.8		
	土工布	m²	3.378	6.69	22.6		
	普通预拌混凝土,碎石粒径综合考虑 C25	m³	1.01	598	603.98		
	材料费小计			—	629.94	—	

9.4.2.2 分部分项工程与单价措施项目清单与计价表填写

分部分项工程与单价措施项目清单与计价表填写见表 9-12。

表 9-12 分部分项工程与单价措施项目清单与计价表

工程名称:×××

序号	项目编码	项目名称	项目特征	计量单位	工程量	金额(元)		其中
						综合单价	合价	暂估价
1	010501003001	独立基础	1.混凝土种类:预拌混凝土 2.混凝土强度等级:C25	m³	2.04	706.75	1441.77	
2	010502001001	矩形柱	1.混凝土种类:预拌混凝土 2.混凝土强度等级:C20	m³	10.56	805.61	8507.24	
3	010506001001	直形楼梯	1.混凝土种类:预拌混凝土 2.混凝土强度等级:C25	m³	5.28	757.71	4000.71	
			小计				13949.72	

任务10 钢筋工程计量与计价

10.1 基础知识

10.1.1 平法的基础知识

平法是混凝土结构施工图平面整体表示方法,即将构件的结构尺寸、标高、构造、配筋等信息,按照平面整体表示方法的制图规则,直接标示在各类构件的结构平面布置图上,再与标准构造图相配合,构成一套完整、简洁明了的结构施工图。

平法对于设计人员、造价管理人员、施工人员、监理人员的工作周期至关重要。主要体现在:第一,平法给这些人员带来的是图纸厚度减少——每一张图纸的信息密度增加;第二,图纸的层次清晰——基础、柱、梁、板等构件相互关联;第三,图纸节点统一。设计单位的设计人员用较少的元素(几何元素、配筋元素、补充注解),准确地表达了设计意图;预算、审计人员(造价管理人员)识图、记忆、查找均方便;施工人员、监理人员图纸与施工顺序一致,对结构易形成整体观念。

10.1.2 平法制图的一般规定

(1) 按平法设计绘制的施工图,一般是由各类结构构件的平法施工图和标准构造详图两大部分构成。但对于复杂的房屋建筑,尚需要增加模板、开洞和预埋等平面图。只有在特殊情况下,才需要增加剖面配筋图。

(2) 按平法设计绘制结构施工图时,必须根据具体工程设计,按照各类构件的平法制图规则,在按结构层绘制的平面布置图上直接表示各构件的尺寸、配筋和所选用的标准构造详图。

(3) 在平法施工图上表示各构件尺寸和配筋的方式,分为平面注写方式、列表注写方式和截面注写方式等三种。

(4) 平法施工图上,应将所有构件进行编号,编号中含有类型代号和序号等。其中,类型代号应与标准构造详图上所注类型代号一致,使两者结合构成完成的结构设计图。

钢筋符号及一般标注简介如下。

第一,钢筋符号。

《混凝土结构工程施工质量验收规范》(GB 50204—2015)及16G101图集中将钢筋种类分为HPB300、HRB335、HRB400、HRB500四种级别。在结构施工图中,为了区别每一种钢筋的级别,每一个等级用一个符号来表示,比如HPB300用ϕ表示(过去称为一级钢),HRB335用ϕ表示(过去称为二级钢),HRB400用ϕ表示(过去称为三级钢),HRB500用ϕ表示(过去称为四级钢)。

第二,钢筋标注。

在结构施工图中,构件的钢筋标注要遵循一定的规范:

① 标注钢筋的根数、直径和等级,如4ϕ25:4表示钢筋的根数,25表示钢筋的直径为

25mm，ϕ 表示钢筋的等级为 HRB400 钢筋；

② 标注钢筋的等级、直径和相邻钢筋中心距，如 ϕ10@100：10 表示钢筋直径为 10mm，@ 表示相等中心距符号，100 表示相邻钢筋的中心距离为 100mm，ϕ 表示钢筋的等级为 HPB300 钢筋。

(5) 在平法施工图上，应注明各结构层楼地面标高、结构层高及相应的结构层号等。

(6) 钢筋的混凝土保护层最小厚度。为了保护钢筋在混凝土内部不被侵蚀，并保证钢筋与混凝土之间的黏合力，钢筋混凝土构件中的钢筋都必须有保护层，受力钢筋的外部边缘到构件表面的距离称为混凝土保护层。影响保护层的四大因素是：① 环境类别；② 构件类型；③ 混凝土强度等级；④ 结构设计年限。

第一，环境类别的确定见表10-1。

表 10-1　混凝土结构环境类别表

环境类别	条　件
一	室内干燥环境； 无侵蚀性静水浸没环境
二 a	室内潮湿环境； 非严寒和非寒冷地区的露天环境； 非严寒和非寒冷地区与无侵蚀性的水或土壤直接接触的环境； 严寒和寒冷地区的冰冻线以下与无侵蚀性的水或土壤直接接触的环境
二 b	干湿交替环境； 水位频繁变动环境； 严寒和寒冷地区的露天环境； 严寒和寒冷地区的冰冻线以上与无侵蚀性的水或土壤直接接触的环境
三 a	严寒和寒冷地区冬季水位变动区环境； 受除冰盐作用环境； 海风环境
三 b	盐渍土环境； 受除冰盐作用环境； 海岸环境
四	海水环境
五	受人为或自然的侵蚀性物质影响的环境

第二，混凝土保护层的最小厚度确定见表10-2。

表 10-2　混凝土保护层的最小厚度

环境类别	板、墙	梁、柱
一	15mm	20mm
二 a	20mm	25mm
二 b	25mm	35mm
三 a	30mm	40mm
三 b	40mm	50mm

注:受力钢筋的混凝土保护层最小厚度确定要特别注意以下几点。

① 混凝土强度等级不大于 C25 时,表中保护层厚度值应增加 5mm。

② 基础底面钢筋的保护层厚度,有混凝土垫层时应从垫层顶面算起,且不应小于 40mm。

(7) 钢筋锚固值。

① 为了使钢筋和混凝土共同受力,使钢筋不被从混凝土中拔出来,除了要在钢筋的末端弯钩外,还需要把钢筋伸入支座处,其伸入支座的长度不仅要满足设计人员设计要求,还要不小于钢筋的基本锚固长度,16G101-1 中对受拉钢筋基本锚固长度、抗震锚固长度均有规定。

② 16G101 图集中关于纵向受拉钢筋搭接长度 L_L 值、纵向受拉钢筋抗震搭接长度 L_{LE} 值均有规定。

(8) 钢筋的连接。

当施工过程中,构件的钢筋不够长时,需要对钢筋进行连接。钢筋的主要连接方式有三类:绑扎连接、机械连接和焊接。为了保证钢筋受力可靠,对钢筋连接接头范围和接头加工质量有如下规定:

① 当受拉钢筋直径>25mm 及受压钢筋直径>28mm 时,不宜采用绑扎搭接;

② 轴心受拉及小偏心受拉构件中纵向受力钢筋不应采用绑扎搭接;

③ 纵向受力钢筋连接位置宜避开梁端、柱端箍筋加密区;必须在此连接时,应采用机械连接或焊接。

10.2 钢筋工程量清单项目编制及工程量计算规则

钢筋工程量清单项目设置、项目特征描述的内容、计量单位、工程量计算规则应按《房屋建筑与装饰工程工程量计算规范》(GB 50854—2013)中表 E.15、表 E.16、表 E.17 的规定执行。

钢筋工程清单设置如下。

(1) 现浇混凝土钢筋(010515001)、预制构件钢筋(010515002)、钢筋网片(010515003)、钢筋笼(010515004):按设计图示钢筋(网)长度(面积)乘以单位理论质量计算。

(2) 先张法预应力钢筋(010515005):按设计图示钢筋长度乘以单位理论质量计算。

(3) 先张法预应力钢筋(010515006)、预应力钢丝(010515007)、预应力钢绞线(010515008):按设计图示钢筋(丝束、绞线)长度乘以单位理论质量计算。

钢筋工程清单编码从 010515001~010515010(现浇构件钢筋到声测管)编制设置,共 10 个清单。

① 低合金钢筋两端采用螺杆锚具时,预应力钢筋长度按预留孔道长度减 0.35m 计算,螺杆锚具另行计算。

② 低合金钢筋一端采用镦头插片,另一端采用螺杆锚具时,预应力钢筋长度按预留孔道长度计算,螺杆锚具另行计算。

③ 低合金钢筋一端采用镦头插片,另一端采用帮条锚具时,预应力钢筋长度按孔道长度增加 0.15m 计算,两端均采用帮条锚具时,预应力钢筋长度按孔道长度增加计算 0.3m 计算。

④ 低合金钢筋采用后张混凝土自锚时,预应力钢筋按孔道长度增加 0.35m 计算。

⑤ 低合金钢筋或钢绞线采用 JM/XM/QM 型锚具,孔道长度在 20m 以内时,预应力钢筋长度按孔道长度增加 1m 计算;孔道长度 20m 以上时,预应力钢筋长度按孔道长度增加 1.8m 计算。

⑥ 碳素钢丝采用锥形锚具,孔道长度在 20m 以内时,预应力钢丝束长度按孔道长度增加 1m 计算;孔道长度在 20m 以上时,预应力钢丝束长度按孔道长度增加 1.8m 计算。

⑦ 碳素钢丝两端采用镦头锚具时,预应力钢丝长度按孔道长度增加 0.35m 计算。

其他计算规则详见《计算规范》中附录 E。

10.3 定额项目内容及工程量计算规则

10.3.1 定额项目设置及定额工作内容

《广东省房屋建筑与装饰工程综合定额(2018)》中钢筋工程定额项目设置见表 10-3。

表 10-3 钢筋工程定额项目分类表

项目名称	子目设置	定额编码	计量单位	工作内容
钢筋笼、桩头钢筋、网片	桩钢筋笼制作安装	A1-5-82	t	钢筋制作、绑扎、安装、钢筋网片(笼)起吊、焊接、安放
	桩头插筋	A1-5-83	t	
	地下连续墙钢筋	A1-5-84~A1-5-86	t	
锚杆	钢筋锚杆制安 钢绞线锚杆制安	A1-5-87~A1-5-90、A1-5-95、A1-5-96	t	钢筋除锈、防锈、调直切断、焊接、成型、包裹;锚杆穿入孔内、就位、固定、安装端头套管
	钢筋锚杆张拉	A1-5-91~A1-5-94	t	张拉、锚固、放张、切断等
	钢绞线锚杆张拉	A1-5-97、A1-5-98	t	张拉、锚固、放张、切断等
	钢管(锚杆、土钉、微型桩)制安	A1-5-99	t	制作、安装,击入式施工
喷射混凝土挂钢筋网	喷射混凝土挂钢筋网	A1-5-100	t	钢筋网制作、挂网、绑扎、点焊
圆钢制安	现浇构件圆钢	A1-5-101~A1-5-104	t	制作、绑扎、安装、浇捣混凝土时钢筋维护
热轧带肋钢筋制安	现浇带肋钢筋	A1-5-105~A1-5-110	t	
箍筋制安	现浇箍筋	A1-5-111~A1-5-116	t	
冷轧带肋钢筋制安	冷轧带肋钢筋	A1-5-117~A1-5-118	t	
预应力钢筋、钢丝束	先张法及后张法预应力钢筋制安	A1-5-120~A1-5-122	t	略
	后张法预应力钢丝束、钢绞线、锚具、预埋管制安	A1-5-123~A1-5-129	t	

续表

项目名称	子目设置	定额编码	计量单位	工作内容
钢筋接头	电渣压力焊	A1-5-130～A1-5-131	t	安装埋设、焊接固定,磨光、车丝、固定安装
	套筒直螺纹钢筋接头	A1-5-132～A1-5-135	t	
	套筒锥型螺栓钢筋接头	A1-5-136～A1-5-139	t	
	套筒冷挤接头	A1-5-140～A1-5-141	t	

10.3.2 定额工程量计算规则

（1）钢筋笼、桩头插筋、网片制作、安装工程量，按设计图示钢筋（网）中心线长度（面积）乘以单位理论质量计算。锚筋（杆）制作安装、张拉工程量，按设计长度乘以单位理论质量计算。

（2）用于锚杆、土钉、微型桩的钢管制作安装工程量，按设计图示尺寸以"t"计算。

（3）现浇构件钢筋（包括预制小型构件钢筋）制作安装工程量，按设计图示中心线长度乘以单位理论质量计算，设计规范要求的搭接长度、预留长度等并入钢筋工程量。设计图示及规范未标明的通长钢筋，按以下规定计算：

① $\phi 10$ 以内的钢筋按每 12m 计算一个钢筋搭接；

② $\phi 10$ 以上的钢筋按每 9m 计算一个钢筋搭接（接头）。

（4）钢筋搭接长度按设计图示及规范要求计算。墙、柱、电梯井壁的竖向钢筋；梁、楼板及地下室底板的贯通钢筋；墙、电梯井壁的水平转角筋，以上钢筋的连接区、连接方式、搭接长度均按设计图纸和有关规范、规程、国家标准图册的规定计算。

（5）劲性混凝土钢筋制安增加费工程量，按劲性结构基本构件梁和柱钢筋及桁架楼承板中现场制作安装的钢筋以"t"计算。

（6）先张法预应力钢筋，按设计图示钢筋长度乘以单位理论质量计算。

（7）后张法预应力钢筋、钢丝束、钢绞线按设计图示钢筋（丝束、绞线）长度乘以单位理论质量计算，并区别不同锚具类型，分别按下列规定计算长度。

① 低合金钢筋两端采用螺杆锚具时，钢筋长度按预留孔道长度减去 0.35m 计算，螺杆另行计算。

② 低合金钢筋一端采用镦头插片，另一端采用螺杆锚具时，钢筋长度按孔道长度计算，螺杆另行计算。

③ 低合金钢筋一端采用镦头插片，另一端采用帮条锚具时，钢筋长度按孔道长度增加 0.15m 计算；两端均采用帮条锚具时，钢筋长度按孔道长度增加 0.3m 计算。

④ 低合金钢筋采用后张法混凝土自锚时，钢筋长度按孔道长度增加 0.35m 计算。

⑤ 低合金钢筋（钢绞线）采用 JM、XM、QM 型锚具，孔道长度在 20m 以内时，钢筋长度按增加 1m 计算；孔道长度在 20m 以上时，钢筋（钢绞线）长度按孔道长度增加 1.8m 计算。

⑥ 碳素钢丝采用锥型锚具，孔道长度在 20m 以内时，钢丝束长度按孔道长度增加 1m 计算；孔道长度在 20m 以上时，钢丝束长度按孔道长度增加 1.8m 计算。

⑦ 碳素钢丝束采用镦头锚具时，钢丝束长度按孔道长度增加 0.35m 计算。

（8）后张法预应力钢筋、钢丝束、钢绞线的锚具制作安装以"个"计算。

（9）后张法有黏结的预埋管铺设、孔道灌浆，按设计图示尺寸孔道长度以"m"计算。

(10) 电渣压力焊、套筒接头工程量按设计图示及规范要求,以"个"计算。

(11) 劲性骨架节点现场焊接工程量区分不同节点类型,以"个"计算。

(12) 现浇混凝土构件预埋铁件,按设计图示尺寸以"t"计算。

(13) 植筋工程量,按设计图示数量以"个"计算。植入钢筋按外露和植入部分长度之和乘以单位理论质量计算。

10.4 定额计价与清单计价

10.4.1 钢筋计算原理

10.4.1.1 钢筋工程量计算

钢筋工程量计算按照《广东省房屋建筑与装饰工程综合定额(2018)》《房屋建筑与装饰工程工程量计算规范》(GB 50854—2013)规定及 16G101-1、16G101-2、16G101-3 有关说明执行,计算原理一致,单位一致,这里以定额计价做统一表述。

《广东省房屋建筑与装饰工程综合定额(2018)》钢筋工程有关说明如下:

(1) 钢筋工程分不同品种、不同规格,按普通钢筋、预应力钢筋以及箍筋等分别设列子目。

(2) 各类钢筋、铁件的制作成型、绑扎、安装、接头、固定等,按机械成型、手工绑扎、点焊或帮条焊考虑,所用人工、材料、机械消耗均已综合在相应子目内。定额已考虑钢筋加工综合开料损耗和现场施工损耗。

(3) 固定预埋螺栓及铁件的支架、固定双层钢筋的铁马凳、垫铁等,按设计图纸规定要求和施工验收规范要求计算,按品种、规格执行相应项目。

(4) 用于锚杆、土钉和微型桩的钢管制安按采用击入式施工考虑,采用钻孔和灌浆时另行计算,原击入式的人工不扣除。

(5) 土钉锚杆钢筋按现浇构件钢筋制安子目计算。

(6) 带肋钢筋指强度 HRB335、HRB400 的螺纹钢筋;高强钢筋指强度 HRB400 以上的螺纹钢。

(7) 普通钢筋子目不包括冷加工,如设计要求冷加工,按钢筋质量另行计算。

(8) 定额冷轧带肋钢筋子目是按定型制作的半成品考虑的。

(9) 预应力混凝土构件中非预应力的钢筋执行普通钢筋相应子目。

(10) 劲性混凝土梁、柱基本构件及需要现场安装单向钢筋的桁架楼承板中的钢筋施工难度增加,按现浇劲性混凝土钢筋制安增加费子目计算。

(11) 预应力钢筋如设计要求人工时效处理,按钢筋质量另行计算。

(12) 后张法预应力钢筋定额已按钢筋帮条焊、U形插垫综合考虑锚固消耗。如采用其他方法锚固时,按单锚或群锚另行计算,原锚固消耗不予扣除。

(13) 有黏结或无黏结预应力筋(钢丝束、钢绞线)的定额消耗量是指预应力筋本身的理论重量,并包括施工损耗。

(14) 无黏结预应力筋单价包括保护层费用,它是以专用防腐润滑脂作涂料层,由聚乙烯塑料作护套的钢绞线或碳素钢丝束在工厂制作而成。

(15) 预应力钢丝束、钢绞线综合考虑了一端、两端张拉,长度大于 50m 时考虑采用分段张拉。锚具按单锚、群锚(3孔)分别列项,群锚孔数不同时可以调整。

(16) 当设计要求钢筋接头采用电渣压力焊、套筒接头时,按设计要求执行相应子目,不再计算该处的钢筋搭接长度。

(17) 劲性骨架节点的现场焊接按不同节点类型子目分别计算,连接用的钢板另计。

(18) 植筋胶植筋不含抗拔试验,抗拔试验另行计算。植入深度按10倍的钢筋直径考虑,植入深度不同时植筋胶含量可以调整,其他不变。

(19) 植筋项目不包括植入的钢筋制安、化学螺栓,植入的钢筋制安按相应钢筋制安项目执行;采用化学螺栓时,应扣除植筋胶的消耗量。

(20) 表10-4所列的构件钢筋,按表中所列系数调整人工和机械台班消耗量。

表10-4

项 目	现浇或预制小型构件钢筋	空心板钢筋	弧形构件钢筋	构筑物钢筋	
				矩形贮仓	圆形贮仓
人工、机械台班费用调整系数	2.00	1.25	1.05	1.25	1.5

10.4.1.2 定额计价

定额单位工程的钢筋预算用量应包括图示用量以及规定的损耗量两个部分。图示用量应等于钢筋混凝土工程中各个构件的图纸用量及结构中的构造钢筋、连系钢筋等用量之和。各个结构及构件的钢筋由若干不同规格、不同形状的单根钢筋所组成,因此,单位工程的钢筋预算量应分别按照不同品种、规格分别计算及汇总。具体计算应按下列程序和方法进行。钢筋型号理论质量见表10-5。

表10-5 钢筋理论质量表

品 种	圆 钢 筋		螺 纹 钢 筋	
直径/mm	截面/cm²	质量/(kg/m)	截面/cm²	质量/(kg/m)
5	0.196	0.154		
6	0.283	0.222		
8	0.503	0.395		
10	0.785	0.617	0.785	0.062
12	1.313	0.888	1.131	0.888
14	1.539	1.21	1.54	1.21
16	2.011	1.58	2.0	1.58
18	2.545	2.00	2.54	2.00
20	3.142	2.47	3.14	2.47
22	3.801	2.98	3.80	2.98
25	4.909	3.85	4.91	3.85
28	6.158	4.83	6.16	4.83
30	7.069	5.55		
32	8.042	6.31	8.04	6.31

钢筋每米理论质量(kg/m)计算式:$0.006165 \times d^2$(d 为钢筋的直径,mm)。

(1) HPB300 级钢筋末端需要做 180°、135°、90°弯钩时,其单个弯钩的计算长度分别为:180°弯钩的计算长度为 $6.25d$;135°弯钩的计算长度为 $4.9d$;90°弯钩的计算长度为 $3.5d$。钢筋弯钩示意图见图 10-1。

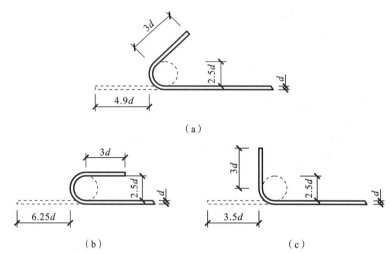

图 10-1　钢筋弯钩示意

(a) 135°斜弯钩;(b) 180°半圆弯钩;(c) 90°直弯钩

(2) 双肢箍筋长度的计算,计算示意图见图 10-2(a)。

箍筋长度 $=(B+H) \times 2 - 8 \times$ 保护层 $+ 2 \times 1.9d + 2 \times \max\{10d, 75\text{mm}\}$

(3) 四肢箍筋长度的计算,计算示意图见图 10-2(b)。

四肢箍筋长度 $= 1$ 个双肢箍筋长度 $\times 2$ 个 $= \{[(B - 2 \times 保护层) \times 2/3 + (H - 2 \times 保护层)] \times 2 + 2 \times 1.9d + 2 \times \max\{10d, 75\text{mm}\}\} \times 2$ 个

(4) 拉筋长度的计算,计算示意图见图 10-2(c)。

拉筋长度 $= B - 2 \times$ 保护层 $+ 2 \times 1.9d + 2 \times \max\{10d, 75\text{mm}\}$

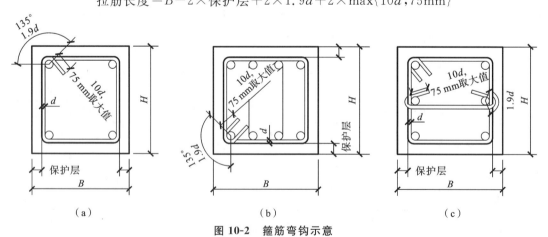

图 10-2　箍筋弯钩示意

(a) 双肢箍;(b) 四肢箍;(c) 拉筋

在实际工作中,为简化计算,箍筋长度一般按以下方法计算:箍筋的两端各为半圆弯钩,即每端各增加 $8.25d$(也有取 $6.25d$ 的)。

(5) 框架梁钢筋长度计算公式。

① 上下通长筋。

$$L=左支座锚固值+通跨净长+右支座锚固值$$

端支座锚固：a. H_c-保护层$\geqslant L_{aE}$且$\geqslant 0.5 H_c+5d$，为直锚，

$$锚固长度=\max\{0.5H_c+5d,L_{aE}\} \quad 或 \quad \{H_c-a-D_1-D_2,0.4L_{abE}\}$$

b. H_c-保护层$<L_{aE}$，为弯锚，

$$锚固长度=\max\{H_c-a-D_1-D_2,0.4L_{abE}\}+15d;$$

式中 H_c——柱截面宽；

a——保护层厚度；

D_1——柱箍筋直径；

D_2——柱纵筋直径。

② 下部不伸入支座钢筋。

$$L=L_{ni}-2\times 0.1\times L_{ni}=0.8L_{ni}$$

式中 L_{ni}——本跨梁的净跨长。

③ 支座负筋。

端支座。第一排：$L=$端支座锚固值$+L_n/3$

第二排：$L=$端支座锚固值$+L_n/4$

端支座锚固：分为弯锚和直锚，判断条件及锚固长度计算方法同梁上部通长筋。

中间支座。第一排：$L=$中间支座宽$+2\times L_n/3=H_c+2\times L_n/3$

第二排：$L=$中间支座宽$+2\times L_n/4=H_c+2\times L_n/4$

L_n——对于端支座，为本跨净跨值；对于中间支座，为支座两边较大一跨的净跨值。

④ 架立筋。

$$L=梁跨净长L_n-左右两端支座负筋伸出长度+两端搭接长度(150\times 2)$$

⑤ 腰筋（构造筋）。

构造钢筋(G)：$L=$左锚固$+$净跨长$+$右锚固$=L_n+2\times 15d$

抗扭钢筋(N)：$L=$左锚固$+$净跨长$+$右锚固$=L_n+2\times L_{aE}$

⑥ 拉筋。

$$拉筋长度=(梁宽-2a)+2\times \max\{10d,75\ \text{mm}\}+2\times 1.9d$$

$$拉筋的根数=[(净跨长-50\times 2)/(非加密箍筋间距\times 2)+1]\times 排数$$

⑦ 箍筋。

$$箍筋长度=(梁宽-2\times a+梁高-2\times a)\times 2+2\times 1.9d+2\times \max\{10d,75\ \text{mm}\}$$

箍筋根数=根数=[(左加密区长度-50)/加密间距$+1$]

$\qquad +$(非加密长度/非加密间距-1)$+[$(右加密区长度-50)/加密间距$+1]$

加密区长度。一级抗震：$\max\{2h_b,500\}$；二至四级抗震：$\max\{1.5h_b,500\}$，h_b为梁截面高。

⑧ 吊筋及附加箍筋。

吊筋夹角α取值：梁高$\leqslant 800$取$45°$，梁高>800取$60°$。

吊筋长度$=$次梁宽$+2\times 50+2\times[$(梁高$-2\times$保护层$-2\times$箍筋直径$)/\sin\alpha]+2\times 20d$

【例题 10-1】 已知某工程现浇梁、柱混凝土强度等级为C30，抗震等级为二级，保护层厚度为20mm，梁内拉筋为$\phi 6@400$，框架柱的截面尺寸为600mm×600mm，其柱纵筋为12

⌀25,柱箍筋为⌀8@100/200,配筋见图 10-3,试计算定额分部分项工程费。已知梁纵筋采用套筒机械连接。根据 16G 平法规则计算 KL2 的钢筋工程量。

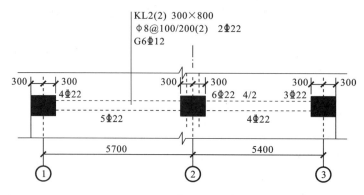

图 10-3 框架梁配筋

解 ① 上部通长筋为 2⌀22。

$0.6-0.02=0.58(\text{m})<L_{aE}=40\times0.022=0.88(\text{m})$,所以选用弯锚。

伸入①轴(③轴)端支座的锚固长度 $=\max\{H_c-a-D_1-D_2, 0.4L_{abE}\}+15d=\max\{0.6-0.02-0.008-0.025, 0.4\times40\times0.022\}+15\times0.022=\max\{0.547, 0.352\}+15\times0.022=0.877(\text{m})$

$$\begin{aligned}上部通长筋总长度 &= 单根上部通长筋的长度\times根数\\ &= [通跨净长度+伸入①轴端支座锚固长度\\ &\quad +伸入③轴端支座锚固长度]\times根数\\ &= [(5.7+5.4-0.3\times2)+0.877+0.877]\times2\\ &= [10.5+0.877+0.877]\times2\\ &= 24.508(\text{m})\end{aligned}$$

② 支座负筋。

②轴支座处负弯矩钢筋为 2⌀22。

$$\begin{aligned}总长度 &= 单根负弯矩钢筋长度\times根数\\ &= (L_n/3+伸入①轴端支座锚固长度)\times根数\\ &= [(5.7-0.3\times2)/3+0.877]\times2\\ &= (1.7+0.877)\times2=5.154(\text{m})\end{aligned}$$

②轴支座处负弯矩钢筋总长度 = 单根负弯矩钢筋长度×根数

第一排(2⌀22)钢筋总长度 $=(L_n/3\times2+支座宽度)\times2$
$=[(5.7-0.3\times2)/3\times2+0.6]\times2=4\times2=8(\text{m})$

第二排(2⌀22)钢筋总长度 $=(L_n/4\times2+支座宽度)\times2$
$=[(5.7-0.3\times2)/4\times2+0.6]\times2$
$=3.15\times2$
$=6.3(\text{m})$

③ ③轴支座处负弯矩钢筋为 1⌀22。

总长度 = 单根负弯矩钢筋长度×根数
$=(L_n/3+伸入③轴端支座锚固长度)\times根数$

$$=[(5.4-0.3\times2)/3+0.877]\times1$$
$$=2.477(m)$$

④ 梁下部钢筋。

梁下部钢筋的总长度＝单根底筋长度×根数

＝(本跨净长度＋左端支座锚固长度＋中间支座锚固长度)×根数

或 ＝(本跨净长度＋中间支座锚固长度＋中间支座锚固长度)×根数

或 ＝(本跨净长度＋中间支座锚固长度＋右端支座锚固长度)×根数

第1跨底筋(5⌀22)。

总长度＝$[(5.7-0.3\times2)+0.877+\max\{0.5\times0.6+5\times0.022,40\times0.022\}]\times5$
$=(5.1+0.877+0.88)\times5$
$=34.29(m)$

第2跨底筋(4⌀22)。

总长度＝$[(5.4-0.3\times2)+\max\{0.5\times0.6+5\times0.022,40\times0.022\}+0.877]\times4$
$=(4.8+0.88+0.877)\times4$
$=26.23(m)$

⑤ 箍筋ϕ8@100/200。

每根箍筋的长度＝$(B+H)\times2-8\times$保护层$+2\times1.9d+2\times\max\{10d,75mm\}$
$=(0.3+0.8)\times2-8\times0.02+2\times1.9\times0.008+2\times10\times0.008$
$=2.23(m)$

箍筋总个数＝第1跨箍筋个数＋第2跨箍筋个数

根据图10-3可知,框架梁中箍筋配置有加密区和非加密区,加密区长度≥$\max\{1.5h_b,500\}=\max\{1.5\times0.8,0.5\}=\max\{1.2,0.5\}=1.2(m)$。

第1跨箍筋个数＝$[(1.2-0.05)/0.1]\times2+[(5.7-0.3\times2-1.2\times2)/0.2]+1$
$=14\times2+14+1=39(个)$

第2跨箍筋个数＝$[(1.2-0.05)/0.1]\times2+[(5.4-0.3\times2-1.2\times2)/0.2]+1$
$=37(个)$

箍筋(ϕ8)总长度＝单根箍筋长度×箍筋总个数＝$2.23\times(39+37)=169.48(m)$

⑥ 腰筋(6⌀12)及拉筋ϕ6。

腰筋(6⌀12)总长度＝单根腰筋长度×根数

＝(①③支座间净长＋两端锚固长度)×根数

＝$[(5.7+5.4-0.3\times2)+2\times15\times0.012]\times6=10.86\times6$
$=65.16(m)$

拉筋(ϕ6)(采用拉筋紧靠箍筋并钩住纵筋)。

总长度＝单根拉筋长度×根数

＝$[B-2\times$保护层$-2\times$箍筋直径$+2\times$拉筋直径$+2\times1.9d$
$+2\times\max\{10d,75mm\}]\times$根数

单根钢筋长度＝$[0.3-2\times0.02-2\times0.008+2\times0.006+2\times1.9\times0.006+2\times0.075]$
$=0.429(m)$

$N=[(5.7-0.05\times2-0.3\times2)/0.4+1+(5.4-0.05\times2-0.3\times2)/0.4+1]\times3$
$=27\times3=81(根)$

总长度＝0.429×(14+13)×3＝34.749(m)

⑦ 计算钢筋工程质量。

ϕ 22 钢筋工程质量＝(24.408+5.104+8+6.3+2.452+34.16+26.02)×2.984
＝317.63(kg)

ϕ 12 钢筋工程质量＝65.16×0.888＝57.86(kg)

ϕ 8 钢筋工程质量＝169.48×0.395＝66.95(kg)

ϕ 6 钢筋工程质量＝34.749×0.222＝7.71(kg)

超 8m 通长钢筋套筒箍筋接头 ϕ 32 内 N＝2+6+4＝12(个)。

定额分部分项工程费汇总见表 10-6。

表 10-6 定额分部分项工程费汇总表

序号	项目编码	项目名称	计量单位	工程数量	定额基价(元)	合价(元)
1	A1-5-111	现浇构件箍筋,圆钢 ϕ 10 以内	t	0.075	5371.17	402.84
2	A1-5-109	现浇构件带肋钢筋(Ⅲ级以上) ϕ 25 以内	t	0.376	4435.10	1667.60
3	A1-5-134	套筒直螺纹钢筋接头 ϕ 32 以内	10 个接头	1.2	196.41	235.69
		小计				2306.13

(6) 框架柱钢筋基本构造与计算公式。

① 框架结构各混凝土构件连接关系见图 10-4。

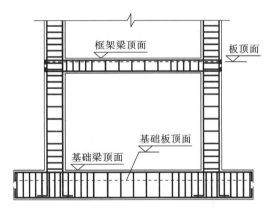

图 10-4 框架结构各混凝土构件连接关系

注 1. 支座内箍筋连续通过。
　　2. 钢筋与基础的连接——基础插筋。
　　3. 柱纵筋中间层的连接——主要注意连接形式。
　　4. 柱纵筋顶层锚固——注意区分柱子类型(边、角柱的外侧及内侧钢筋、中柱纵筋)。

② 边、角、中柱外侧与内侧纵筋的划分示意图见图 10-5。

③ 柱的钢筋计算(机械连接、焊接)。

a. 纵向受力筋计算公式。

$$L＝基础内锚固长度＋中间层高度 H_n ＋顶层锚固长度$$

$$基础内锚固长度＝伸入基础的弯折长度＋基础厚度－基础保护层$$

中间层高度 H_n 即基础顶面至顶层梁底高度；顶层锚固长度因柱所处位置不同(分为角柱、边柱和中柱)而不同。

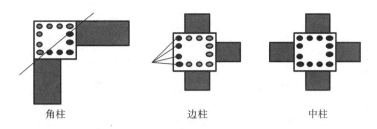

图 10-5 边、角、中柱外侧与内侧纵筋的划分示意

边角柱外侧纵筋层顶锚固长度:梁高－a＋柱宽－a＜1.5L_{abE}时,取 1.5L_{abE};梁高－a＋柱宽－a≥1.5L_{abE}时取 max(梁高－a＋15d,1.5L_{abE})。

a——钢筋保护层(柱、梁保护层厚度相同);L_{aE}——受拉钢筋抗震锚固长度。

边角柱内侧纵筋、中柱纵筋层顶锚固长度:梁高－a＜L_{abE}(弯锚)时,取梁高－a＋12d;梁高－a≥L_{abE}(直锚)时,取梁高－a。

b. 纵向受力筋施工现场预算常用计算公式(不分边、角、中部柱两端统一锚固)。

L＝基础弯锚 max{6d,150}或者图纸标注数值＋基础插筋长度－基础保护层＋楼层层高度＋屋面梁顶层锚固长度取弯锚 12D－屋面梁保护层

c. 箍筋。

基础顶至一层箍筋加密区 L＝H_n/3＋max{H_n/6,柱长边尺寸,500}＋H_b

中间层、顶层箍筋加密区 L＝2×max{H_n/6,柱长边尺寸,500}＋H_b

式中　H_b——节点处梁截面高;

H_n——所在楼层的柱净高。

注:首层底部加密区第一根钢筋离基础顶部间距为 50 mm。

【**例题 10-2**】 广联达培训楼工程结构图(图 10-6),设计说明:结构为一级抗震,首层高 3.6 m,二层高 3.6m,柱、梁、板混凝土强度等级均为 C25;混凝土保护层厚度分别是板 15mm,梁、柱 25mm,基础底板 40mm;钢筋接头形式,按照施工方案,层与层之间柱纵筋采用电渣压力焊连接;柱顶钢筋,全部锚入梁或柱内;柱插筋保护层厚度＞5d。根据 16G 平法规则计算柱的钢筋工程量。

解　① 定额工程量。

纵向受力筋。

Z_1(角柱):顶层梁高 650mm,筏基板底双向配筋为ϕ14@200。

因为 d≤25mm,所以弯折长度为 150mm。

梁高－a＋柱宽－a＝650－25＋500－25＝1100(mm)＜1.5L_{abE}＝1.5×38d＝1425(mm)

柱外侧钢筋 9ϕ25:顶层锚固值＝1.5L_{abE}＝1.425(m)

L＝(0.15＋1.5－0.04－0.014×2＋7.2－0.65＋1.425)×9＝9.557×9＝86.01(m)

梁高－a＝650－25＝625(mm)＜L_{abE}＝38d＝950(mm)

柱内侧 7ϕ25:顶层锚固值＝梁高－a＋12d＝0.65－0.025＋12×0.025＝0.925(m)

L＝(0.15＋1.5－0.04－0.014×2＋7.2－0.65＋0.925)×7＝9.057×7＝63.40(m)

$Z_{1汇总}$＝0.617×2.5×2.5×(86.01＋63.40)×4＝2304.65(kg)＝2.305(t)

Z_1 配筋见图 10-7。

Z_2(边柱):顶层梁高 650 mm,筏基板底双向配筋为ϕ14@200。

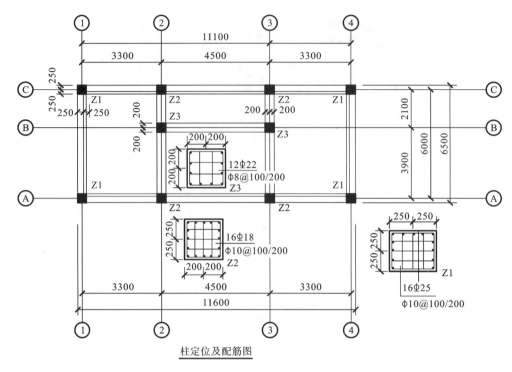

柱定位及配筋图

图 10-6 广联达培训楼工程结构平面图

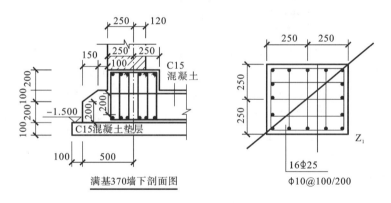

图 10-7 Z_1 配筋图

因为 $d \leqslant 25$ mm，所以弯折长度为 150 mm。

梁高 $-a+$ 柱宽 $-a=650-25+400-25=900$（mm）$<1.5L_{abE}=1.5\times38d=1026$（mm）

柱外侧 $5\Phi18$：顶层锚固值 $=1.5L_{abE}=1.026$（m）

$$L=(0.15+1.5-0.04-0.014\times2+7.2-0.65+1.026)\times5$$
$$=9.158\times5=45.79\text{（m）}$$

梁高 $-a=650-25=625$（mm）$<L_{abE}=38d=684$（mm）

柱内侧 $11\Phi18$：顶层锚固值 $=$ 梁高 $-a+12d=0.65-0.025+12\times0.018=0.841$(m)

$$L=(0.15+1.5-0.04-0.014\times2+7.2-0.65+0.841)\times11$$
$$=8.973\times11=98.70\text{(m)}$$

$Z_{2汇总}=0.617\times1.8\times1.8\times(45.79+98.70)\times4=1155.39\text{(kg)}=1.155\text{(t)}$

Z_2 配筋见图 10-8。

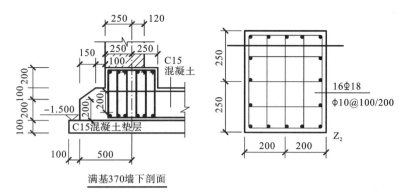

图 10-8 Z_2 配筋图

Z_3（中柱）：顶层梁高 500 mm，筏基板底双向配筋为 $\phi 14@200$，配筋图见图 10-9。

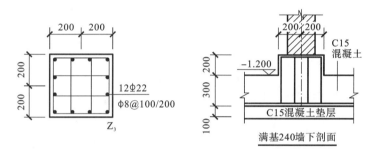

图 10-9 Z_3 配筋图

因为 $d \leqslant 25$ mm，所以弯折长度为 150 mm。

$$梁高 - a = 500 - 25 = 475 (mm) < L_{abE} = 38d = 836 (mm)$$

柱纵筋 $12\phi 22$：顶层锚固值 = 梁高 $- a + 12d = 0.5 - 0.025 + 12 \times 0.022 = 0.739 (m)$

$$L = (0.15 + 1.2 - 0.04 - 0.014 \times 2 + 7.2 - 0.5 + 0.739) \times 12 = 8.601 \times 12 = 103.21 (m)$$

$$Z_{3汇总} = 0.617 \times 2.2 \times 2.2 \times 103.21 \times 2 = 616.44 (kg) = 0.616 (t)$$

钢筋接头： $(16 \times 4 + 16 \times 4 + 12 \times 2) \times 2 = 304 (个)$

Z_1 箍筋计算：基础顶至一层顶。

箍筋 1 的长度：$L = 2 \times (500 + 500) - 8 \times 25 + 2 \times 1.9d + 2 \times \max\{10d, 75 \text{ mm}\}$
$= 2038 (mm)$

基础顶至一层顶高度：$H = 1 + 3.6 = 4.6 (m)$，柱净高：$H_n = 1 + 3.6 - 0.65 = 3.95 (m)$

加密区：$H_n/3 = 3.95/3 = 1.317 (m)$，$\max\{H_n/6, 柱长边尺寸, 500\} = \max\{3.95/6, 500, 500\} = 658 (mm)$，$H_b = 650$ mm。

向上取整后根数：

$N = ((1.317 - 0.05 + 0.658 + 0.65)/0.1) + (4.6 - (1.317 + 0.658 + 0.65))/0.2) + 1$
$= 26 + 11 = 37$

箍筋 2 的长度：$L = 2 \times (450 + 125) + 2 \times 1.9d + 2 \times \max\{10d, 75 \text{ mm}\} = 1390 (mm)$

箍筋 2 根数：$N = 37 \times 2 = 74$

箍筋 3 的长度：$L = (500 - 2 \times 25) + 2 \times 1.9d + 2 \times \max\{10d, 75 \text{ mm}\} = 688 (mm)$

箍筋 3 根数：$N=74$

Z_1 箍筋重量 $=0.617\times(2.038\times37+1.39\times74+0.688\times74)\times4=141.40\times4$
$=565.6(\mathrm{kg})=0.566(\mathrm{t})$

Z_2 箍筋计算：基础顶至一层顶。

箍筋 1 的长度：$L=2\times(400+500)-8\times25+2\times1.9d+2\times\max\{10d,75\ \mathrm{mm}\}$
$=1838(\mathrm{mm})$

基础顶至一层顶高度：$H=1+3.6=4.6(\mathrm{m})$，柱净高：$H_n=1+3.6-0.65=3.95(\mathrm{m})$

加密区：$H_n/3=3.95/3=1.317(\mathrm{m})$，$\max\{H_n/6,柱长边尺寸,500\}=\max\{3.95/6,500,500\}=658(\mathrm{mm})$，$H_b=650(\mathrm{mm})$。

向上取整后根数：

$N=((1.317-0.05+0.658+0.65)/0.1)+(4.6-(1.317+0.658+0.65)/0.2)+1$
$=26+11=37$

箍筋 2 的长度：$L=2\times(450+88)+2\times1.9d+2\times\max\{10d,75\ \mathrm{mm}\}=1314(\mathrm{mm})$

箍筋 2 根数：$N=37\times2=74$

箍筋 3 的长度：$L=(500-2\times25)+2\times1.9d+2\times\max\{10d,75\ \mathrm{mm}\}=688(\mathrm{mm})$

箍筋 3 根数：$N=37$

箍筋 4 的长度：$L=(400-2\times25)+2\times1.9d+2\times\max\{10d,75\ \mathrm{mm}\}=588(\mathrm{mm})$

箍筋 3 根数：$N=37$

Z_2 箍筋重量 $=0.617\times(1.838\times37+1.314\times74+0.688\times37+0.588\times37)\times4$
$=131.08\times4=524.3(\mathrm{kg})=0.524(\mathrm{t})$

Z_3 箍筋计算：基础顶至一层顶。

箍筋 1 的长度：$L=2\times(400+400)-8\times25+2\times1.9d+2\times\max\{10d,75\ \mathrm{mm}\}$
$=1638(\mathrm{mm})$

基础顶至一层顶高度：$H=1+3.6=4.6\ \mathrm{m}$，柱净高：$H_n=1+3.6-0.65=3.95(\mathrm{m})$

加密区：$H_n/3=3.95/3=1.317\ \mathrm{m}$，$\max\{H_n/6,柱长边尺寸,500\}=\max\{3.95/6,500,500\}=658\ \mathrm{mm}$，$H_b=650(\mathrm{mm})$。

向上取整后根数：

$N=((1.317-0.05+0.658+0.65)/0.1)+(4.6-(1.317+0.658+0.65)/0.2)+1$
$=26+11=37$

箍筋 2 的长度：$L=2\times(350+117)+2\times1.9d+2\times\max\{10d,75\ \mathrm{mm}\}=1172(\mathrm{mm})$

箍筋 2 根数：$N=37\times2=74$

Z_3 箍筋重量 $=0.617\times(1.638\times37+1.172\times74)=90.91\times2=181.82(\mathrm{kg})$
$=0.182(\mathrm{t})$

汇总结果：

箍筋制安 $\phi 10$ 内：$T=0.566+0.524+0.182=1.272(\mathrm{t})$

螺纹钢制安 $\phi 25$ 内：$T=2.305+1.155+0.616=4.076(\mathrm{t})$

电渣压力焊接头：$N=304$

② 查找定额，计算定额分项分部工程费用见表 10-7。

表 10-7　定额分部分项工程费汇总表

序号	项目编码	项 目 名 称	计量单位	工程数量	定额基价(元)	合价(元)
1	A1-5-111	现浇构件箍筋,圆钢φ10以内	t	1.272	5371.17	6832.13
2	A1-5-106	现浇构件带肋钢筋φ25以内	t	4.076	4403.23	17947.57
3	A1-5-131	电渣压力焊接φ32以内	10个接头	3.04	87.38	265.64
		小计				25045.33

10.4.2 清单计价

10.4.2.1 清单项目综合单价确定

综合单价分析表中的人工费按照2017年广东省建筑市场综合水平取定,各时期各地区的水平差异可按各市发布的动态人工调整系数进行调整,材料费、施工机具费按照广州市2020年10月份信息指导价,利润为人工费与施工机具费之和的20%,管理费按分部分项的人工费与施工机具费之和乘以相应专业管理费分摊费率计算。计算方法与结果见综合单价分析表。

例题10-2的综合单价分析表见表10-8、表10-9。

表 10-8　综合单价分析表

项目编码	010515001001	项目名称	现浇构件钢筋	计量单位	t	工程量	1.272

清单综合单价组成明细									
定额编号	定额项目名称	定额单位	数量	单价				合价		
				人工费	材料费	机具费	管理费和利润	人工费	材料费	机具费	管理费和利润
A1-5-111	现浇构件箍筋圆钢φ10以内	t	1	1246.1	4140.03	59.43	636.45	1246.1	4140.03	59.43	636.45
人工单价		小计					1246.1	4140.03	59.43	636.45
		未计价材料费								
		清单项目综合单价						6082.01		

材料费明细	主要材料名称、规格、型号	单位	数量	单价(元)	合价(元)	暂估单价(元)	暂估合价(元)
	其他材料费	元	11.62	1	11.62		
	其他材料费			—	4128.41		
	材料费小计			—	4140.03		

表 10-9 综合单价分析表

项目编码	010515001002	项目名称	现浇构件钢筋	计量单位	t	工程量	4.076

清单综合单价组成明细

定额编号	定额项目名称	定额单位	数量	单价(元)				合价(元)			
				人工费	材料费	机具费	管理费和利润	人工费	材料费	机具费	管理费和利润
A1-5-109	现浇构件带肋钢筋φ25以内	t	1	478.16	4292.92	53.56	259.21	478.16	4292.92	53.56	259.21
A1-5-131	电渣压力焊接φ32以内	10个接头	7.4583	45.57	8.53	15.96	30	339.87	63.62	119.03	223.75
人工单价			小计					818.03	4356.54	172.59	482.96
			未计价材料费								
清单项目综合单价								5830.13			

材料费明细	主要材料名称、规格、型号	单位	数量	单价(元)	合价(元)	暂估单价(元)	暂估合价(元)
	水	m³	0.11	4.58	0.5		
	其他材料费	元	41.59	1	41.59		
	低碳钢焊条,综合	kg	9.65	6.01	58		
	材料费小计			—	4456.63	—	

10.4.2.2 分部分项工程与单价措施项目清单与计价表填写

分部分项工程与单价措施项目清单与计价表见表10-10。

表 10-10 分部分项工程与单价措施项目清单与计价表

工程名称:××××

序号	项目编码	项目名称	项目特征	计量单位	工程量	金额(元)		其中
						综合单价	合价	暂估价
1	010515001001	现浇构件钢筋	钢筋种类、规格:φ10以内	t	1.272	6082.01	7736.32	
2	010515001002	现浇构件钢筋	钢筋种类、规格:φ25以内 三级钢	t	4.076	5830.13	23763.61	
					小计		31499.93	

任务11 金属结构工程计量与计价

11.1 基础知识

11.1.1 常用线材、型材、板材和管材分类

(1) 圆钢:$d12$,一级和二级。

(2) 方钢:断面成正方形,一般用边长"a"表示,其符号为"□a",例如"□16"表示边长是 16mm 的方钢。

(3) 角钢:分为等肢角钢和不等肢角钢。

等肢角钢:呈"L"形,一般用"L $b \times d$"来表示,L 56×4 则表示等肢角钢的肢宽为 50mm,肢板厚为 4mm。

不等肢角钢:呈"L"形,一般用"L $B \times b \times d$"来表示,L 56×36×4 则表示不等肢角钢的长肢宽为 50mm,短肢宽为 36mm,肢板厚为 4mm。

(4) 槽钢:断面为槽形"[",以高度定号码,在图纸上用"[25a"表示 25 号槽钢,槽钢的号数为槽钢的高度的 1/10,25 号槽钢的高度是 250mm。

注意:同一型号的槽钢其宽与厚度有差别。

[25a 表示肢宽为 78mm,高为 250mm ,腹板厚为 7mm。

[25c 表示肢宽为 82mm,高为 250mm ,腹板厚为 11mm。

(5) 工字钢I:断面呈工字型,表示方法如下。

I 32a:工字钢表示 32 号工字钢,工字钢的号数为工字钢的高度的 1/10,32 号工字钢的高度是 320mm。

分别用 a、b、c 来表示:

a 表示工字钢宽为 130mm,厚度为 9.5mm;

b 表示工字钢宽为 132mm,厚度为 11.5mm;

c 表示工字钢宽为 134mm,厚度为 13.5mm。

(6) H 型钢:呈"H"形,一般图纸标注 H398×192×5×8 表示的意思是 H 型钢的高为 398mm,腹板宽为 192mm,腹板厚为 5mm,翼缘板厚 8mm。

(7) 钢板:一般用厚度表示,如符号"—6"表示厚度为 6mm 的钢板。

(8) 扁钢:为长条式的钢板,"—60×5"表示板宽为 60mm,厚为 5mm。

(9) 钢管:一般的表示方法是"D102×4×700",表示外径为 102mm,厚度为 4mm,长度为 700mm。

11.1.2 钢材理论质量计算

各种规格钢材每米、平方米质量均可从型钢表中查得,或者由下列公式(见表 11-1)计算:

表 11-1　钢材理论质量计算公式

名称(单位)	计算公式	符号意义	计算举例
圆钢、螺纹钢 (kg/m)	$m=0.00617\times d^2$	d—断面直径	直径 10 mm 的圆钢,求每米质量。 每米质量$=0.00617\times 10^2=0.617$(kg)
方钢 (kg/m)	$m=0.00785\times a^2$	a—边宽	边宽 20 mm 的方钢,求每米质量。 每米质量$=0.00785\times 20^2=3.14$(kg)
扁钢 (kg/m)	$m=0.00785\times b\times d$	b—边宽 d—厚	边宽 40mm,厚 5mm 的扁钢,求每米质量。 每米质量$=0.00785\times 40\times 5=1.57$(kg)
六角钢 (kg/m)	$m=0.006798\times s^2$	s—对边距离	对边距离 50mm 的六角钢,求每米质量。 每米质量$=0.006798\times 50^2=17$(kg)
八角钢 (kg/m)	$m=0.0065\times s^2$	s—对边距离	对边距离 80mm 的八角钢,求每米质量。 每米质量$=0.0065\times 80^2=41.62$(kg)
等边角钢 (kg/m)	$m=0.00785\times [d\times(2b-d) +0.215(R^2-2r^2)]$	b—边宽 d—边厚 R—内弧半径 r—端弧半径	求 20mm×4mm 等边角钢的每米质量。从冶金产品目录中查出 4mm×20mm 等边角钢的 R 为 3.5 mm,r 为 1.2 mm,则每米质量 $=0.00785\times[4\times(2\times 20-4)+0.215\times(3.5^2-2\times 1.2^2)]=1.15$(kg)
不等边角钢 (kg/m)	$m=0.00785\times [d\times(B+b-d) +0.215(R^2-2r^2)]$	B—长边宽 b—短边宽 d—边厚 R—内弧半径 r—端弧半径	求 30mm×20mm×4mm 不等边角钢的每米质量。从冶金产品目录中查出 30mm×20mm×4mm 不等边角钢的 R 为 3.5 mm,r 为1.2 mm,则每米质量$=0.00785\times[4\times(30+20-4)+0.215\times(3.5^2-2\times 1.2^2)]=1.46$(kg)
槽钢 (kg/m)	$m=0.00785\times[hd+2t(b-d) +0.349(R-r^2)]$	h—高 b—腿长 d—腰厚 t—平均腿厚 R—内弧半径 r—端弧半径	求 80mm×43mm×5mm 的槽钢的每米质量。从冶金产品目录中查出该槽钢 t 为 8 mm,R 为 8 mm,r 为 4 mm,则每米质量$=0.00785\times[80\times 5+2\times 8\times(43-5)+0.349\times(8^2-4^2)]=8.04$(kg)
工字钢 (kg/m)	$m=0.00785\times[hd+2t(b-d) +0.615(R^2-r^2)]$	h—高 b—腿长 d—腰厚 t—平均腿厚 R—内弧半径 r—端弧半径	求 250mm×118mm×10mm 的工字钢每米质量。从金属材料手册中查出该工字钢 t 为 13 mm,R 为 10 mm,r 为 5 mm,则每米质量$=0.00785\times[250\times 10+2\times 13\times(118-10)+0.615\times(10^2-5^2)]=42.03$(kg)
钢板 (kg/m²)	$m=7.85\times d$	d—厚	厚度 4 mm 的钢板,求每平方米质量。 每平方米质量$=7.85\times 4=31.4$(kg)
钢管(包括无缝钢管及焊接钢管) (kg/m)	$m=0.02466\times S(D-S)$	D—外径 S—壁厚	外径为 60 mm、壁厚 4mm 的无缝钢管,求每米质量。 每米质量$=0.02466\times 4\times(60-4)$ $=5.52$(kg)

11.2 工程量清单项目编制及工程量计算规则

11.2.1 工程清单设置

金属结构工程量清单项目有钢网架,钢屋架,钢托架,钢桁架,钢桥架,钢柱,钢梁,钢板楼板,墙板,钢构件,金属制品,相关问题及说明等,内容详见《房屋建筑与装饰工程工程量计算规范》(GB 50854—2013)(以下简称《计算规范》)。

金属结构工程从010601~010607编制设置,共31个清单。

《计算规范》中表 F.1 钢网架(010601),设置有钢网架(010601001)1个清单。

《计算规范》中表 F.2 钢屋架、钢托架、钢桁架、钢桥架(010602),设置有钢屋架(010602001)、钢托架(010602002)、钢桁架(010602003)、钢桥架(010602004)共4个清单。

《计算规范》中表 F.3 钢柱(010603),设置有实腹钢柱(010603001)、空腹钢柱(010603002)、钢管柱(010603003)共3个清单。

《计算规范》中表 F.4 钢梁(010604),设置有钢梁(010604001)、钢吊车梁(010604002)共2个清单。

《计算规范》中表 F.5 钢板楼板、墙板(010605),设置有钢板楼板(010605001)、钢板墙板(010605002)共2个清单。

《计算规范》中表 F.6 钢构件(010606),设置有钢支撑、钢拉条(010606001)、钢檩条(010606002)、钢天窗架(010606003)、钢挡风架(010606004)、钢墙架(010606005)、钢平台(010606006)、钢走道(010606007)、钢梯(010606008)、钢护栏(010606009)、钢漏斗(010606010)、钢板天沟(010606011)、钢支架(010606012)、零星钢构件(010606013)共13个清单。

《计算规范》中表 F.7 金属制品(010607),设置有成品空调金属百页护栏(010607001)、成品栅栏(010607002)、成品雨棚(010607003)、金属网栏(010607004)、砌块墙钢丝网加固(010607005)、后浇带金属网(010607006)共6个清单。

11.2.2 清单项目工程量计算与清单编制

(1)钢网架(010601)计算规则:按设计图示尺寸以质量计算。不扣除孔眼的质量,焊条、铆钉、螺栓等不另增加质量。不规则连接板面积计算示例见表11-2。

表 11-2 不规则连接板面积计算示例

序号	图 形	面积计算=长×宽
1		0.2×0.195=0.039
2		0.13×0.09=0.012

续表

序号	图 形	面积计算＝长×宽
3	295 25 / 400	0.4×0.32=0.128
4	15 / 200 / 315	0.315×0.2=0.063

(2) 钢屋架、钢托架、钢桁架、钢桥架(010602)。

钢屋架计算规则：① 以榀计量，按设计图示数量计算；② 以吨计量，按设计图示尺寸以质量计算。

钢托架、钢桁架、钢桥架计算规则：按设计图示尺寸以质量计算。不扣除孔眼的质量，焊条、铆钉、螺栓等不另增加质量。

(3) 钢柱(010603)。

实腹钢柱、空腹钢柱计算规则：按设计图示尺寸以质量计算。不扣除孔眼的质量，焊条、铆钉、螺栓等不另增加质量，依附在钢柱上的牛腿及悬臂梁等并入钢柱工程量内。

钢管柱计算规则：按设计图示尺寸以质量计算。不扣除孔眼的质量，焊条、铆钉、螺栓等不另增加质量，钢管柱上的节点板、加强环、内衬管、牛腿等并入钢管柱工程量内。

(4) 钢梁(010604)。

钢梁、钢吊车梁计算规则：按设计图示尺寸以质量计算。不扣除孔眼的质量，焊条、铆钉、螺栓等不另增加质量，制动梁、制动板、制动桁架、车挡并入钢吊车梁工程量内。

【例题 11-1】 某工厂有实腹工字型钢吊车梁长 12.794m，20 根，焊接结构。该吊车梁由施工单位安装和涂油漆。除锈一遍、刷防锈漆一遍，调和漆三遍。钢板理论质量：—28 钢板，219.80kg/m^2；—20 钢板，157kg/m^2；—16 钢板，125.60kg/m^2；—10 钢板，78.5kg/m^2。试计算该吊车梁清单工程量。钢吊车梁的平面图与断面图如图 11-1 所示。

解 ① 计算清单工程量。

钢吊车梁＝[(0.305×2×6.397×2+2.17×0.5×2)×219.80+0.26×2×6.397×2×157+2.1×6.397×2×125.60+2.03×0.12×7×2×78.5]×20
　　　　＝137582(kg)＝137.582 (t)

② 分部分项工程量清单见表 11-3。

(5) 钢板楼板、墙板(010605)。

钢板楼板计算规则：按设计图示尺寸以铺设水平投影面积计算。不扣除单个面积≤0.3m^2 的柱、垛及孔洞所占面积。

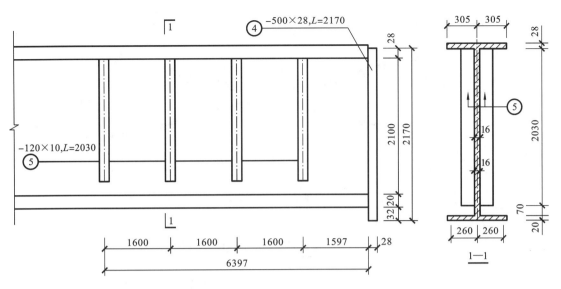

图 11-1 钢吊车梁平面图与断面图

表 11-3 分部分项工程和单价措施项目清单与计价表

序号	项目编码	项目名称	项目特征	计量单位	工程量	金额(元)		
						综合单价	合价	其中 暂估价
1	010604002001	钢吊车梁	1.钢材品种、规格：实腹工字型 12m 2.单根质量：6.8791t 3.螺栓种类：焊接结构	t	137.582			

注：油漆清单见 2013 房屋建筑与装饰工程工程量计算规范附录 F，定额项目油漆系数见《广东省房屋建筑与装饰工程综合定额(2018)》。

钢板墙板计算规则：按设计图示尺寸以铺挂展开面积计算。不扣除单个面积≤0.3m² 的梁、孔洞所占面积，包角、包边、窗台泛水等不另加面积。

(6) 钢构件(010606)。

钢支撑钢拉条、钢檩条、钢天窗架、钢挡风架、钢墙架、钢平台、钢走道、钢梯、钢护栏，计算规则：按设计图示尺寸以质量计算。不扣除孔眼的质量，焊条、铆钉、螺栓等不另增加质量。

【例题 11-2】 某单层工业厂房柱间支撑，如图 11-2 所示，试计算该柱间支撑清单工程量。

解 从柱间支撑示意图及查型钢质量表可知，角钢∟75×50×6 每米理论质量为 5.28kg，钢板理论密度为 7850kg/m³，柱间支撑工程量计算如下。

① 计算清单工程量。

角钢： $T = 5.90 \times 2 \times 5.68 = 67.02 (\text{kg})$

钢板：
$T = (0.05 + 0.155) \times (0.17 + 0.04) \times 4 \times 0.008 \times 7850 = 10.81 (\text{kg})$

柱间支撑小计：
$T = 67.02 + 10.81 = 77.83 (\text{kg})$

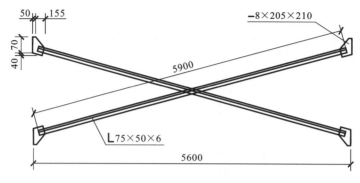

图 11-2 柱间支撑

② 分部分项工程量清单见表 11-4。

表 11-4 分部分项工程和单价措施项目清单与计价表

序号	项目编码	项目名称	项目特征	计量单位	工程量	金额(元)		
						综合单价	合价	其中 暂估价
1	010606001001	钢支撑	1.钢材品种,规格:角钢L75×50×6 2.构件类型:柱间支撑	t	0.0778			

【例题 11-3】 某钢直梯如图 11-3 所示,ϕ28 光面钢筋单位长度理论质量为 4.833 kg/m,计算钢直梯清单工程量。

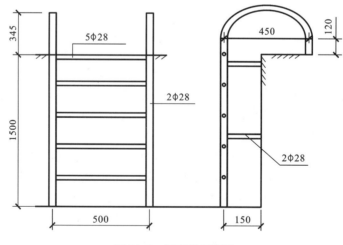

图 11-3 钢直梯示意图

解 ① 计算清单工程量。

计算公式:杆件质量=杆件设计图示长度×单位长度理论质量

钢直梯:$T = [(1.50+0.12\times2+\pi\times0.45/2)\times2+(0.50+0.028)\times5$
$+(0.15-0.014)\times4]\times4.833$
$=39.039(\text{kg})=0.039(\text{t})$

② 分部分项工程量清单见表 11-5。

表 11-5　分部分项工程和单价措施项目清单与计价表

序号	项目编码	项目名称	项目特征	计量单位	工程量	金额(元)		
						综合单价	合价	其中 暂估价
1	010606009001	钢梯	1.钢梯品种,规格:ϕ28 光面钢筋 2.钢梯形式:钢直梯	t	0.039			

钢漏斗、钢板天沟计算规则:按设计图示尺寸以质量计算,不扣除孔眼的质量,焊条、铆钉、螺栓等不另增加质量,依附漏斗或天沟的型钢并入漏斗或天沟工程量内。

钢支架、零星钢构件计算规则:按设计图示尺寸以质量计算,不扣除孔眼的质量,焊条、铆钉、螺栓等不另增加质量。

(7) 金属制品(010607)。

成品空调金属百页护栏、成品栅栏计算规则:按设计图示尺寸以框外围展开面积计算。

成品雨篷计算规则:① 以米计量,按设计图示接触边以米计算;② 以平方米计量,按设计图示尺寸以展开面积计算。

金属网栏计算规则:按设计图示尺寸以框外围展开面积计算。

砌块墙钢丝网加固、后浇带金属网计算规则:按设计图示尺寸以面积计算。

11.3　定额项目内容及工程量计算规则

11.3.1　定额项目设置及定额工作内容

《广东省房屋建筑与装饰工程综合定额(2018)》中金属结构工程定额项目设置见表 11-6。

表 11-6　金属结构工程定额项目分类表

项目名称	子目设置	定额编码	计量单位	工作内容
住宅钢结构安装	住宅钢结构钢柱安装	A1-7-16~A1-7-19	t	放线、卸料、检验、划线、构件拼装、加固、翻身就位、绑扎吊装、校正、焊接、固定、补漆、清理等
	住宅钢结构钢梁安装	A1-7-20~A1-7-23	t	
	住宅钢结构钢支撑	A1-7-24~A1-7-27	t	
	住宅零星钢构件	A1-7-28	t	
其他钢构件安装	钢檩条	A1-7-65	t	放线、卸料、检验、划线、加固、翻身就位、绑扎吊装、校正、焊接、固定、补漆、清理
	钢天窗拼装	A1-7-66	t	
	钢天窗安装	A1-7-67~A1-7-68	t	
	钢平台、钢楼梯安装	A1-7-69~A1-7-72	t	
	钢栏杆	A1-7-73~A1-7-75	t	

11.3.2　定额工程量计算规则

(1) 钢构件安装。

① 构件安装工程量按构件的设计图示尺寸以"t"计算,不扣除单个面积≤$0.3m^2$的孔洞质量,焊缝、铆钉、螺栓等不另增加质量。

② 依附在钢柱上的牛腿及悬臂梁的质量等并入钢柱的质量内,钢柱上的柱脚板、加劲板、柱顶板、隔板和肋板并入钢柱工程量内。

③ 定额钢构件安装按机械起吊点中心回转半径15m以内的距离计算的,现场拼装地点超出吊装机械最大回转半径15m范围,其构件运输套用本章金属结构件场内运输子目。

(2) 金属结构件运输。

金属结构件运输工程量同金属结构件实际发生运输的工程量。

11.4　定额计价与清单计价

11.4.1　定额应用及定额计价

11.4.1.1　《广东省房屋建筑与装饰工程综合定额(2018)》有关说明

(1) 本章定额包括装配式钢结构构件安装、其他钢构件安装(通用部分)、压型钢板安装、金属结构件运输、其他项目、金属构件制品工程,共六节。

(2) 钢结构构件安装。

① 钢结构构件安装定额内钢结构构件按成品构件计入安装子目,按构件种类及重量不同套用相应定额。

② 定额所含油漆,仅指构件安装时节点焊接或因切制引起补漆。本定额未包含钢构件的除锈、油漆;钢构件除锈、油漆费用可按《广东省房屋建筑与装饰工程综合定额(2018)》"油漆、涂料、裱糊工程"的相应项目及规定执行。

③ 钢结构构件安装不包括构件的高强螺栓,压型钢楼板安装不包括栓钉,高强螺栓、栓钉分别按定额重相关子目计算。

④ 钢结构构件安装工程所需搭设的临时性脚手架,按"脚手架工程"规定执行,在措施项目中考虑。

(3) 金属结构件分类如表11-7所示。

表11-7　金属结构件分类表

1类构件	钢柱、钢屋架、钢桁架、钢梁、钢托架、钢轨
2类构件	钢吊车梁、型钢檩条、钢支撑、上下挡、钢拉杆栏杆、盖板、垃圾出灰门、倒灰门、笆子、爬梯、钢梯、钢平台、操作台、走道休息台、钢吊车梯台、零星构件、钢漏斗
3类构件	钢墙架、挡风架、钢天窗架、组合檩条、轻型屋架、网架、滚动支架、悬挂支架、管道支架、钢煤斗、车挡、钢门、钢窗

11.4.1.2　定额计价

【例题11-4】　求图11-1钢吊车梁的定额工程量。

解 计算定额项目工程量。

钢吊车梁安装：$T = [(0.305 \times 2 \times 6.397 \times 2 + 2.17) \times 219.80 + 0.26 \times 2 \times 6.397 \times 2 \times 157 + 2.1 \times 6.397 \times 2 \times 125.60 + 2.03 \times 0.12 \times 7 \times 2 \times 78.5] \times 20$
$= 137582 (\text{kg}) = 137.582 (\text{t})$

钢吊车梁运输：$T = 137.582 \text{t}$

钢吊车梁安装：$T = 137.582 \text{t}$

钢吊车梁油漆：$S = 137.582 \times 40 = 5503.28 (\text{m}^2)$（注：折算面积系数为40）

【例题11-5】 求图11-2钢直梯的定额工程量并套用定额，计算定额分部分项工程费。

解 ① 计算定额工程量。

钢直梯安装，定额工程量＝清单工程量，$T = 0.039 \text{t}$。

② 查找定额，计算定额分部分项工程费见表11-8。

表11-8 定额分部分项工程费汇总表

序号	项目编码	项 目 名 称	计量单位	工程数量	单价(元)	合价(元)
1	A1-7-71	钢楼梯,爬式	t	0.039	7821.53	305.04
		本页小计				305.04

11.4.2 清单计价

11.4.2.1 清单项目综合单价确定

综合单价分析表中的人工费按照2017年广东省建筑市场综合水平取定，各时期各地区的水平差异可按各市发布的动态人工调整系数进行调整，材料费、施工机具费按照广州市2020年10月份信息指导价，利润为人工费与施工机具费之和的20%，管理费按分部分项的人工费与施工机具费之和乘以相应专业管理费分摊费率计算。计算方法与结果见综合单价分析表。

例题11-5的综合单价分析表见表11-9。

表11-9 综合单价分析表

项目编码	010606009001	项目名称	钢梯	计量单位	t	工程量	0.039

清单综合单价组成明细									
定额编号	定额项目名称	定额单位	数量	单价(元)			合价(元)		
				人工费	材料费	机具费	管理费和利润	人工费	材料费	机具费	管理费和利润
A1-7-71	钢梯(爬式)	t	1	782.4	6394.96	320.22	539.62	782.4	6394.96	320.22	539.62
人工单价			小计					782.4	6394.96	320.22	539.62
			未计价材料费					5995.13			
			清单项目综合单价					8037.2			

续表

项目编码	010606009001	项目名称	钢梯	计量单位	t	工程量	0.039

材料费明细	主要材料名称、规格、型号	单位	数量	单价(元)	合价(元)	暂估单价(元)	暂估合价(元)
	其他材料费	元	48.7513	1	48.75		
	钢楼梯(爬式)	t	1	5995.13	5995.13		
	其他材料费			—	350.55	—	
	材料费小计			—	6394.43	—	

11.4.2.2 分部分项工程与单价措施项目清单与计价表填写

分部分项工程与单价措施项目清单与计价表填写见表11-10。

表11-10 分部分项工程与单价措施项目清单与计价表

工程名称：×××

序号	项目编码	项目名称	项目特征	计量单位	工程量	金额(元)		
						综合单价	合价	其中
								暂估价
1	010606008001	钢梯	1.钢梯品种,规格:φ28光面钢筋 2.钢梯形式:钢直梯	t	0.039	8037.20	313.45	
			小计				313.45	

任务 12　木结构工程计量与计价

12.1　基础知识

12.1.1　木结构常用木材

木材木种分类见表 12-1。

表 12-1　木材木种分类

类　别	木　　种
一类	红松、水桐木、樟子松
二类	白松(方衫、冷杉)、杉木、杨木、柳木、椴木
三类	青松、黄花松、秋子木、马尾松、东北榆木、柏木、黄菠萝、椿木、楠木、柚木、樟木
四类	柞木(柝木)、檀木、色木、槐木、荔木、麻栗木(麻栎、青刚)、桦木、荷木、水曲柳、华北榆木

12.1.2　木结构、木构件常用锯材

木结构、木构件常用锯材主要有圆木、板材和枋材,板材、枋材按其不同的厚度和断面面积,分为各种规格,其分类见表 12-2。

表 12-2　板材、枋材规格

项目	按宽厚尺寸比例分类	按板材厚度,枋材宽、厚乘积				
板材	宽≥3×厚	名称	薄板	中板	厚板	特厚板
		厚度/mm	<18	19～35	36～65	≥66
枋材	宽<3×厚	名称	小枋	中枋	大枋	特大枋
		宽×厚/cm²	<54	55～100	101～225	≥225

12.1.3　屋架

屋架根据搭建材料及受力分析特点分为木屋架和钢木屋架。

木屋架由木材制成的桁架式屋盖构建,常用的木屋架是方木或圆木连接的杆件形式屋架,一般分为三角形和梯形两种。木屋架的支撑系统分为水平支撑和垂直支撑,水平支撑指将下弦与下弦用杆件连在一起,可于一定范围内,在屋架的上弦和下弦、纵向或横向连续布置。垂直支撑指将上弦与下弦用杆件连在一起,垂直支撑可于屋架中部连续设置,或每隔一个屋架节间设置一道剪刀撑。

屋架构造示意见图 12-1、图 12-2。

钢木屋架的受压杆件如上弦杆及斜杠均采用木料制作,受拉杆件如下弦杆件及拉杆均

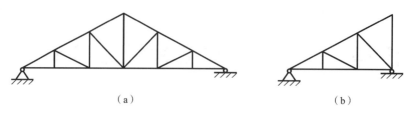

图 12-1 屋架形式

(a) 全屋架;(b) 半屋架

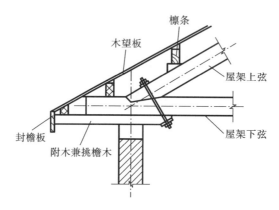

图 12-2 木屋架端部构造示意图

采用钢材制作,拉杆一般采用圆钢材料,下弦杆可以采用圆钢或型钢材料。

12.1.4 木构件

木构件包括木柱,木梁,木檩条,木楼梯,门窗的批水条、盖口条,封檐板,博风板,大头刀,其他木结构构件等。

12.2 工程量清单项目编制及工程量计算规则

12.2.1 工程清单设置

木结构工程从 010701～010703 编制设置,共 8 个清单。内容详见《房屋建筑与装饰工程工程量计算规范》(GB 50854—2013)(以下简称《计算规范》)。

《计算规范》中表 G.1 木屋架(010701),设置有木屋架(010701001)、钢木屋架(010701002)共 2 个清单。

《计算规范》中表 G.2 木构件(010702),设置有木柱(010702001)、木梁(010702002)、木檩(010702003)、木楼梯(010702004)、其他木构件(010702005)共 5 个清单。

《计算规范》中表 G.3 屋面木基层(010703),设置有屋面木基层(010703001)1 个清单。

12.2.2 清单项目工程量计算与清单编制

12.2.2.1 木屋架(010701)

木屋架计算规则:① 以榀计量,按设计图示数量计算;② 以立方米计量,按设计图示的规格尺寸以体积计算。

钢木屋架计算规则：以榀计量，按设计图示数量计算。

为了简化计算，屋架的计算可按杆件长度系数计算，各杆件长度＝A×系数，如图12-3、表12-3所示。

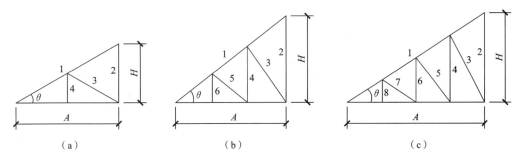

图 12-3　屋架计算示意图

（a）甲类；（b）乙类；（c）丙类

注：$H/A=0.5$，即 $\theta=26°34'$；A 为屋架跨度的1/2，H 为屋架高。

表 12-3　木屋架杆件长度系数

编　号	甲　类	乙　类	丙　类
	系数（$\theta=26°34'$）		
1	1.118	1.118	1.118
2	0.50	0.50	0.50
3	0.56	0.472	0.45
4	0.25	0.335	0.38
5		0.372	0.36
6		0.116	0.25
7			0.28
8			0.13

【例题 12-1】 如图12-4所示，该屋架设计坡度为1/2，即高跨比1∶4，跨度12m，计算四面刨光方木屋架的清单工程量。

解　① 计算清单工程量。

下弦：150×180mm　$V=(12+0.12\times 2)\times 0.155\times 0.185=0.351(m^3)$

上弦：150×180mm　$V=6\times 1.118\times 0.155\times 0.185\times 2=0.385(m^3)$

斜杆1：100×150mm　$V=6\times 0.472\times 0.105\times 0.155\times 2=0.092(m^3)$

斜杆2：100×100mm　$V=6\times 0.372\times 0.105\times 0.105\times 2=0.049(m^3)$

挑檐木：　　　　　$V=0.155\times 0.155\times 2.00\times 2=0.096(m^3)$

屋架竣工材积合计：$V=0.351+0.385+0.092+0.049+0.096=0.973(m^3)$

② 分部分项工程量清单见表12-4。

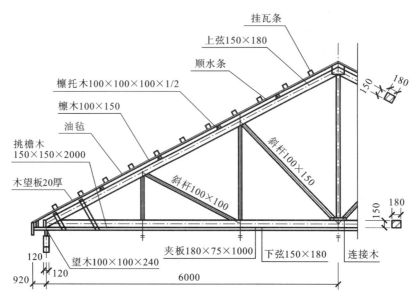

图 12-4　12m 方木屋架

表 12-4　分部分项工程和单价措施项目清单与计价表

序号	项目编码	项目名称	项目特征	计量单位	工程量	金额（元）		
						综合单价	合价	其中 暂估价
1	010701001001	木屋架	1. 跨度：12m 2. 材料品种、规格：杉木 3. 抛光要求：四面刨光	m³	0.973			

12.2.2.2　木结构(0107021)

木柱、木梁计算规则：按设计图示尺寸以体积计算。

木檩条计算规则：① 以立方米计量，按设计图示尺寸以体积计算；② 以米计量，按设计图示尺寸以长度计算。

木楼梯计算规则：按设计图示尺寸以水平投影面积计算。不扣除宽度≤300mm 的楼梯井，伸入墙内部分不计算。

其他木构件计算规则：① 以立方米计量，按设计图示尺寸以体积计算；② 以米计量，按设计图示尺寸以长度计算。

12.2.2.3　屋面木基层(0107031)

屋面木基层计算规则：按设计图示尺寸以斜面积计算。不扣除房上烟囱、风帽底座、风道、小气窗、斜沟等所占面积。小气窗的出檐部分不增加面积。

【例题 12-2】　某单层房屋的黏土瓦屋面如图 12-5 所示，屋面坡度为 1∶2，连续方木檩条断面为 120mm×180mm@1000mm（每个支承点下放置檩条托木，断面为 120mm×120mm@240mm），上钉方木椽子，断面 40mm×60mm@1400mm，挂瓦条断面为 30mm×30mm@330mm，端头钉三角木，断面为 60mm×75mm 对开，封檐板和博风板断面为 200mm×20mm，计算该屋面木基层的清单工程量。

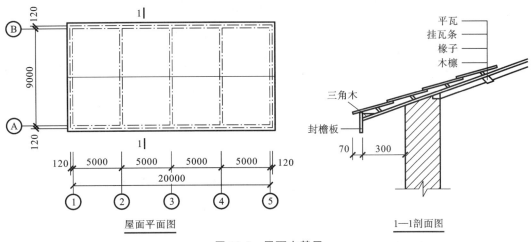

图 12-5 屋面木基层

解 ① 计算清单工程量。

檩条根数： $4.5 \times \sqrt{1+4} \div 1 + 1 = 11$（根）

檩条： $V = 0.12 \times 0.18 \times (20.24 + 2 \times 0.3) \times 11 \times 1.05 = 5.20 (m^3)$

檩条托木： $V = 0.12 \times 0.12 \times 0.24 \times 11 \times 5 = 0.19 (m^3)$

檩条小计：$5.39 m^3$

椽子及挂瓦条： $S = (20.24 + 2 \times 0.3) \times (9 + 0.24 + 2 \times 0.3) \times \sqrt{1+4} \div 2 \times 0.06$
$= 13.76 (m^2)$

封檐板： $S = (20.24 + 2 \times 0.3) \times 2 \times 0.2 = 8.34 (m^2)$

博风板： $S = [(9.24 + 2 \times 0.32) \times \sqrt{1+4} \div 2 + 0.5] \times 2 \times 0.2 = 4.62 (m^2)$

木基层合计：$26.72 m^2$

② 分部分项工程量清单见表 12-5。

表 12-5 分部分项工程和单价措施项目清单与计价表

序号	项目编码	项目名称	项目特征	计量单位	工程量	金额（元）		
						综合单价	合价	其中 暂估价
1	010702003001	木檩	构件规格尺寸：120mm×180mm@1000mm	m^3	5.39			
2	010703001001	屋面木基层	1. 椽子断面尺寸及椽距：40mm×60mm@400mm 2. 望板厚度：封檐板及博风板厚底均 20mm	m^2	26.72			

12.3 定额项目内容及工程量计算规则

12.3.1 定额项目设置及定额工作内容

木结构按照《广东省房屋建筑与装饰工程综合定额(2018)》定额设置见表 12-6。

表 12-6　木结构工程定额项目分类表

项目名称	子目设置	定额编码	计量单位	工作内容
木屋架	人字屋架	A1-8-1～A1-8-2	10m³	屋架制作、吊装、装配钢铁件、锚定梁端、刷防腐油
	圆木木屋架	A1-8-3～A1-8-4		
	圆木钢屋架	A1-8-5～A1-8-6		
木柱	圆柱	A1-8-7～A1-8-8	10m³	1.制作:放样、选料运料、刨光、划线、凿眼、锯榫、汇榫 2.安装:安装、吊线、校正 3.临时支撑安拆
	矩形柱	A1-8-9～A1-8-10		
	多角柱	A1-8-11		
木梁	圆梁	A1-8-12～A1-8-13		
	矩形梁	A1-8-14		
木檩	枋	A1-8-16～A1-8-17		
	圆木桁条	A1-8-18～A1-8-20		
	圆木轩桁	A1-8-21～A1-8-23		
	方木桁条	A1-8-24～A1-8-25		
	方木轩桁	A1-8-26～A1-8-27		
其他木构件	半圆荷包形椽子	A1-8-34～A1-8-35	10m³	1.制作:放样、选料运料、刨光、划线 2.安装:放线、钉装
	全圆形椽子	A1-8-36～A1-8-37		
	矩形椽子	A1-8-38		
	矩形单弯轩椽	A1-8-39～A1-8-40		
	半圆单弯轩椽	A1-8-41～A1-8-42		
	矩形双弯轩椽	A1-8-43～A1-8-44		
	矩形飞椽	A1-8-45～A1-8-46		
	圆形飞椽	A1-8-47～A1-8-48		
	一斗三升	A1-8-49～A1-8-51	10 座	放样、选料、锯料、刨光、制作及安装
	一斗六升	A1-8-52～A1-8-54		
	单昂斗拱	A1-8-55～A1-8-58		
	柱头座斗	A1-8-59	见表	
	老戗木	A1-8-60～A1-8-61	10m³	1.制作:放样、选料、运料、断料、刨光、起线、凿眼、锯榫、汇榫 2.安装:安装、校正、固定
	嫩戗木	A1-8-62～A1-8-63		
	封檐板	A1-8-64～A1-8-65	100m²	
	博风板	A1-8-66～A1-8-67		
	古式栏杆(宫、万式)	A1-8-68～A1-8-69		制作、安装、包括放样、开料、安装铁件
	飞来椅(吴王靠)	A1-8-70	100m	制作、安装、包括放样、选料、刨光、定位凿孔
	博古架	A1-8-71～A1-8-72		
	铮角花	A1-8-73		
	挂落	A1-8-74		
屋面木基层	木凳面	A1-8-75～A1-8-76	100m²	制作、安装
	檩木上钉桷板	A1-8-77～A1-8-79		桷板制作、安装
	椽木	A1-8-80	10m³	制作安装檩木、檩托木(或垫木)、伸入墙内部分及垫木刷防腐油

12.3.2 定额工程量计算规则

12.3.2.1 木屋架、柱、梁

(1) 圆木屋架工程量计算规则:按设计截面竣工木料以体积计算;如需刨光时,按屋架刨光后竣工木材体积每立方米增加 0.05m³ 计算。与屋架连接的挑檐木、支撑、马尾、折角工程量,并入屋架竣工木料体积内计算,带气楼的屋架和正交部分半屋架并入所依附屋架的体积内计算。圆木屋架连接的挑檐木、支撑等如为方木时,其方木部分应乘以系数 1.70 折合成圆木后并入屋架竣工木料内。

(2) 木柱、木梁工程量计算规则:按设计图示尺寸以体积计算。

12.3.2.2 枋、桁、椽子

枋、桁、椽子工程量计算规则:按设计图示尺寸以体积计算。

12.3.2.3 斗拱

(1) 斗拱工程量计算规则:按设计图示数量以座计算。
(2) 柱头座斗工程量计算规则:按设计图示尺寸以体积计算。

12.3.2.4 戗角、博风板、封檐板

(1) 戗角工程量计算规则:按设计图示尺寸以体积计算。
(2) 博风板、封檐板工程量计算规则:均按设计图示尺寸以面积计算。

12.3.2.5 古式栏杆、飞来椅(吴王靠)、挂落、木凳面、木楼梯

(1) 古式木栏杆工程量计算规则:按设计图示尺寸以面积计算。
(2) 飞来椅、博古架、挂落、铮角花工程量计算规则:按设计图示尺寸以长度计算。
(3) 木凳面工程量计算规则:按设计图示尺寸以面积计算。
(4) 木楼梯工程量计算规则:按设计图示尺寸以水平投影面积计算,不扣除宽度小于 300mm 的楼梯井,伸入墙内部分不计算。

12.3.2.6 屋面木基层

(1) 檩木上钉桷板工程量计算规则:按屋面的斜面积计算,不扣除屋面烟囱及斜沟部分所占面积,天窗挑檐重叠面积并入屋面基层工程量内。

(2) 檩木工程量计算规则:按竣工木料以体积计算。简支檩长度按设计规定计算,如设计无规定时,按屋架或山墙中距增加 200mm 计算,如两端出山,檩条长度算至博风板;连续檩条的长度按设计长度计算,其接头长度按全部连续檩条总体积的 5% 计算。

12.4 定额计价与清单计价

12.4.1 木结构工程量计算

《广东省房屋建筑与装饰工程综合定额(2018)》有关说明如下。

(1) 本章木材木种均以一、二类木种为准,如采用三、四类木种时,按相应子目人工和机具费乘以系数 1.35。

(2) 本章木材除有注明外,均以竣工木料为准,即定额内已包括刨光一面 3mm 双面 5mm 的刨光损耗在内;圆木每立方米体积包括 0.05m³ 的刨光损耗在内。

(3) 本章工程项目中圆形截面构件的木料是以杉圆木(圆木是指首尾径相等的圆形木材)考虑。

(4) 屋架的制作安装应区别不同跨度,其跨度应以屋架上下弦杆的中心线交点之间的长度为准。

(5) 与木屋架连接的挑檐木、支撑等并入屋架竣工木料体积内计算,单独的方木挑檐乘以系数 1.70 折算成圆木,按檩木计算。

12.4.2 定额计价

【例题 12-3】 计算图 12-5 屋面木基层工程量并套用定额,计算定额分部分项工程费。

解 ① 计算定额工程量。

檩条： $V=0.12\times0.18\times(20.24+2\times0.3)\times11\times1.05=5.20(m^3)$

檩条托木： $V=0.12\times0.12\times0.24\times11\times5=0.19(m^3)$

小计：5.39m³

椽子及挂瓦条：

$$S=(20.24+2\times0.3)\times(9+0.24+2\times0.3)\times\sqrt{1+4}/2\times0.06=13.76(m^2)$$

封檐板： $S=(20.24+2\times0.3)\times2\times0.2=8.34(m^2)$

博风板：

$$S=[(9.24+2\times0.32)\times\sqrt{1+4}/2+0.5]\times2\times0.2=4.62(m^2)$$

② 查找定额,计算定额分部分项工程费见表 12-7。

表 12-7 定额分部分项工程费汇总表

序号	项目编码	项目名称	计量单位	工程数量	单价(元)	合价(元)
1	A1-8-38	矩形椽子周长:30cm 以内	10m³	1.376	28116.19	38687.88
2	A1-8-64换	封檐板 3cm 厚,实际厚度 2cm	100m²	0.083	10706.7	888.66
3	A1-8-66换	博风板 3cm 厚,实际厚度 2cm	100m²	0.046	15633.24	719.13
4	A1-8-80	檩木,圆木檩条	10m³	0.539	14030.1	7562.22
		小计				47857.89

12.4.3 清单计价

12.4.3.1 清单项目综合单价确定

综合单价分析表中的人工费按照 2017 年广东省建筑市场综合水平取定,各时期各地区的水平差异可按各市发布的动态人工调整系数进行调整,材料费、施工机具费按照广州市 2020 年 10 月份信息指导价,利润为人工费与施工机具费之和的 20%,管理费按分部分项的人工费与施工机具费之和乘以相应专业管理费分摊费率计算。计算方法与结果见综合单价分析表。

例题 12-3 的综合单价分析表见表 12-8、表 12-9。

表 12-8 综合单价分析表

项目编码	010702003001	项目名称	木檩	计量单位	m³	工程量	5.39

清单综合单价组成明细											
定额编号	定额项目名称	定额单位	数量	单价(元)				合价(元)			
				人工费	材料费	机具费	管理费和利润	人工费	材料费	机具费	管理费和利润
A1-8-80	檩木,圆木檩木	10m³	0.1	2454.36	12023.28		869.58	245.44	1202.33		86.96
人工单价		小计						245.44	1202.33		86.96
		未计价材料费									
		清单项目综合单价						1534.72			

材料费明细	主要材料名称、规格、型号	单位	数量	单价(元)	合价(元)	暂估单价(元)	暂估合价(元)
	圆钉 50~75	kg	3.38	3.54	11.97		
	防腐油	kg	2.85	31.33	89.29		
	其他材料费			—	1101.07		
	材料费小计			—	1202.33		—

表 12-9 综合单价分析表

项目编码	010703001001	项目名称	屋面木基层	计量单位	m²	工程量	26.72

清单综合单价组成明细											
定额编号	定额项目名称	定额单位	数量	单价				合价			
				人工费	材料费	机具费	管理费和利润	人工费	材料费	机具费	管理费和利润
A1-8-38	矩形椽子周长:30cm 以内	10m³		7662.37	21346.04		2714.77				
A1-8-64换	封檐板 3cm 厚,实际厚度 2cm	100m²	0.01	4924.76	5560.21		1744.84	49.25	55.6		17.45
A1-8-66换	博风板 3cm 厚,实际厚度 2cm	100m²	0.01	9187.57	5566.19		3255.15	91.88	55.66		32.55
人工单价		小计						141.13	111.26		50
		未计价材料费									
		清单项目综合单价						302.39			

续表

项目编码	010703001001	项目名称	屋面木基层	计量单位	m^2	工程量	26.72
材料费明细	主要材料名称、规格、型号	单位	数量	单价（元）	合价（元）	暂估单价（元）	暂估合价（元）
	其他材料费	元	1.1024	1	1.1		
	圆钉 50～75	kg		3.54			
	其他材料费			—	110.16	—	
	材料费小计			—	111.26	—	

12.4.3.2 分部分项工程与单价措施项目清单与计价表填写

分部分项工程与单价措施项目清单与计价表填写见表 12-10。

表 12-10 分部分项工程与单价措施项目清单与计价表

工程名称：×××

序号	项目编码	项目名称	项目特征	计量单位	工程量	金额（元）		
						综合单价	合价	其中 暂估价
1	010702003001	木檩	构件规格尺寸：120mm×120mm×240mm	m^3	5.39	1534.72	8272.14	
2	010703001001	屋面木基层	1. 椽子断面尺寸及椽距：40mm×60mm@400mm 2. 望板材料种类、厚度：封檐板及博风板厚底均 20mm	m^2	26.72	302.39	8079.86	
小计							16352	

任务 13　门窗工程计量与计价

13.1　基础知识

13.1.1　木材木种分类

见表 12-1。

13.1.2　板材、枋材分类

板材、枋材按其不同的厚度和断面面积，分为各种规格，其分类见任务 12 内容。

13.1.3　门窗简介

13.1.3.1　门

(1) 按主要制作材料可分为木门、钢门、铝合金门、塑料门等。
(2) 按形式和制造工艺可分为镶板门、纱门、实拼门、夹板门等。
(3) 按特殊需要可分为防火门、隔声门、保温门、防盗门等。

13.1.3.2　窗

(1) 按照制作材料的不同，窗可以分为木窗、钢窗、铝合金窗、塑料窗等。
(2) 按照窗的开启方式，可分为平开窗、推拉窗、中悬窗、固定窗等。

13.2　工程量清单项目编制及工程量计算规则

13.2.1　工程清单设置

门窗工程量清单项目有木门，金属门，金属卷帘(闸)门，厂库房大门、特种门，其他门，木窗，金属窗，门窗套，窗台板，窗帘、窗帘盒、轨等 10 节内容，内容详见《房屋建筑与装饰工程工程量计算规范》(GB 50854—2013)(以下简称《计算规范》)。

门有 5 节内容，窗有 5 节内容，从 010801~010810 编制设置，共 55 个清单。

《计算规范》中表 H.1 木门(010801)，设置有木质门(010801001)、木质门带套(010801002)、木质连窗门(010801003)、木质防火门(010801004)、木门框(010801005)、门锁安装(010801006)共 6 个清单。

《计算规范》中表 H.2 金属门(010802)，设置有金属(塑钢)门(010802001)、彩板门(010802002)、钢制防火门(010802003)、防盗门(010802004)共 4 个清单。

《计算规范》中表 H.3 金属卷帘(闸)门(010803)，设置有金属卷帘(闸)门(010803001)、防火卷帘(闸)门(010803002)共 2 个清单。

《计算规范》中表 H.4 厂库房大门、特种门(010804),设置有木板大门(010804001)、钢木大门(010804002)、全钢板大门(010804003)、防护铁丝门(010804004)、木金属格栅门(010804005)、钢制花饰大门(010804006)、特种门(010804007)共 7 个清单。

《计算规范》中表 H.5 其他门(010805),设置有电子感应门(010805001)、旋转门(010805002)、电子对讲门(010805003)、电子伸缩门(010805004)、全玻自由门(010805005)、镜面不锈钢饰面门(010805006)、复合材料门(010805007)共 7 个清单。

《计算规范》中表 H.6 木窗(010806),设置有木制窗(010806001)、木飘(凸)窗(010806002)、木橱窗(010806003)、木纱窗(010806004)共 4 个清单。

《计算规范》中表 H.7 金属窗(010807),设置有金属(塑钢、断桥)窗(010807001)、金属防火窗(010807002)、金属百叶窗(010807003)、金属纱窗(010807004)、金属格栅窗(010807005)、金属(塑钢、断桥)橱窗(010807006)、金属(塑钢、断桥)飘(凸)窗(010807007)、彩板窗(010807008)、复合材料窗(010807009)共 9 个清单。

《计算规范》中表 H.8 门窗套(0010808),设置有木门窗套(010808001)、木筒子板(010808002)、饰面夹板筒子板(010808003)、金属门窗套(010808004)、石材门窗套(010808005)、门窗木贴脸(010808006)、成品木门窗套(010808007)共 7 个清单。

《计算规范》中表 H.9 窗台板(010809),设置有木窗台板(010809001)、铝塑窗台板(010809002)、金属窗台板(010809003)、石材窗台板(010809004)共 4 个清单。

《计算规范》中表 H.10 窗帘、窗帘盒、轨(010810),设置有窗帘(010810001)、木窗帘盒(010810002)、饰面夹板塑料窗帘盒(010810003)、铝合金窗帘盒(010810004)、窗帘轨(010810005)共 5 个清单。

13.2.2 清单项目工程量计算与清单编制

1. 木门(010801)

木质门、木质门带套、木质连窗门、木质防火门、木门框、门锁安装,计算规则:① 以樘计量,按设计图示数量计算;② 以平方米计量,按设计图示洞口尺寸以面积计算。

【例题 13-1】 某住宅楼工程,门有两种类型,M1 为带亮单扇杉木无纱镶板门(50 樘,见图 13-1),M2 为无亮双扇杉木无纱镶板门(10 樘,见图 13-2),其框外围尺寸如图 13-1、图 13-2 所示,各门均为普通门锁,试计算门的清单工程量并编制清单。

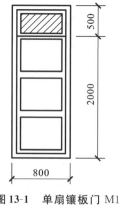

图 13-1 单扇镶板门 M1

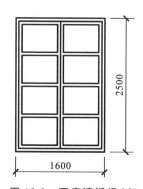

图 13-2 双扇镶板门 M2

解 ① 计算清单工程量。

单扇镶板门：$S=(0.8+0.015\times2)\times(2.5+0.015\times2)\times50=105.00(m^2)$

双扇镶板门：$S=(1.6+0.015\times2)\times(2.5+0.015\times2)\times10=41.24(m^2)$

普通门锁：$N=50+10=60$（套）

② 分部分项工程量清单见表 13-1。

表 13-1　分部分项工程和单价措施项目清单与计价表

序号	项目编码	项目名称	项目特征	计量单位	工程量	金额（元）		
						综合单价	合价	其中暂估价
1	010801001001	木质门	1.名称：带亮单扇杉木无纱镶板门 2.门代号及洞口尺寸：M1，800mm×2500mm	m²	105.00			
2	010801001002	木质门	1.名称：无亮双扇杉木无纱镶板门 2.门代号及洞口尺寸：M2，1600mm×2500mm	m²	41.24			
3	010801006001	门锁安装	锁品种：普通门锁	套	60			

2. 金属门(010802)

金属(塑钢)门、彩板门、钢制防火门、防盗门，计算规则：① 以樘计量，按设计图示数量计算；② 以平方米计量，按设计图示洞口尺寸以面积计算。

3. 金属卷帘(闸)门(010803)

金属卷帘(闸)门、防火卷帘(闸)门，计算规则：① 以樘计量，按设计图示数量计算；② 以平方米计量，按设计图示洞口尺寸以面积计算。

4. 厂库房大门、特种门(010804)

木板大门、钢木大门、全钢板大门、金属格栅门、特种门，计算规则：① 以樘计量，按设计图示数量计算；② 以平方米计量，按设计图示洞口尺寸以面积计算。

防护铁丝门、钢制花饰大门，计算规则：① 以樘计量，按设计图示数量计算；② 以平方米计量，按设计图示门框或扇以面积计算。

5. 其他门(010805)

电子感应门、旋转门、电子对讲门、电动伸缩门、全玻自由门、镜面不锈钢饰面门、复合材料门，计算规则：① 以樘计量，按设计图示数量计算；② 以平方米计量，按设计图示洞口尺寸以面积计算。

6. 木窗(010806)

木制窗计算规则：① 以樘计量，按设计图示数量计算；② 以平方米计量，按设计图示洞口尺寸以面积计算。

木飘(凸)窗、木橱窗计算规则：① 以樘计量，按设计图示数量计算；② 以平方米计量，按设计图示尺寸以框外围展开面积计算。

木纱窗计算规则：① 以樘计量，按设计图示数量计算；② 以平方米计量，按框的外围尺寸以面积计算。

7. 金属窗(010807)

金属(塑钢、断桥)窗、金属防火窗、金属百叶窗、金属格栅窗,计算规则:① 以樘计量,按设计图示数量计算;② 以平方米计量,按设计图示洞口尺寸以面积计算。

金属纱窗计算规则:① 以樘计量,按设计图示数量计算;② 以平方米计量,按框的外围尺寸以面积计算。

金属(塑钢、断桥)橱窗、金属(塑钢、断桥)飘(凸)窗,计算规则:① 以樘计量,按设计图示数量计算;② 以平方米计量,按设计图示尺寸以框外围展开面积计算。

彩板窗、复合材料窗计算规则:① 以樘计量,按设计图示数量计算;② 以平方米计量,按设计图示洞口尺寸或框外围以面积计算。

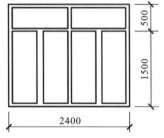

图 13-3 铝合金四扇有亮推拉窗

【例题 13-2】 某办公楼工程,全部窗采用的是铝合金四扇有亮推拉窗,共 24 樘,其框外围尺寸见图 13-3,试计算门的清单工程量并编制清单。

解 ① 计算清单工程量。

铝合金四扇有亮推拉窗:$S=(2.4+0.015\times2)\times(2.0+0.015\times2)\times24=118.39(m^2)$

② 分部分项工程量清单见表 13-2。

表 13-2 分部分项工程和单价措施项目清单与计价表

序号	项目编码	项目名称	项目特征	计量单位	工程量	金额(元)		
						综合单价	合价	其中 暂估价
1	010807001001	金属窗	1.框外围尺寸:2400mm×2000mm 2.框、扇材质:铝合金	m²	118.39			

8. 门窗套(010808)

木门窗套、木筒子板、饰面夹板筒子板、金属门窗套、石材门窗套,计算规则:① 以樘计量,按设计图示数量计算;② 以平方米计量,按设计图示尺寸以展开面积计算;③ 以米计量,按设计图示中心以延长米计算。

门窗木贴脸计算规则:① 以樘计量,按设计图示数量计算;② 以米计量,按设计图示尺寸以延长米计算。

成品木门窗套计算规则:① 以樘计量,按设计图示数量计算;② 以平方米计量,按设计图示尺寸以展开面积计算;③ 以米计量,按设计图示中心以延长米计算。

9. 窗台板(010809)

木窗台板、铝塑窗台板、金属窗台板、石材窗台板,计算规则:按设计图示尺寸以展开面积计算。

10. 窗帘、窗帘盒、轨(010810)

窗帘计算规则:① 以米计量,按设计图示尺寸以长度计算;② 以平方米计量,按设计图示尺寸以成活后展开面积计算。

木窗帘盒、饰面夹板、塑料窗帘盒、铝合金窗帘盒、铝合金窗帘轨,计算规则:按设计图示尺寸以长度计算。

13.3 定额项目内容及工程量计算规则

13.3.1 定额项目设置及定额工作内容

《广东省房屋建筑与装饰工程综合定额(2018)》中门窗工程定额项目设置见表13-3。

表13-3 门窗工程定额项目分类表

项目名称	子目设置	定额编码	计量单位	工作内容
木门安装（包框扇）	带纱镶板门、胶合板门安装	A1-9-1～A1-9-4	100m²	1.刷防腐油，安装门框、扇及亮子，装配亮子玻璃及小五金配件，塞口等 2.安装纱门扇、纱亮子、钉铁纱
	无纱镶板门、胶合板门安装	A1-9-5～A1-9-8	100m²	
	无纱单扇镶板门、胶合板门带百页安装	A1-9-9、A1-9-10	100m²	
	杉木带纱半截玻璃门安装	A1-9-11～A1-9-14	100m²	
	杉木无纱半截玻璃门安装	A1-9-15～A1-9-18	100m²	
	杉木带纱全玻璃门安装	A1-9-19～A1-9-22	100m²	
	杉木无纱全玻璃门安装	A1-9-23～A1-9-26	100m²	
	半玻木自由门安装	A1-9-27、A1-9-28	100m²	
	全玻木自由门安装	A1-9-29、A1-9-30	100m²	
	杉木无纱实心全胶合板门安装(无亮)	A1-9-31、A1-9-32	100m²	
	杉木浴厕门安装	A1-9-33、A1-9-34	100m²	
门饰面	门面贴饰面板	A1-9-92～A1-9-94	100m²	见《广东省房屋建筑与装饰工程综合定额(2018)》
	门面贴金属饰面板	A1-9-95、A1-9-96	100m²	
	门面贴墙纸	A1-9-97	100m²	
	门面贴墙毡	A1-9-98	100m²	
	门面贴玻璃镜	A1-9-99	100m²	
厂库房大门	厂库房大门制安	A1-9-145～A1-9-148	100m²	
	型钢大门制安	A1-9-149～A1-9-156	100m²	
	特种门制安	A1-9-157～A1-9-166	100m²	
	大门钢骨架制作	A1-9-167～A1-9-169	t	
	钢门窗安装	A1-9-170～A1-9-176	100m²	
塑料、塑钢、彩钢、不锈钢及其他门安装	塑料门安装	A1-9-177～A1-9-178	100m²	
	塑钢、彩钢板门窗安装	A1-9-179～A1-9-184	100m²	
	纱窗安装	A1-9-185～A1-9-186	100m²	
	电子感应自动门、转门及不锈钢电动伸缩门安装	A1-9-187～A1-9-190	100m²	
	其他门、窗安装	A1-9-191～A1-9-197	100m²	
铝合金门窗、全玻璃门安装	铝合金门窗、全玻璃门安装	A1-9-198～A1-9-214	100m²	
特殊五金安装	特殊五金安装	A1-9-215～A1-9-229	见表	

13.3.2 定额工程量计算规则

13.3.2.1 木门窗

(1) 各类木门、窗制作、安装,除有注明外,不论单层、双层均按设计图示尺寸以门、窗框外围面积计算。如设计只标洞口尺寸的,按洞口尺寸每边减去 15mm 计算。折线形窗按展开面积计算。

(2) 古式木门窗扇,按设计图示门窗扇的外围以面积计算。

(3) 古式木门窗槛、框,按设计图示尺寸以体积计算。

(4) 单独木门窗框制作安装,外框安装按框外边长、中横框长按门洞宽以长度计算。

(5) 单独木门窗扇制作安装,按设计图示尺寸以扇面积计算。

(6) 木格成品安装,按木格面积计算。

13.3.2.2 门窗装饰

(1) 门饰面,按设计图示尺寸以面积计算。

(2) 半玻门的饰面如采用接驳的施工方法,门饰面的工程量扣除玻璃洞口的面积。

(3) 门窗套、门窗套贴饰面板,按设计图示尺寸以展开面积计算。

(4) 门窗贴脸、盖口条、拨水条,按设计图示尺寸以长度计算。

(5) 窗台板、筒子板,按设计图示尺寸以展开面积计算。

(6) 窗帘盒、窗帘轨(杆),按设计图示尺寸以长度计算。成品窗帘安装,按窗帘轨长乘以实际高度以面积计算;装饰造型帘头、水波幔帘,按设计图示尺寸以长度计算。

13.3.2.3 厂库房大门、特种门

(1) 厂库房大门、特种门、钢管镀锌铁丝门制作、安装工程量按设计门框外围面积计算。如设计只标洞口尺寸的,按洞口尺寸每边减去 15mm 计算。无框的厂库房大门以扇的外围面积计算。

(2) 型钢大门的制作安装工程量按图示尺寸以质量计算,不扣除孔眼、切肢、切边、切角的质量,厂房钢木门、冷藏库门、冷藏间冻结门、木折叠门按图示尺寸计算钢骨架制作质量。

13.3.2.4 钢门窗安装

钢门窗安装工程量,按设计图示尺寸以框外围面积计算。

13.3.2.5 塑料、塑钢、彩钢板、不锈钢及其他门窗安装

(1) 塑料门、塑钢门窗、彩钢板门窗、不锈钢全玻门窗、纱窗安装工程量,按设计图示尺寸以框外围面积计算。

(2) 电子感应自动门、全玻转门、不锈钢电动伸缩门以樘计算。

(3) 卷闸门窗安装,按设计图示尺寸以面积计算,如设计无规定时,安装于门窗洞槽中、洞外或洞内的,按洞口实际宽度两边共加 100mm 计算;安装于门、窗洞口中则不增加,高度按洞口尺寸加 500mm 计算。电动装置安装以套计算,小门安装以个计算。

13.3.2.6 铝合金门窗、全玻璃门安装

(1) 铝合金门窗安装,按设计图示尺寸以框外围面积计算;但折形、弧形等的铝合金门

窗,则按设计图示尺寸以展开面积计算,其制作工程量按相应门窗安装子目的定额含量计算。

(2) 全玻璃门,按设计图示尺寸以门洞口面积计算。

(3) 全玻璃门的配件,按设计图示数量计算。

(4) 窗框外侧环保防腐层,按长度计算。

13.3.2.7 特殊五金安装

特殊五金安装工程量,除另有注明外,按设计图示数量以套或台计算;吊轨、下轨安装按设计图示尺寸以长度计算。

13.4 定额计价与清单计价

13.4.1 定额应用及定额计价

《建筑与装饰工程综合定额(2018)》有关说明如下:

(1) 本章定额包括木门窗,门窗装饰,厂库房大门、特种门,钢门窗安装,塑料、塑钢、彩钢、不锈钢及其他门窗安装,铝合金门窗、全玻璃门安装,特殊五金安装,铝塑共挤门窗,共八节。

(2) 木门窗。

① 成品门窗制作价按本章附表1(门、窗、配件价格表)价格计算。附表1除注明制安外,均未包括安装费用。

② 成品套装门安装包括门套(框)和门扇的安装。

(3) 门窗装饰。

① 门窗套包括筒子板及贴脸。

② 窗台板天然石材子目适用于石材宽度500mm以内,如石材宽度为500mm以上时,人工费乘以系数0.60,其他不变。

(4) 厂库房大门、特种门。

① 钢门的钢材损耗率为6%。各种钢材比例另有要求的,可以调整。

② 普通铁门制作子目中的五金配件包括门铰、插销、门闩等、但不包括门锁;该子目也未包括大门钢骨架制作。

(5) 铝合金、塑料、塑钢、彩钢、不锈钢、纱窗、电子感应自动门、转门、伸缩门、防火门、卷闸门、钢质防盗门、射线防护门、铝塑共挤等门窗安装,按成品或半成品门窗考虑,其制作价参考附表1相应价格另行计算,实际使用不同时可换算。

(6) 门窗安装后的缝隙填补工作已包括在相应定额安装子目内。

(7) 其他有关说明。

① 铝合金、塑钢、铝塑共挤窗由推拉窗、平开窗、固定窗等各种形式组成组合窗的,按窗的不同形式分别执行推拉窗、平开窗、固定窗等各种相应形式的窗子目。

② 本章的玻璃品种、厚度,与实际不同时可以调整,如使用钢化、中空、夹胶等玻璃,相应子目的玻璃消耗量乘以系数0.82。

13.4.2 定额计价

【例题13-3】 求50樘带亮单扇杉木无纱镶板门(图13-1),10樘无亮双扇杉木无纱镶板门(图13-2),24樘铝合金四扇有亮推拉窗(图13-3)的定额工程量,并计算定额分部分项工程费。

解 ① 计算定额工程量。

单扇镶板门工程量 = 0.8×2.5×50 = 100(m^2)

双扇镶板门工程量 = 1.6×2.5×10 = 40(m^2)

铝合金四扇有亮推拉窗工程量 = 2.4×2×24 = 115.2(m^2)

② 查找定额,计算定额分部分项工程费,结果见表13-4。

表13-4 定额分部分项工程费汇总表

序号	项目编码	项 目 名 称	计量单位	工程数量	定额基价(元)	合价(元)
1	MC1-12	杉木镶板门框扇,单扇	m^2	100	180	18000
2	MC1-13	杉木镶板门框扇,双扇	m^2	40	180	7200
3	MC1-101	铝合金四扇有亮推拉窗90系列	m^2	115.2	210	24192
		小计				49392

13.4.3 清单计价

13.4.3.1 清单项目综合单价确定

综合单价分析表中的人工费按照2017年广东省建筑市场综合水平取定,各时期各地区的水平差异可按各市发布的动态人工调整系数进行调整,材料费、施工机具费按照广州市2020年10月份信息指导价,利润为人工费与施工机具费之和的20%,管理费按分部分项的人工费与施工机具费之和乘以相应专业管理费分摊费率计算。计算方法与结果见综合单价分析表。

例题13-1、13-2的综合单价分析表见表13-5、表13-6、表13-7。

表13-5 综合单价分析表

工程名称:×××

项目编码	010801001001	项目名称	木质门	计量单位	m^2	工程量	105

清单综合单价组成明细										
定额编号	定额项目名称	定额单位	数量	单价			合价		
				人工费	材料费	机具费	管理费和利润	人工费	材料费	机具费	管理费和利润
MC1-10	杉木带纱镶板门框扇,单扇	m^2	1		399				399		
人工单价		小计							399		
		未计价材料费									

续表

项目编码	010801001001	项目名称	木质门	计量单位	m²	工程量	105
清单项目综合单价							399

材料费明细	主要材料名称、规格、型号	单位	数量	单价(元)	合价(元)	暂估单价(元)	暂估合价(元)
	杉木带纱镶板门框扇,单扇	m²	1	399	399		
	材料费小计			—	399	—	

表 13-6 综合单价分析表

工程名称:×××

项目编码	010801001002	项目名称	木质门	计量单位	m²	工程量	41.24

清单综合单价组成明细									
定额编号	定额项目名称	定额单位	数量	单价(元)				合价(元)		
				人工费	材料费	机具费	管理费和利润	人工费	材料费	机具费	管理费和利润
MC1-11	杉木带纱镶板门框扇,双扇	m²	1		399				399		
人工单价			小计						399		
||| 未计价材料费									

清单项目综合单价							399

材料费明细	主要材料名称、规格、型号	单位	数量	单价(元)	合价(元)	暂估单价(元)	暂估合价(元)
	杉木带纱镶板门框扇,双扇	m²	1	399	399		
	材料费小计			—	399	—	

表 13-7 综合单价分析表

工程名称:×××

项目编码	010807001001	项目名称	金属(塑钢、断桥)窗	计量单位	m²	工程量	118.39

清单综合单价组成明细									
定额编号	定额项目名称	定额单位	数量	单价(元)				合价(元)		
				人工费	材料费	机具费	管理费和利润	人工费	材料费	机具费	管理费和利润
MC1-101	铝合金四扇有亮推拉窗90系列	m²	1		210				210		
人工单价			小计						210		
||| 未计价材料费									

续表

项目编码	010807001001	项目名称	金属(塑钢、断桥)窗	计量单位	m²	工程量	118.39
清单项目综合单价					210		

材料费明细	主要材料名称、规格、型号	单位	数量	单价(元)	合价(元)	暂估单价(元)	暂估合价(元)
	铝合金四扇有亮推拉窗 90 系列	m²	1	210	210		
	材料费小计			—	210	—	

13.4.3.2 分部分项工程与单价措施项目清单与计价表填写

分部分项工程与单价措施项目清单与计价表填写见表 13-8。

表 13-8 分部分项工程与单价措施项目清单与计价表

工程名称:×××

序号	项目编码	项目名称	项目特征	计量单位	工程量	金额(元) 综合单价	金额(元) 合价	其中 暂估价
1	010801001001	木质门	1.名称:带亮单扇无纱杉木门嵌板门 2.门代号及洞口尺寸:M1,1600mm×2500mm	m²	105	399	41895	
2	010801001002	木质门	1.名称:无亮双扇无纱杉木门嵌板门 2.门代号及洞口尺寸:M2,1600mm×2500mm	m²	41.24	399	16454.76	
3	010807001001	金属(塑钢、断桥)窗	1.窗代号及洞口尺寸:2400mm×2000mm 2.框、扇材质:铝合金四扇有亮推拉窗	m²	118.39	210	24861.9	
			小计				83211.66	

任务 14 屋面及防水工程计量与计价

14.1 基础知识

14.1.1 屋面工程

屋面是房屋最上部起覆盖作用的外围构件,用来抵抗风、霜、雨、雹的侵袭并减少日晒、寒冷等自然条件对室内的影响。

屋面可以分成平屋面、坡屋面、型材屋面和膜结构屋面。

（1）平屋面是指屋面坡度较小（倾斜度一般为 2%～3%）的屋面,它适用于城市住宅、学校、办公楼和医院。

（2）坡屋面是指屋面坡度≥3%的屋面,坡屋面常用木结构或钢筋混凝土结构承重。

坡屋面的局部构造如下。

① 檐口部分的重量通过檐檩、挑檐木传到墙上。檐口下边常作板条吊顶。檐口上边第一排瓦下端的瓦条要比其他瓦条高,使瓦面与上边瓦尽量平行。瓦和油毡必须盖过封檐板50mm,防止雨水流到檐口内部。

② 坡屋面分两坡和四坡,两坡屋面在尽端山墙外有两种做法：一种叫"悬山",一种叫"硬山"。一般坡屋面的雨水从檐口自由下落,也可以在封檐板上装镀锌铁皮天沟和落水管,把雨水引至地面排出。

（3）型材屋面通常是指以金属板和压型钢板作基层,其上作保温层及卷材的屋面。

（4）膜结构屋面,也称索膜结构屋面,是一种以膜布支撑（柱、网架等）和拉结构（拉杆、铜线绳等）组成的屋盖、篷顶结构。

14.1.2 防水工程

防水工程主要分为防水层、屋面排水和变形缝三部分。

14.1.2.1 防水层

防水层根据所用防水材料的不同,分为刚性防水层和柔性防水层两种。

（1）刚性防水层：以细石混凝土、防水水泥砂浆等刚性材料作为屋面防水层。为了防止刚性防水屋面因温度变化或房屋不均匀沉陷而引起开裂,在细石混凝土或防水砂浆面层中应设分格缝。分格缝的施工必须待细石混凝土或防水砂浆干透后再进行,先将缝内灰尘洗刷干净,随即在缝内刷冷底子油（沥青溶于占总重 70%～80%的汽油或轻柴油等有机溶液中）一道,再以厚质防潮油（石油沥青加柴油、桐油及石棉绒等掺和料）灌缝,最后在表面以沥青、油毡贴缝。

刚性防水层有如下特点。

① 刚性防水层由于所用的防水材料（除分格缝外）没有伸缩性,为了减少裂缝的出现和

浇捣方便,只适用于平整、形体方整,在使用上无较大振动的房屋,地基沉陷比较均匀以及气温差别较小的地区。如不属于上述情况而又需要做刚性防水层时,必须另加措施,如做伸缩缝、沉降缝或表面另加防水涂料。

② 刚性防水层防渗漏水的质量与施工操作以及所用材料有很大关系,因此,需要进一步改进材料的防水性能。

③ 刚性防水层的主要优点是造价低、耐久性好,施工工艺简单,维修较为方便。但是刚性防水层的缺点是对地基的不均匀沉降造成的屋面构件的微小变形、温度变形较敏感,容易产生裂缝和渗漏水。

(2) 柔性防水屋面:以沥青、油毡等柔性材料铺设和黏结或将高分子合成材料为主体的材料涂抹于屋面形成的防水层。

柔性防水层材料主要有石油沥青玛琋脂卷材、三元乙丙橡胶卷材、氯丁橡胶卷材、聚氯乙烯防水卷材、石油沥青改性卷材、塑料油膏、塑料油膏玻璃纤维布、聚氨酯涂膜、JC-Ⅱ型冷胶防水、水性丙烯酸酯防水涂料等。

柔性防水层有如下特点。

① 柔性防水屋面对各类房屋的平屋顶一般均可适用,由于是石油沥青材料,柔性防水层对坡度有要求:通常在 2‰~3‰,以防止沥青受热流淌。

② 柔性防水屋面在施工时,首先要求基层的混凝土或砂浆层干燥(湿贴法除外),否则,防水层和基层就黏结不牢,甚至受热后会因水分蒸发而鼓起气泡,破坏防水层。其次,在施工时油毡和女儿墙等垂直面连接处、油毡和油毡的搭接缝的沥青一定要浇满,使所有缝隙不要迎水迎风,并错开上下的搭接缝。

③ 柔性防水屋面的主要优点是它对房屋地基沉降、房屋受震动或温度影响的适应性较好,防止渗漏水的效果比较稳定。缺点是施工繁杂、层次多,出现渗漏水后维修比较麻烦。

14.1.2.2 屋面排水

排水系统一般由檐沟、天沟、山墙泛水、水落管等组成。最常见的有铸铁水落管排水,它由雨水口、弯头、雨水斗(又称接水口)、铸铁水落管等组成,有的还有通向阳台排水的三通。排水的方式还应与檐部做法互相配合。

(1) 自由落水。屋面板伸出外墙的部分称为挑檐,屋面雨水经挑檐自由落水。挑檐的作用是防止屋面落水冲刷墙面,渗入墙内,檐头下面要做出滴水,这种排水的方法适用于低层的建筑物。

(2) 檐沟外排水。屋面板伸出墙外做成檐沟,屋面雨水先排入檐沟,再经落水管排到地面,檐沟纵坡应不小于 0.5%。落水的管径常采用 $\phi 100mm$ 的镀锌铁皮管和铸铁落水管及 PVC 塑料排水管,间距一般在 15m 左右。

(3) 女儿墙外排水。屋顶四周做女儿墙,在女儿墙根部每隔一定距离设排水口,雨水经排水口、落水管排到地面。这种排水方式,可把檐沟外排水和女儿墙外排水结合起来,将女儿墙改成栏杆,使屋面雨水迅速排入檐沟。

(4) 内排水。有些公共建筑屋面面积大,雨水流经屋面的距离过长,大雨时雨水来不及排出。可在屋顶中央隔一定距离设排水口,与设置在房屋内部的铸铁排水管相连,通过内部排水管把雨水排入地下水管并引出屋外。

14.1.2.3 变形缝

变形缝是伸缩缝、沉降缝和防震缝的总称。建筑物在外界因素作用下常会产生变形,导致开裂甚至破坏。变形缝是针对这种情况而预留的构造缝。

变形缝可分为伸缩缝、沉降缝、防震缝三种。

伸缩缝:建筑构件因温度和湿度等因素的变化会产生胀缩变形。为此,通常在建筑物适当的部位设置垂直缝隙,自基础以上将房屋的墙体、楼板层、屋顶等构件断开,将建筑物分离成几个独立的部分。为克服过大的温度差而设置的缝,基础可不断开,从基础顶面至屋顶沿结构断开。

沉降缝:指同一建筑物高低相差悬殊,上部荷载分布不均匀,或建在不同地基土壤上时,为避免不均匀沉降使墙体或其他结构部位开裂而设置的建筑构造缝。沉降缝把建筑物划分成几个段落,自成系统,从基础、墙体、楼板到房顶各不连接。缝宽一般为70~100mm。将建筑物或构筑物从基础至顶部完全分隔成段的竖直缝,借以避免各段不均匀下沉而产生裂缝。通常设置在建筑高低、荷载或地基承载力差别很大的各部分之间,以及在新旧建筑的连接处。

防震缝:为使建筑物较规则,以期有利于结构抗震而设置的缝,基础可不断开。它的设置目的是将大型建筑物分隔为较小的部分,形成相对独立的防震单元,避免因地震造成建筑物整体震动不协调,而产生破坏。

14.2 工程量清单项目编制及工程量计算规则

14.2.1 工程清单设置

屋面及防水工程量清单项目有瓦、型材及其他屋面,屋面防水及其他,墙面防水、防潮,楼(地)面防水、防潮共4节内容,内容详见《房屋建筑与装饰工程工程量计算规范》(GB 50854—2013)(以下简称《计算规范》)。

屋面工程设置有1节内容,防水工程设置有3节内容。

《计算规范》中表 J.1 瓦、型材及其他屋面(010901),设置有瓦屋面(见图 14-1)

图 14-1 瓦屋面立面图

（010901001）、型材屋面（010901002）、阳光板屋面（010901003）、玻璃钢屋面（010901004）、膜结构屋面（见图14-2）（010901005）共5个清单。

图14-2 膜结构屋面平面图

《计算规范》中表J.2屋面防水及其他（010902），设置有屋面卷材防水（见图14-3）（010902001）、屋面涂膜防水（010902002）、屋面刚性层（010902003）、屋面排水管（010902004）、屋面排（透）气管（010902005）、屋面（廊、阳台）泄（吐）水管（010902006）、屋面天沟、檐沟（010902007）、屋面变形缝（010902008）共8个清单。

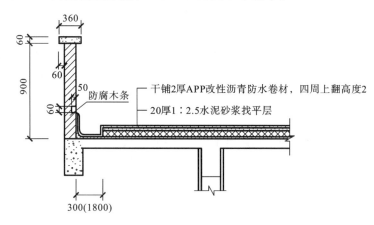

图14-3 屋面卷材防水大样图

《计算规范》中表J.3墙面防水、防潮（010903），设置有墙面卷材防水（010903001）、墙面涂膜防水（010903002）、墙面砂浆防水（防潮）（010903003）、墙面变形缝（010903004）共4个清单。

《计算规范》中表J.4楼（地）面防水、防潮（010904），设置有楼（地）面卷材防水（010904001）、楼（地）面涂膜防水（010904002）、楼（地）面砂浆防水、防潮（010904003）、楼（地）面变形缝（010904004）共4个清单。

14.2.2 清单项目工程量计算与清单编制

14.2.2.1 屋面工程

瓦、型材及其他屋面（010901）计算规则如下。

瓦屋面、型材屋面计算规则：按设计图示尺寸以斜面积计算。不扣除房上烟囱、风帽底座、风道、小气窗、斜沟等所占面积。小气窗的出檐部分不增加面积。

阳光板屋面、玻璃钢屋面计算规则：按设计图示尺寸以斜面积计算。不扣除屋面面积≤$0.3m^2$孔洞所占面积。

膜结构屋面计算规则：按设计图示尺寸以需要覆盖的水平投影面积计算。

【例题 14-1】 某等两坡屋面平面见图 14-4，坡屋面高度为 2000mm，坡度为 1，采用 S 型 100×200 轻型钢檩条，表面铺彩钢夹心板，计算该型材屋面清单工程量。

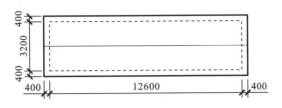

图 14-4 等两坡屋面平面图

解 ① 计算清单工程量。
型材屋面：$[(3.2/2+0.4)^2+2^2]^{1/2} \times (12.6+0.4 \times 2) \times 2 = 75.80(m^2)$
② 分部分项工程量清单见表 14-1。

表 14-1 分部分项工程和单价措施项目清单与计价表

序号	项目编码	项目名称	项目特征	计量单位	工程量	金额（元）		
						综合单价	合价	其中 暂估价
1	010901002001	型材屋面	1.型材品种、规格：彩钢夹心板 2.金属檩条材料品种、规格：S 型 100×200 轻型钢檩条	m²	75.80			

14.2.2.2 防水工程

1. 屋面防水及其他（010902）

屋面卷材防水、屋面涂膜防水计算规则：按设计图示尺寸以面积计算。① 斜屋顶（不包括平屋顶找坡）按斜面积计算，平屋顶按水平投影面积计算；② 不扣除房上烟囱、风帽底座、风道、屋面小气窗和斜沟所占面积；③ 屋面的女儿墙、伸缩缝和天窗等处的弯起部分，并入屋面工程量内。

屋面刚性层计算规则：按设计图示尺寸以面积计算。不扣除房上烟囱、风帽底座、风道等所占面积。

屋面排水管计算规则：按设计图示尺寸以长度计算。如设计未标注尺寸，以檐口至设计室外散水上表面垂直距离计算。

屋面排（透）气管计算规则：按设计图示尺寸以长度计算。

屋面（廊、阳台）吐水管计算规则：按设计图示以数量计算。

屋面天沟、檐沟计算规则：按设计图示尺寸以展开面积计算。

屋面变形缝计算规则：按设计图示尺寸以长度计算。

【例题 14-2】 某建筑物平屋面轴线尺寸 24000mm×16000mm，四周只有女儿墙，无挑檐，墙厚 240mm，屋面防水做法为满铺 1.2mm 厚改性沥青卷材防水层上翻 250mm，计算该屋面防水清单工程量。

解 ① 计算清单工程量。
屋面防水：$(24-0.24) \times (16-0.24) + (24-0.24+16-0.24) \times 2 \times 0.25 = 394.22(m^2)$
② 分部分项工程量清单见表 14-2。

表14-2 分部分项工程和单价措施项目清单与计价表

序号	项目编码	项目名称	项目特征	计量单位	工程量	金额（元）		
						综合单价	合价	其中 暂估价
1	010902001001	屋面卷材防水	1.卷材品种、规格、厚度：1.2mm厚改性沥青卷材 2.防水层数：一层 3.防水层做法：满铺	m²	394.22			

2. 墙面防水、防潮(010903)

墙面卷材防水、墙面涂膜防水、墙面砂浆防水（防潮）计算规则：按设计图示尺寸以面积计算。

墙面变形缝计算规则：按设计图示以长度计算。

【例题14-3】 某卫生间轴线尺寸3000mm×4500mm，四周墙厚240mm，墙净高3m，墙面防水做法为聚氨酯防水涂料刷两遍2mm厚，计算该卫生间墙面防水清单工程量。

解 ① 计算清单工程量。

墙面防水：$(3-0.24+4.5-0.24)\times 2\times 3=42.12(m^2)$

② 分部分项工程量清单见表14-3。

表14-3 分部分项工程和单价措施项目清单与计价表

序号	项目编码	项目名称	项目特征	计量单位	工程量	金额（元）		
						综合单价	合价	其中 暂估价
1	010903002001	墙面涂膜防水	1.防水膜品种：聚氨酯防水涂料 2.涂膜厚度、遍数：刷两遍2mm厚	m²	42.12			

3. 楼（地）面防水、防潮(010904)

楼（地）面卷材防水、楼（地）面涂膜防水、楼（地）面砂浆防水（防潮），计算规则：按设计图示尺寸以面积计算。① 楼（地）面防水：按主墙间净空面积计算，扣除凸出地面的构筑物、设备基础等所占面积，不扣除间壁墙及单个面积≤0.3m²柱、垛、烟囱和孔洞所占面积；② 楼（地）面防水反边高度≤300mm按地面防水计算，反边高度>300mm按墙面防水计算。

楼（地）面变形缝计算规则：按设计图示以长度计算。

14.3 定额项目内容及工程量计算规则

14.3.1 定额项目设置及定额工作内容

14.3.1.1 瓦、型材屋面

《广东省房屋建筑与装饰工程综合定额（2018）》中瓦、型材屋面工程定额项目设置见表14-4。

表 14-4 瓦、型材屋面工程定额项目分类表

项目名称	子目设置	定额编码	计量单位	工作内容
瓦屋面	土瓦屋面	A1-10-1～A1-10-4	100m²	砂浆运输、铺瓦、安装瓦筒、瓦脊、座瓦、抹脚、辘筒
	西班牙瓦屋面	A1-10-5～A1-10-6	见表	砂浆运输、铺瓦,并修界瓦边、绑铁线及钉固,清扫瓦面
	彩色水泥瓦	A1-10-7～A1-10-8		
	琉璃瓦屋面	A1-10-9～A1-10-11	见表	砂浆运输,在钢筋混凝土上铺灰、盖瓦、安装瓦筒、瓦脊、修齐瓦口边线,清扫瓦面
	琉璃瓦脊	A1-10-12～A1-10-20	10m	
	琉璃正吻	A1-10-21～A1-10-22	座	砂浆运输,铺灰、安装、清理、抹净
	琉璃宝顶	A1-10-23～A1-24		
	挠角	A1-10-25		铺灰、安装、清理
	套兽	A1-10-26		
	小青瓦屋面	A1-10-27～A1-10-29	100m²	砂浆运输、铺瓦、檐口梢口坐灰
	小青瓦叠脊	A1-10-30～A1-10-31	10m	砂浆制作、运输、上瓦、叠瓦、扣脊瓦
	围墙顶	A1-10-32～A1-10-33		砂浆运输、铺瓦、安装瓦筒、瓦脊、座灰、抹脚、辘筒
	小青瓦围墙顶	A1-10-38～A1-10-41		砂浆运输,铺瓦、檐口梢口坐灰
型材屋面	彩钢板屋面	A1-10-43～A1-10-44	100m²	1. 截料,吊装檩条 2. 制作安装铁件 3. 吊装屋面板,钻孔,对位,安装防水堵头、屋脊面、涂填缝膏
	波纹瓦屋面	A1-10-45～A1-10-48		砂浆运输、在木或钢檩条上铺瓦,钻孔,安装瓦脊
	镀锌薄钢板屋面	A1-10-49～A1-10-50		在木或钢檩条上铺瓦,钻孔,安装瓦脊
阳光板屋面	聚碳酸酯PC中空板(阳光板)屋面	A1-10-51～A1-10-52		下料、安装板、压条固定、注胶

14.3.1.2 屋面防水工程

《广东省房屋建筑与装饰工程综合定额(2018)》中屋面防水工程定额项目设置见表14-5。

14.3.1.3 屋面排水工程

《广东省房屋建筑与装饰工程综合定额(2018)》中屋面排水工程定额项目设置略。

14.3.1.4 其他防水(潮)工程

《广东省房屋建筑与装饰工程综合定额(2018)》中其他防水(潮)工程定额项目设置略。

表 14-5 屋面防水工程定额项目分类表

项目名称	子目设置	定额编码	计量单位	工作内容
屋面防水（潮）工程	屋面改性沥青防水卷材	A1-10-53～A1-10-57	100m²	清理基层、涂刷基层处理剂（热熔）铺贴防水卷材，卷材收头钉压固及密封
	屋面自黏高分子防水卷材	A1-10-58		清理基层、涂刷基层处理剂，铺贴防水卷材，卷材收头钉压固及密封
	屋面聚乙烯丙纶防水卷材	A1-10-59		
	屋面聚氯乙烯(PVC)防水卷材	A1-10-60～A1-10-61		清理基层、铺贴卷材，搭接缝胶粘，机械固定时接缝焊接、收头固定密封
	屋面热塑性聚烯烃(TPO)防水卷材	A1-10-62～A1-10-63		清理基层、铺贴卷材，搭接缝采用机械热风焊接，收头固定密封
	屋面涂膜防水工程	A1-10-64～A1-10-65	100m²	清理基层、调制、涂刷防水层
屋面刚性防水层	细石混凝土刚性防水	A1-10-80～A1-10-81	100m²	1. 清理基层，砂浆运输 2. 纵横扫水泥浆，铺混凝土或砂浆，压实，抹光，做分格缝
	水泥砂浆二次抹压防水	A1-10-82～A1-10-83		
	屋面刚性防水层填分格缝	A1-10-84～A1-10-86	100m	1. 清理基层，砂浆运输、灌缝膏 2. 纵横扫水泥浆，铺灌砂浆，压实，抹光
	屋面防水砂浆	A1-10-87	100m²	清理基层、调制砂浆、铺抹砂浆、养护，筛选镇水粉，铺隔离纸
	屋面镇水粉隔离层	A1-10-88		

14.3.1.5 变形缝工程

《广东省房屋建筑与装饰工程综合定额(2018)》中变形缝工程定额项目设置略。

14.3.2 定额工程量计算规则

14.3.2.1 瓦、型材屋面工程

（1）瓦、型材屋面工程量，除另有规定外，按设计图示尺寸以斜面积计算。亦可按屋面水平投影面积（见图14-5）乘以屋面坡度系数（见表14-6）以面积计算。不扣除房上烟囱、风

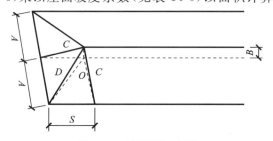

图 14-5 坡屋面示意图

注：① 两坡排水屋面面积 $=S_\text{平}\times C$；② 四坡排水屋面斜脊长度 $=A\times D$（当 $S=A$ 时）；③ 沿山墙泛水长度 $=A\times C$。

帽底座、风道、小气窗、斜沟等所占面积,小气窗的出檐部分不增加面积。

表 14-6 屋面坡度系数表

坡度 B(A=1)	坡度 B/2A	坡度	延尺系数 C(A=1)	隅延尺系数 D(A=1)
1	1/2	45°	1.4142	1.7321
0.75		36°52′	1.2500	1.6008
0.70		35°	1.2207	1.5779
0.666	1/3	33°40′	1.2015	1.5620
0.65		33°01′	1.1926	1.5564
0.60		30°58′	1.1662	1.5362
0.577		30°	1.1547	1.5270
0.55		28°49′	1.1413	1.5170
0.50	1/4	26°34′	1.1180	1.5000
0.45		24°14′	1.0966	1.4839
0.40	1/5	21°48′	1.0770	1.4697
0.35		19°17′	1.0594	1.4569
0.30		16°42′	1.0440	1.4457
0.25		14°02′	1.0308	1.4362
0.20	1/10	11°19′	1.0198	1.4283
0.15		8°32′	1.0112	1.4221
0.125		7°8′	1.0078	1.4191
0.100	1/20	5°42′	1.0050	1.4177
0.083		4°45′	1.0035	1.4166
0.066	1/30	3°49′	1.0022	1.4157

图 14-5 式中 $S_{平}$ 为屋面水平投影面积,A 为四坡屋面 1/2 边长,B 为脊高,C 为延尺系数,D 为隅延尺系数。

(2) 聚碳酸酯(PC)中空板(阳光板)屋面工程量,按设计图示尺寸以展开面积计算。

(3) 西班牙瓦脊、小青瓦脊、琉璃瓦脊、檐口线工程量,按图示尺寸以长度计算。

(4) 围墙瓦顶工程量,按设计图示尺寸以长度计算(围墙瓦顶不包括出砖线)。

(5) 琉璃宝顶、琉璃挠角(卷尾)、正吻、套兽工程量,按设计图示数量以座计算。

14.3.2.2 屋面防水工程

(1) 屋面卷材防水、涂膜防水工程量,按设计图示尺寸以面积计算,不扣除房上烟囱、风帽底座、风道、屋面小气窗和斜沟所占的面积。屋面的女儿墙、伸缩缝和天窗等处的弯起部分按设计图示尺寸并入屋面工程量内;如图纸无规定时,伸缩缝、女儿墙的弯起部分可按

350mm 计算,天窗弯起部分可按 500mm 计算。

① 平屋顶按水平投影面积计算;

② 斜屋顶(不包括平屋顶找坡)按斜面积计算,亦可按水平投影面积乘以屋面坡度系数以面积计算。

(2) 屋面刚性防水工程量,按设计图示尺寸以面积计算,不扣除房上烟囱、风帽底座、风道等所占的面积及 $0.3m^2$ 以内孔洞等所占面积。

(3) 天沟工程量,按设计图示尺寸以展开面积计算。

(4) 分格缝工程量,按设计图示尺寸以长度计算。

(5) 建筑物地面防水、防潮层,按设计图示尺寸以"m^2"计算,扣除凸出地面的构筑物、设备基础等所占的面积,不扣除单个 $0.3m^2$ 以内的柱、垛、烟囱和孔洞所占面积。与墙面连接处上卷高度在 500mm 以内者按展开面积计算,按平面防水层计算,超过 500mm 时,按立面防水层计算。

(6) 墙面防水工程按设计图示尺寸以"m^2"计算,但不扣除 $0.3m^2$ 以内的孔洞所占面积,门窗洞口和孔洞的侧壁及顶面、附墙柱、梁、垛、烟囱侧壁并入相应的墙面面积内计算。

(7) 地下室及其他墙基防水、防潮层,按设计图示尺寸以面积计算。外墙按外墙中心线长度乘以宽度计算,内墙按内墙净长乘以宽度计算。

(8) 建筑物地下室防水层,按设计图示尺寸以面积计算,但不扣除 $0.3m^2$ 以内的孔洞所占面积。平面与立面交接处的防水层,其上卷高度超过 300mm 时,按立面防水层计算。

(9) 桩头防水按桩头的数量以"个"计算。

14.3.2.3 变形缝

填缝、止水带、盖缝按设计图示尺寸以长度计算。

14.4 定额计价与清单计价

14.4.1 定额应用及定额计价

《广东省房屋建筑与装饰工程综合定额(2018)》有关说明如下。

(1) 瓦片规格,如设计不同时,可以换算,其他不变。

(2) 琉璃瓦铺在预制混凝土桷条上时,扣除子目内 1∶2 水泥砂浆,人工消耗量乘以系数 1.30,其他不变。

(3) 西班牙瓦、琉璃瓦、小青瓦屋面子目不包括瓦脊、檐口线等,西班牙瓦脊、琉璃瓦瓦脊和檐口线等另行计算。瓦面上如设计要求安装勾头(卷尾)或博古(宝顶)时,另按个计算。

(4) 波纹瓦屋面、镀锌铁皮屋面定额子目内只包括瓦脊,但未包括檩条在内,套算时按实际使用的檩条另套算有关相应子目。

(5) 小青瓦如铺在多角亭面上,套小青瓦四方亭子目,人工消耗量乘以系数 1.20。

(6) 彩钢屋面板,彩钢板宽按 750mm 考虑,檩条间距按 1m 至 1.2m 综合考虑,如设计与定额不同时,板材可以换算,檩条用量可以调整,其他不变。

(7) 刚性防水中防水砂浆的五层做法刷第一道、第三道、第五道水泥浆厚度为 1mm,刷第二道 1∶2 水泥砂浆厚度为 1.5cm,刷第四道 1∶2 水泥砂浆厚度为 1cm。

(8) 本章中的"一布二涂"或"二布三涂"项目,其"二涂""三涂"是指涂料构成防水层数并非指涂刷遍数。

(9) 细石混凝土刚性防水和水泥砂浆二次抹压防水子目中未包括分格缝填缝工料。

(10) 防水(防潮)工程适用于楼地面、墙基、墙身、构筑物水池、水塔及室内厕所、浴室等防水,建筑物±0.000以下的防水、防潮工程按防水(防潮)工程相应项目计算。

【例题 14-4】 求例题 14-1 型材屋面工程量并套用定额,计算定额分部分项工程费。

解 ① 计算定额工程量。

延尺系数 $C=1.4142$

型材屋面:$(3.2+0.4\times2)\times(12.6+0.4\times2)\times1.4142=75.80(m^2)$

② 查找定额,计算定额分部分项工程费,结果见表 14-7。

表 14-7 定额分部分项工程费汇总表

序号	项目编号	项目名称	计量单位	工程数量	定额基价(元)	合价(元)
1	A1-10-44	彩钢板屋面,安装于 S/C 型轻型钢檩条上,彩钢夹心板	100m²	0.758	18883.7	14313.84
		小计				14313.84

【例题 14-5】 求例题 14-2 屋面防水工程量,计算定额分部分项工程费。

解 ① 计算定额工程量。

$(24-0.24)\times(16-0.24)+(24-0.24+16-0.24)\times2\times0.25=394.22(m^2)$

② 查找定额,计算定额分部分项工程,结果见表 14-8。

表 14-8 定额分部分项工程费汇总表

序号	项目编号	项目名称	计量单位	工程数量	定额基价(元)	合价(元)
1	A1-10-53	屋面改性沥青防水卷材,热熔、满铺 1.2mm 厚	100m²	3.94	4670.83	18403.07
		小计				18403.07

【例题 14-6】 求例题 14-3 卫生间墙面防水工程量,计算定额分部分项工程费。

解 ① 计算定额工程量。

墙面防水:$(3-0.24+4.5-0.24)\times2\times3=42.12(m^2)$

② 查找定额,计算定额分部分项工程费,结果见表 14-9。

表 14-9 定额分部分项工程费汇总表

序号	项目编号	项目名称	计量单位	工程数量	定额基价(元)	合价(元)
1	A1-10-66	屋面双组分聚氨酯防水涂料 2mm 厚	100m²	0.42	5131.03	2155.03
		小计				2155.03

14.4.2 清单计价

14.4.2.1 清单项目综合单价确定

综合单价分析表中的人工费按照 2017 年广东省建筑市场综合水平取定,各时期各地区的水平差异可按各市发布的动态人工调整系数进行调整,材料费、施工机具费按照广州市 2020 年 10 月份信息指导价,利润为人工费与施工机具费之和的 20%,管理费按分部分项的人工费与施工机具费之和乘以相应专业管理费分摊费率计算。计算方法与结果见综合单价分析表。

例题 14-1、例题 14-2、例题 14-3 的综合单价分析表见表 14-10、表 14-11、表 14-12。

表 14-10 综合单价分析表

项目编码	010901002001	项目名称	型材屋面	计量单位	m²	工程量	75.8

清单综合单价组成明细											
定额编号	定额项目名称	定额单位	数量	单价				合价			
				人工费	材料费	机具费	管理费和利润	人工费	材料费	机具费	管理费和利润
A1-10-44	彩钢板屋面,安装于 S/C 型轻型钢檩条上 彩钢夹心板	100m²	0.01	1230.13	15691.26	1552.43	958.87	12.3	156.91	15.52	9.59
人工单价		小计					12.3	156.91	15.52	9.59	
		未计价材料费									
清单项目综合单价									194.33		

	主要材料名称、规格、型号	单位	数量	单价(元)	合价(元)	暂估单价(元)	暂估合价(元)
材料费明细	其他材料费	元	0.7112	1	0.71		
	低碳钢焊条 综合	kg	0.0806	6.01	0.48		
	铝拉铆钉 综合	十个	0.7	0.87	0.61		
	六角螺栓 屋面板专用	十套	0.42	1.01	0.42		
	铁件 综合	kg	0.0971	6.8	0.66		
	彩钢脊瓦	m	0.0473	41.04	1.94		
	彩钢夹芯板 100	m²	1.3073	92.56	121		
	塑料管堵 综合	个	0.0867	5.35	0.46		
	钢板檩条 S 型 100×200	t	0.0097	3169.23	30.74		
	材料费小计			—	157.02	—	

表 14-11 综合单价分析表

项目编码	010902001001	项目名称	屋面卷材防水	计量单位	m²	工程量	394.22

清单综合单价组成明细									
定额编号	定额项目名称	定额单位	数量	单价				合价			
^	^	^	^	人工费	材料费	机具费	管理费和利润	人工费	材料费	机具费	管理费和利润
A1-10-53	屋面改性沥青防水卷材,热熔、满铺,单层	100m²	0.01	733.51	4224.04		252.77	7.34	42.24		2.53
人工单价			小计					7.34	42.24		2.53
			未计价材料费								
清单项目综合单价									35.91		

材料费明细	主要材料名称、规格、型号	单位	数量	单价(元)	合价(元)	暂估单价(元)	暂估合价(元)
^	其他材料	元	0.54	1	0.54		
^	其他材料费			—	41.71	—	
^	材料费小计			—	42.25	—	

表 14-12 综合单价分析表

项目编码	010903002001	项目名称	墙面涂膜防水	计量单位	m²	工程量	42.12

清单综合单价组成明细									
定额编号	定额项目名称	定额单位	数量	单价				合价			
^	^	^	^	人工费	材料费	机具费	管理费和利润	人工费	材料费	机具费	管理费和利润
A1-10-137	双组分聚氨酯涂膜防水,2mm厚,立面	100m²	0.01	725.28	4405.22		249.94	7.25	44.05		2.5
人工单价			小计					7.25	44.05		2.5
			未计价材料费								
清单项目综合单价									53.8		

材料费明细	主要材料名称、规格、型号	单位	数量	单价(元)	合价(元)	暂估单价(元)	暂估合价(元)
^	其他材料费	元	0.5	1	0.5		
^	聚氨酯防水涂料 双组分 Ⅰ型	kg	3.0036	14.5	43.55		
^	材料费小计			—	44.05	—	

14.4.2.2 分部分项工程与单价措施项目清单与计价表填写

分部分项工程与单价措施项目清单与计价表填写见表 14-13。

表 14-13 分部分项工程与单价措施项目清单与计价表

序号	项目编码	项目名称	项目特征	计量单位	工程量	金额(元)		
						综合单价	综合合价	其中 暂估价
1	010901002001	型材屋面	1.型材品种、规格:C彩钢夹心板 2.金属檩条材料品种、规格:S型100×200轻型钢檩条	m²	75.8	194.33	14730.21	
2	010902001001	屋面卷材防水	1.卷材品种、规格、厚度:1.2mm厚改性沥青卷材 2.防水层数:1 3.防水层做法:满铺	m²	394.22	52.1	20538.86	
3	010903002001	墙面涂膜防水	1.防水膜品种:聚氨酯防水涂料 2.涂膜厚度、遍数:2mm厚,刷两遍	m²	42.12	53.8	2266.06	
			小计				37535.13	

任务 15　保温、隔热、防腐工程

15.1　基础知识

15.1.1　保温隔热工程

保温隔热的作用是为了减弱室外气温对室内的影响,或者保持因采暖、降温措施而形成的室内气温。保温材料分为泡沫混凝土、软木板、聚苯乙烯泡沫塑料板、加气混凝土块、膨胀珍珠岩板、沥青玻璃棉、沥青矿渣棉、微孔硅酸钙、稻壳等,可用于屋面、墙体、柱子、楼地面、天棚、温度在－40～＋50℃之间的厂库房,还适用于室温 25℃左右的中温空调厂、库房及试验室。屋面保温层中应设有排气管或排气孔。

1. 保温材料的分类

(1) 按照不同容重分为:重质(400～600kg/m³)、轻质(150～350kg/m³)和超轻质(小于 150kg/m³)三类。

(2) 按照不同成分分为有机和无机两类。

(3) 按照不同适用温度范围:可分为高温用(700℃以上)、中温用(700～1000℃)和低温用(小于 100℃)三类。

(4) 按照不同形状分为:粉末、粒状、纤维状、块状等类。

(5) 按照不同施工方法分为:湿抹式、填充式、绑扎式、包裹缠绕式等。

2. 隔热材料以及适用范围

(1) 保温隔热纸:FiberGC-10～50 系列隔热纸导热系数 0.027W/(m·K),厚度 0.4～5mm,白色,纸状,具有超薄的优势,常用于 IT 类小型电子产品以及家电领域,极少用于建筑类的保温隔热。

(2) 玻璃纤维棉板/毡:导热系数 0.035W/(m·K),厚度 3～5mm,白色,分硬板和软毡状,玻璃纤维结构,用于家电产品、管道等。

(3) 聚氨酯发泡板(PU/PIR):导热系数 0.02～0.035W/(m·K),多色,硬质、脆性,厚度 10～200mm。

(4) 离心剥离纤维棉/岩棉:导热系数一般为 0.038W/(m·K),厚度 30～200mm,黄色,用于机房、库房等。

(5) 微纳隔热板:导热系数 0.02W/(m·K),耐高温,多用于高温环境。

(6) 气凝胶毡:常温下导热系数 0.018W/(m·K),厚度 2～10mm,白色或蓝色,柔性毡,可根据要求定制成硬性板状,适用于设备、管道保温。

3. 部位项目划分

(1) 保温隔热屋面:泡沫混凝土块、珍珠岩块、水泥蛭石块、沥青玻璃棉(矿渣棉)毡、现浇珍珠岩(蛭石)、乳化沥青珍珠岩、泡沫混凝土、加气混凝土、陶粒混凝土、喷涂改性聚氨酯硬泡体、架空隔热层。

(2) 保温隔热天棚。

板底顶棚：铺贴塑料板、沥青软木、聚苯板。

悬吊顶棚：龙骨上铺放玻璃棉板、袋装矿棉、泡沫板。

(3) 保温隔热墙、柱面：沥青贴软木(泡沫板)、加气混凝土块、沥青珍珠岩墙板、沥青玻璃棉(矿渣棉、稻壳板)、喷涂改性聚氨酯硬泡体(防水、保温)、聚苯颗粒(EPS/XPS)外墙外保温系统(现行做法)。

(4) 隔热楼地面：沥青贴软木、沥青贴泡沫板、沥青贴加气混凝土块。

15.1.2 防腐工程

防腐就是通过各种手段，保护容易锈蚀的金属物品，来达到延长其使用寿命的目的，通常采用化学防腐、物理防腐、电化学防腐等方法。

1. 刷油防腐

刷油是一种经济而有效的防腐措施。它不仅施工方便，而且具有优良的物理性能和化学性能，因此，应用范围很广。刷油除了防腐作用外，还能起到装饰和标志作用。

2. 耐酸防腐

耐酸防腐是先将基层清理干净，然后运用人工或机械将具有耐腐蚀性能的材料浇捣、涂刷、喷涂、粘贴或铺砌在应防腐蚀的工程物体表面上，以达到防腐蚀的效果。常用材料有水玻璃耐酸混凝土、耐酸沥青砂浆、硫黄混凝土、环氧砂浆、环氧稀胶泥、重晶石混凝土、重晶石砂浆、酸化处理、环氧玻璃钢、酚醛玻璃钢、耐酸沥青胶泥卷材、瓷砖、瓷板、铸石板、花岗岩以及耐酸防腐涂料等。

15.2 工程量清单项目编制及工程量计算规则

15.2.1 工程清单设置

保温、隔热、防腐工程量清单项目有保温、隔热，防腐面层，其他防腐3节内容，内容详见《房屋建筑与装饰工程工程量计算规范》(GB 50854—2013)(以下简称《计算规范》)。

保温、隔热设置有1节内容，防腐面层设置有1节内容，其他防腐设置有1节内容。

《计算规范》中表 K.1 保温、隔热(011001)，设置有保温隔热屋面(见图 15-1)(011001001)、保温隔热天棚(011001002)、保温隔热墙面(011001003)、保温柱、梁(011001004)、保温隔热楼地

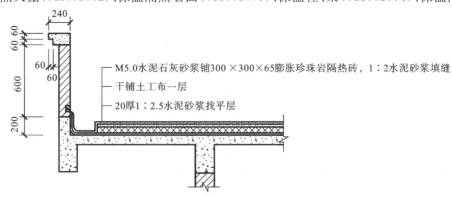

图 15-1 屋面保温隔热详图

面(011001005)、其他保温隔热(011001006)共6个清单。

《计算规范》中表 K.2 防腐面层(011002),设置有防腐混凝土面层(011002002)、防腐砂浆面层(011002002)、防腐胶泥面层(011002003)、玻璃钢防腐面层(011002004)、聚氯乙烯板面层(011002005)、块料防腐面层(011002006)、池、槽块料防腐面层(011002007)共7个清单。

《计算规范》中表 K.3 其他防腐(011003),设置有隔离层(011003001)、砌筑沥青浸渍砖(011003002)、防腐涂料(011003003)共3个清单。

15.2.2 清单项目工程量计算与清单编制

15.2.2.1 保温、隔热(011001)

保温隔热屋面计算规则:按设计图示尺寸以面积计算。扣除面积>0.3m² 孔洞及占位面积。

保温隔热天棚计算规则:按设计图示尺寸以面积计算。扣除面积>0.3m² 上柱、梁、孔洞所占面积,与天棚相连的梁按展开面积计算,并入天棚工程量内。

保温隔热墙面计算规则:按设计图示尺寸以面积计算。扣除门窗洞口以及面积>0.3m² 梁、孔洞所占面积;门窗洞口侧壁需要做保温时,并入保温墙体工程量内。

保温柱、梁计算规则:按设计图示尺寸以面积计算。① 柱按设计图示柱断面保温层中心线展开长度乘以保温层高度以面积计算,扣除面积>0.3m² 梁所占面积;② 梁按设计图示梁断面保温层中心线展开长度乘以保温层长度以面积计算。

保温隔热楼地面计算规则:按设计图示尺寸以面积计算。扣除面积>0.3m² 柱、垛、孔洞所占面积。门洞、空圈、暖气包槽、壁龛的开口部分不增加面积。

其他保温隔热计算规则:按设计图示尺寸以展开面积计算。扣除面积> 0.3m² 孔洞及占位面积。

【例题 15-1】 某工程屋面平面图见图 15-2,女儿墙厚 240mm,屋面做法:干铺 50mm 厚聚苯乙烯泡沫板屋面保温,试计算该屋面保温清单工程量。

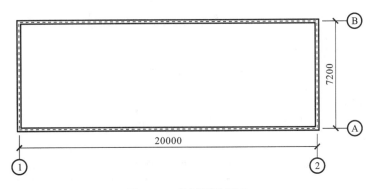

图 15-2 某屋面平面图

解 ① 计算清单工程量。

屋面保温:(20-0.24)×(7.2-0.24)=137.53(m²)

② 分部分项工程量清单见表 15-1。

表 15-1 分部分项工程和单价措施项目清单与计价表

序号	项目编码	项目名称	项目特征	计量单位	工程量	金额(元)		
						综合单价	合价	其中暂估价
1	011001001001	保温隔热屋面	保温隔热材料品种、规格、厚度:50mm厚聚苯乙烯泡沫板屋面保温	m²	137.53			

15.2.2.2 防腐面层(011002)

防腐混凝土面层、防腐砂浆面层、防腐胶泥面层、玻璃钢防腐面层、聚氯乙烯板面层、块料防腐面层,计算规则:按设计图示尺寸以面积计算。① 平面防腐:扣除凸出地面的构筑物、设备基础等以及面积>0.3m² 孔洞、柱、垛所占面积,门洞、空圈、暖气包槽、壁龛的开口部分不增加面积;② 立面防腐:扣除门、窗、洞口以及面积>0.3m² 孔洞、梁所占面积,门、窗、洞口侧壁、垛突出部分按展开面积并入墙面积内。

池、槽块料防腐面层计算规则:按设计图示尺寸以展开面积计算。

【例题 15-2】 某房间平面图见图 15-3,尺寸标注为墙中心线,墙厚240mm,M-1 尺寸为900mm×2100mm,楼面防腐做法:铺 60mm 厚耐酸混凝土,试计算该楼面防腐清单工程量。

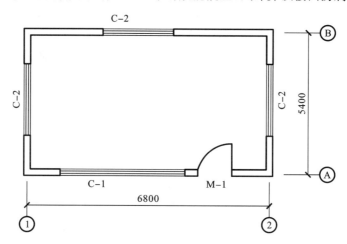

图 15-3 某房间平面图

解 ① 计算清单工程量。

屋面防腐:(6.8−0.24)×(5.4−0.24)=33.85(m²)

② 分部分项工程量清单见表 15-2。

表 15-2 分部分项工程和单价措施项目清单与计价表

序号	项目编码	项目名称	项目特征	计量单位	工程量	金额(元)		
						综合单价	合价	其中暂估价
1	011002001001	防腐混凝土面层	1.防腐部位:楼面 2.面层厚度:60mm 3.混凝土种类:耐酸混凝土	m²	33.85			

15.2.2.3 其他防腐(011003)

隔离层计算规则:按设计图示尺寸以面积计算。① 平面防腐:扣除凸出地面的构筑物、设备基础等以及面积>0.3m² 孔洞、柱、垛所占面积,门洞、空圈、暖气包槽、壁龛的开口部分不增加面积;② 立面防腐:扣除门、窗、洞口以及面积>0.3m² 孔洞、梁所占面积,门、窗、洞口侧壁、垛突出部分按展开面积并入墙面积内。

砌筑沥青浸渍砖计算规则:按设计图示尺寸以体积计算。

防腐涂料计算规则:按设计图示尺寸以面积计算。① 平面防腐:扣除凸出地面的构筑物、设备基础等以及面积>0.3m² 孔洞、柱、垛所占面积,门洞、空圈、暖气包槽、壁龛的开口部分不增加面积;② 立面防腐:扣除门、窗、洞口以及面积>0.3m² 孔洞、梁所占面积,门、窗、洞口侧壁、垛突出部分按展开面积并入墙面积内。

15.3 定额项目内容及工程量计算规则

15.3.1 定额项目设置及定额工作内容

15.3.1.1 保温隔热工程

《广东省房屋建筑与装饰工程综合定额(2018)》中保温隔热工程定额项目设置见表 15-3。

表 15-3 保温隔热工程定额项目分类表

项目名称	子目设置	定额编码	计量单位	工作内容
屋面保温	无机轻集料保温砂浆	A1-11-108、A1-11-109	100m²	见《广东省房屋建筑与装饰工程综合定额(2018)》
	屋面保温沥青玻璃棉毡	A1-11-110、A1-11-111	100m²	
	屋面保温干铺珍珠岩	A1-11-112、A1-11-113	100m²	
	屋面保温	A-11-114～A1-11-117	100m²	
	现喷硬泡聚氨酯屋面保温	A1-11-118、A1-11-119	100m²	
	铺设无纺布	A1-11-120	100m²	
	干铺聚苯乙烯泡沫板屋面保温 50mm	A1-11-121	100m²	
	屋面保温层排气管安装	A1-11-122	10m	
	屋面保温层排气孔安装	A1-11-123～A1-11-125	100 个	
屋面隔热	屋面现浇陶粒混凝土隔热层	A1-11-126～A1-11-129	100m²	
	屋面现浇特种混凝土隔热层	A1-11-130～A1-11-133	100m²	
	单层架空大阶砖	A1-11-134、A1-11-135	100m²	
	单层大阶砖	A1-11-136	100m²	
	屋面隔热砌块	A1-11-137、A1-11-138	100m²	
	屋面铝基反光隔热涂料刷一遍	A1-11-139	100m²	
墙体保温	沥青玻璃棉	A1-11-140、A1-11-141	100m²	
	沥青矿渣棉	A1-11-142、A1-11-143	100m²	
	硬泡聚氨酯外墙外保温	A1-11-144、A1-11-145	100m²	

续表

项目名称	子目设置	定额编码	计量单位	工作内容
墙体保温	XPS聚苯乙烯挤塑板外墙外保温	A1-11-146	100m²	见《广东省房屋建筑与装饰工程综合定额(2018)》
	EPS聚苯板外墙外保温	A1-11-147	100m²	
	EPS聚苯板外墙内保温	A1-11-148、A1-11-149	100m²	
	隔热涂料外墙保温罩面漆	A1-11-150、A1-11-151	100m²	
	单面钢丝网聚苯乙烯板	A1-11-152	100m²	
	无机轻集料保温砂浆	A1-11-153、A1-11-154	100m²	
	抗裂保护层	A1-11-155、A1-11-156	100m²	
	热镀锌钢丝网抗裂砂浆	A1-11-157	100m²	
	单片保温模网	A1-11-158	100m²	
楼地面	粘贴聚苯乙烯板	A1-11-159	100m²	清理基层,铺、贴保温板
	干铺聚苯乙烯板	A1-11-160	100m²	
防火隔离带	聚苯乙烯板	A1-11-161～A1-11-164	100m²	清理基层,切割,砂浆调制,贴防火带
	泡沫玻璃	A1-11-165～A1-11-168	100m²	
	岩棉板	A1-11-169～A1-11-172	100m²	

15.3.1.2 防腐工程

《广东省房屋建筑与装饰工程综合定额(2018)》中防腐工程定额项目设置见表15-4。

表15-4 防腐工程定额项目分类表

项目名称	子目设置	定额编码	计量单位	工作内容
防腐整体面层	防腐混凝土面层	A1-11-1～A1-114	100m²	见《广东省房屋与装饰工程综合定额(2018)》
	防腐砂浆面层	A1-11-5～A1-11-16	100m²	
	防腐胶泥面层	A1-11-17	100m²	
聚氯乙烯板地面	软聚氯乙烯板地面	A1-11-18	100m²	
块料反复面层	平面块料面层	A1-11-19～A1-11-40	100m²	
	池、沟、槽块料	A1-11-41～A1-11-52	100m²	
隔离层	聚乙烯薄膜	A1-11-53	100m²	
防腐涂料	防腐涂料	A1-11-54～A1-11-107	100m²	

15.3.2 定额工程量计算规则

15.3.2.1 防腐工程

(1)防腐工程量均按设计图示尺寸以面积计算。

平面防腐:扣除凸出地面的构筑物、设备基础等所占的面积。

立面防腐:砖垛等凸出部分按展开面积并入墙面面积内。

踢脚板防腐:扣除门洞所占面积并相应增加门洞侧壁展开面积。

(2)平面砌筑双层耐酸块料时,按单层面积乘以系数2计算。

15.3.2.2 保温隔热工程

（1）屋面保温、隔热层工程量按设计图示尺寸以面积计算，不扣除柱、垛所占的面积。

（2）屋面保温层排气管工程量按设计图示尺寸以延长米计算，不扣管件所占长度。保温层排气孔按设计图示数量以个计算。

（3）墙体保温隔热层工程量按设计图示尺寸以面积计算，扣除门窗洞口所占面积；门窗洞口面积指完成门窗塞缝及墙面抹灰装饰后洞口面积。门窗洞口侧壁需做保温时，并入保温墙体工程量内。

（4）柱保温层工程量按设计图示以保温层中心线展开长度乘以保温层高度计算。

（5）地面隔热层工程量按设计图示尺寸以面积计算，不扣除柱、垛所占的面积。

（6）块料隔热层工程量不扣除附墙烟囱、竖风道、风帽底座、屋顶小气窗、水斗和斜沟的面积。

（7）防火隔离带工程量按设计图示尺寸以"m²"计算。

15.4 定额计价与清单计价

15.4.1 定额应用及定额计价

《广东省房屋建筑与装饰工程综合定额(2018)》有关说明如下。

（1）防腐卷材的接缝、收头等人工材料已计入子目内，不另计算。

（2）块料防腐面层以平面砌为准，砌立面者套平面砌相应子目，人工消耗量乘以系数1.38，踢脚板人工消耗量乘以系数1.56，其他不变。

（3）防腐面层工程的各种面层，除软聚氯乙烯板地面外，均不包括踢脚板。

（4）花岗岩石以六面剁斧的板材为准。如底面为毛面者，水玻璃砂浆增加0.38m³；耐酸沥青砂浆增加0.44m³。

（5）屋面保温层排气孔塑料管按180°单出口考虑(2只90°弯头组成)，双出口时应增加三通一只；钢管、不锈钢管按180°煨制弯考虑，当采用管件拼接时另增加弯头2只，管件消耗量乘以系数0.7，取消弯管机台班。

（6）柱面保温根据墙面保温项目人工费乘以系数1.19，材料消耗量乘以系数1.04。

（7）池槽保温隔热层，其中池壁按墙面计算，池底按地面计算。

（8）屋面保温干铺聚苯乙烯泡沫板，天棚、墙体、柱保温，楼地面隔热，除有厚度增减的子目外，如保温材料厚度与设计不同时，保温材料可以换算，其他不变。

【例题 15-3】 求例题 15-1 屋面保温工程量并套用定额，计算定额分部分项工程费。

解 ① 计算定额工程量。

屋面保温：$(20-0.24) \times (7.2-0.24) = 137.53 (m^2)$

② 查找定额，计算定额分部分项工程费，结果见表 15-5。

表 15-5 定额分部分项工程费汇总表

序号	项目编号	项目名称	计量单位	工程数量	定额基价（元）	合价（元）
1	A1-11-121	干铺聚苯乙烯泡沫板屋面保温 50mm	100m²	1.3753	2768.41	3807.39
		合计				3807.39

【例题 15-4】 求例题 15-2 楼面防腐工程量,并套用定额计算定额分部分项工程费。

解 ① 计算定额工程量。

屋面保温:(6.8－0.24)×(5.4－0.24)＝33.85(m²)

② 查找定额,计算定额分部分项工程费,结果见表 15-6。

表 15-6 定额分部分项工程费汇总表

序号	项目编号	项目名称	计量单位	工程数量	定额基价(元)	合价(元)
1	A1-11-1	水玻璃耐酸混凝土 60mm	100m²	0.3385	17799.22	6025.04
		合计				6025.04

15.4.2 清单计价

15.4.2.1 清单项目综合单价确定

综合单价分析表中的人工费按照 2017 年广东省建筑市场综合水平取定,各时期各地区的水平差异可按各市发布的动态人工调整系数进行调整,材料费、施工机具费按照广州市 2020 年 10 月份信息指导价,利润为人工费与施工机具费之和的 20%,管理费按分部分项的人工费与施工机具费之和乘以相应专业管理费分摊费率计算。计算方法与结果见综合单价分析表。

例题 15-1 的综合单价分析表见表 15-7。

表 15-7 综合单价分析表

项目编码	011001001001	项目名称	保温隔热屋面	计量单位	m²	工程量	137.53

清单综合单价组成明细								
定额编号	定额项目名称	定额单位	数量	单价(元)			合价(元)			
				人工费	材料费	机具费	管理费和利润	人工费	材料费	机具费	管理费和利润
A1-1-121	干铺聚苯乙烯泡沫板屋面保温 50mm	100m²	0.01	1044.29	2652.28		359.86	10.44	26.52		3.6
人工单价				小计				10.44	26.52		3.6
				未计价材料费							
清单项目综合单价								40.56			

材料费明细	主要材料名称、规格、型号	单位	数量	单价(元)	合价(元)	暂估单价(元)	暂估合价(元)
	其他材料费	元	0.0436	1	0.4		
	其他材料费			—	26.48		
	材料费小计			—	26.52		

例题 15-2 的综合单价分析表见表 15-8。

表 15-8 综合单价分析表

项目编码	011002001001	项目名称	防腐混凝土面层	计量单位	m²	工程量	33.85

清单综合单价组成明细											
定额编号	定额项目名称	定额单位	数量	单价(元)				合价(元)			
				人工费	材料费	机具费	管理费和利润	人工费	材料费	机具费	管理费和利润
A1-11-1	水玻璃耐酸混凝土 60mm	100m²	0.01	5156.17	11467.72	375.46	1906.2	51.56	114.68	3.75	19.06
人工单价				小计				51.56	114.68	3.75	19.06
				未计价材料费							
清单项目综合单价								189.06			

材料费明细	主要材料名称、规格、型号	单位	数量	单价(元)	合价(元)	暂估单价(元)	暂估合价(元)
	其他材料费	元	0.7064	1	0.71		
	其他材料费			—	113.97	—	
	材料费小计			—	114.68	—	

15.4.2.2 分部分项工程与单价措施项目清单与计价表填写

分部分项工程与单价措施项目清单与计价表填写见表 15-9。

表 15-9 分部分项工程与单价措施项目清单与计价表

工程名称:×××

序号	项目编码	项目名称	项目特征	计量单位	工程量	金额(元)		
						综合单价	合价	其中暂估价
1	011001001001	保温隔热屋面	保温隔热材料品种、规格、厚度:50mm 厚聚苯乙烯泡沫板屋面保温	m²	137.53	40.56	5578.22	
2	011002001001	防腐混凝土面层	1.防腐部位:楼面 2.面层厚度:60mm 3.混凝土种类:耐酸混凝土	m²	33.85	189.06	6399.68	
			小计				11977.9	

任务 16 脚手架工程计量与计价

16.1 基础知识

本章包括建筑工程脚手架、单独装饰工程脚手架两部分。

脚手架是专门为高空施工操作,堆放和运送材料,并保证施工过程工人安全,按照要求而设置的架设工具或操作平台。脚手架虽不是工程的实体,但也是施工中不可缺少的设施之一,其费用是构成工程造价的一个组成部分。

建筑工程脚手架包括:综合脚手架、单排脚手架、满堂脚手架、里脚手架、靠脚手架安全挡板、独立安全挡板、电梯井脚手架、烟囱脚手架、架空运输道、围尼龙编织布等项目。

单独装饰工程脚手架适用于单独承包建筑物装饰装修工作面在 1.2m 以上的需要重新搭设脚手架的工程。单独装饰工程脚手架包括:综合脚手架及外墙电动吊篮、单排脚手架、满堂脚手架、活动脚手架、靠脚手架安全挡板、独立安全挡板、围尼龙编织布及单独挂尼龙安全网等项目。

16.1.1 综合脚手架

综合脚手架一般指沿建筑物外墙外围搭设的脚手架,它综合了外墙砌筑、勾缝、捣制外轴线柱及外墙外部装饰等所用脚手架。综合脚手架包括脚手架、平桥、斜桥、平台、护栏、挡脚板、安全网等,高层脚手架 50.5m 至 200.5m 还包括托架和拉杆费用。

广东省综合定额中的综合脚手架以钢管脚手架考虑。

16.1.1.1 钢管脚手架

钢管脚手架采用钢管支撑、木跳板或钢管跳板,钢管脚手架的接头一般以钢扣件连接。图 16-1 为扣件杆式钢管外墙脚手架的构造形式。

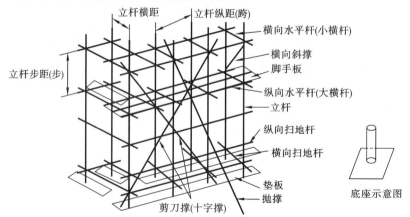

扣件脚手架构成示意图(图中未画出挡脚板、栏杆、连墙件及各种扣件)

图 16-1 扣件杆式钢管外墙脚手架的构造形式

16.1.1.2 电动吊篮

电动吊篮是通过特设的支撑点,利用吊索悬吊吊架或吊篮进行装饰工程操作的一种脚手架。由吊架或吊篮、支撑设施、吊索及升降装置等组成。

图 16-2 为电动吊篮设备图。

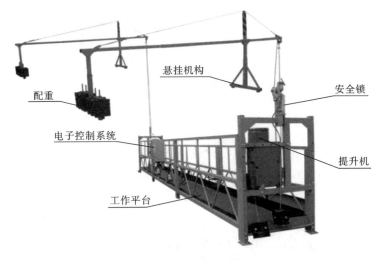

图 16-2 电动吊篮设备图

16.1.2 单排脚手架

单排脚手架是指为完成外墙的个别部位和个别构件、构筑物的施工(砌筑、混凝土墙浇捣、柱浇捣、装饰等)及安全所搭设的脚手架。

图 16-3 为钢管式单排脚手架(侧面)的构造。

16.1.3 满堂脚手架

满堂脚手架是指为完成满堂基础和室内天棚的安装、装饰抹灰等施工而在整个工作范围内搭设的脚手架。

16.1.4 里脚手架

里脚手架又称内墙脚手架,是沿着室内墙面搭设的脚手架。内容包括外墙内面装饰脚手架、内墙砌筑及装饰用脚手架、外走廊及阳台的外墙砌筑与装饰脚手架、走廊柱、独立柱的砌筑与装饰脚手架、现捣混凝土柱、混凝土墙结构及装饰脚手架等。

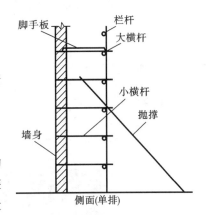

图 16-3 钢管式单排脚手架
(侧面)的构造

16.1.5 活动脚手架

活动脚手架是便于墙柱面装饰及天棚装饰施工的可搭拆架子及桥板的一种脚手架。

图 16-4 为活动脚手架示意图。

图 16-4　活动脚手架示意图

16.1.6　靠脚手架安全挡板

靠脚手架安全挡板是指在多层或高层建筑施工及装饰装修时为了施工操作安全及行人交通安全,以及立体交叉作业等要求沿外墙脚手架搭设的安全挡板。

图 16-5 为靠脚手架安全挡板示意图。

图 16-5　靠脚手架安全挡板示意图

16.1.7　独立安全挡板

独立安全挡板是指脚手架以外单独搭设的,用于车辆通道、人行通道、临街防护和施工现场与其他危险场所隔离等防护的安全挡板,分为水平防护挡板和垂直防护架。

图 16-6 为独立安全挡板示意图。

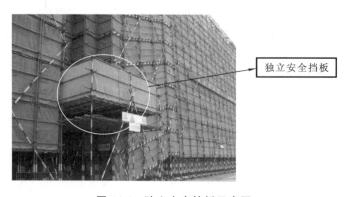

图 16-6　独立安全挡板示意图

16.1.8 电梯井脚手架

电梯井脚手架是考虑电梯井内各种预埋件安装定位及井内必需的施工处理、安全等因素而搭设的脚手架。

16.1.9 烟囱脚手架

烟囱脚手架是用于烟囱施工的脚手架,综合了垂直运输架、斜桥、风缆、地锚等内容。

16.2 工程量清单项目编制及工程量计算规则

根据《关于实施〈房屋建筑与装饰工程工程量计算规范〉(GB 50854—2013)等的若干意见》(粤建造发〔2013〕4号)的有关规定,脚手架工程计算暂不执行表 S.1 的有关规定,按照粤表 S.1.1(见表 16-1)的规定执行。

表 16-1　粤表 S.1.1 脚手架工程(编码:粤 011701008~粤 011701018)

项目编码	项目名称	项目特征	计量单位	工程量计算规则	工作内容
粤 011701008	综合钢脚手架	搭设高度	m²	按《广东省房屋建筑与装饰工程综合定额(2018)》"脚手架工程"工程量计算规则相关规定计算	1. 场内外材料搬运 2. 搭、拆脚手架、斜道、上料平台 3. 安全网的铺设 4. 拆除脚手架后材料的堆放
粤 011701009	单排钢脚手架	搭设高度	m²		1. 场内、场外材料搬运 2. 搭设 3. 拆除脚手架后材料的堆放
粤 011701010	满堂脚手架				
粤 011701011	里脚手架				
粤 011701012	活动脚手架	搭设部位			
粤 011701013	靠脚手架安全板	搭设高度			
粤 011701014	独立安全挡板	搭设方式 搭设高度			
粤 011701015	电梯井脚手架	搭设高度	座		
粤 011701016	烟囱脚手架	直径大小 搭设高度			
粤 011701017	架空运输道	搭设高度			
粤 011701018	围尼龙编织布	搭设高度	m²		1. 场内、场外材料搬运 2. 围尼龙编织布 3. 拆除后材料堆放
粤 011701019	单独挂尼龙安全网	搭设高度	m²		1. 场内、场外材料搬运 2. 安全网的铺设 3. 拆除后材料堆放

16.3 定额项目内容及工程量计算规则

16.3.1 定额项目设置及定额工作内容

16.3.1.1 建筑脚手架工程

《广东省房屋建筑与装饰工程综合定额(2018)》建筑脚手架工程定额项目设置见表 16-2。

表 16-2 建筑脚手架工程定额项目分类表

项目名称		子目设置	定额编码	计量单位	工作内容
建筑外脚手架工程	综合钢脚手架	综合钢脚手架搭拆	A1-21-1～A-21-21	100m²	1. 挖坑、立杆、驳接止扣、铺板、绑扎、立柱、垫脚及上部挑出承托和拉杆、挂安全网等全部搭设过程 2. 施工期间的加固维修和安全管理、完工拆除工作 3. 拆除后的材料分类整理、绑扎、堆放及场内外运输,钢棚料及附件的油漆维护
		建筑用综合脚手架使用费	A1-21-22	100m²·10天	1. 正常施工期间的加固维修和安全管理 2. 脚手架用各种材料的周转摊销 3. 脚手架钢管及管件的损耗
		建筑用脚手架托架	A1-21-23	10m·10天	
	单排钢脚手架	单排钢脚手架搭拆	A1-21-24～A1-21-27	100m²	1. 挖坑、立杆、驳接上扣、铺板、绑扎、立柱垫脚等全部搭设过程 2. 施工期间的加固维修和安全管理、完工拆除工作 3. 拆除后的材料分类整理,绑扎堆放及场内外运输,钢棚料及附件的油漆维护
		建筑用单排脚手架使用费	A1-21-28	100m²·10天	1. 正常施工期间的加固维修和安全管理 2. 脚手架用各种材料的周转摊销 3. 脚手架钢管及管件的损耗
满堂脚手架		满堂脚手架（钢管）	A1-21-29、A1-21-30	100m²	1. 挖坑、接杆、铺板、立杆柱垫脚等的搭设全部过程 2. 施工期间的加固维修和安全管理、完工拆除工作 3. 拆除后的材料分类整理、绑扎、堆放及场内外运输,钢棚料及附件的油漆维护
里脚手架		里脚手架（钢管）	A1-21-31～A1-21-34	100m²	1. 立杆、驳杆、铺板、垫脚等搭设全过程 2. 施工使用期间的维修、加固、钢棚料及件的油漆维护 3. 拆除后的材料分类整理、绑扎、堆放及场内外运输,钢棚料及附件的油漆维护

续表

项目名称	子目设置	定额编码	计量单位	工作内容
靠脚手架安全挡板	靠脚手架安全挡板(钢管)	A1-21-35～A1-21-54	100m²	1. 立杆、驳杆、铺板、垫脚等搭设全过程 2. 施工使用期间的维修、加固、钢棚料及附件的油漆维护 3. 拆除后的材料分类整理、绑扎、堆放及场内外运输
独立安全挡板	独立安全防护挡板(钢管)	A1-21-55、A1-21-56	100m²	1. 挖坑、立杆、驳杆、铺板、垫脚等搭设的全部过程 2. 施工使用期间的维修、加固、钢棚料及附件的油漆维护 3. 拆除后的材料分类整理、绑扎、堆放及场内外运输
电梯井脚手架	电梯井脚手架(钢管)	A1-21-57～A1-21-68	座	1. 挖坑、立杆、驳杆、铺板、绑扎、垫脚等搭设的全部过程 2. 施工使用期间的维修、加固、钢棚料及附件的油漆维护 3. 拆除后的材料分类整理、绑扎、堆放及场内外运输
烟囱脚手架	烟囱直径5m内	A1-21-69～A1-21-74	座	平土,安装底座,架子搭拆,拉缆风绳,钢管进场运输及日常油漆保护;使用期内加固维修等工作
架空运输道	烟囱直径8m内	A1-21-75～A1-21-80	座	
	架空运输道(钢管)	A1-21-81	10m	
围尼龙编织布	围尼龙编织布	A1-21-82～A1-21-102	100m²	1. 材料的传递、搭设、施工期间的维修和更换新料 2. 拆卸整理、绑扎、堆放及场内外运输
深基坑上落钢爬架	深基坑上落钢爬梯制安	A1-21-103	100m²	1. 放样、划线、截料、平整、钻孔、拼装、焊接、成品校正、除锈刷防锈漆一遍及成品编号堆放 2. 构件加固、翻身就位,吊装校正 3. 安装钢网、钢筋、加固绑扎铁丝、紧固螺栓
	密目式阻燃安全网	A1-21-104	10m²	

16.3.1.2 单独装饰脚手架工程

《广东省建筑与装饰工程综合定额(2018)》中单独装饰脚手架工程定额项目设置略。

16.3.2 定额工程量计算规则

16.3.2.1 建筑物脚手架工程

(1) 外墙综合脚手架搭拆工程量,按外墙外边线的凹凸(包括凸出阳台)总长度乘以设计外地坪至外墙的顶板面或檐口的高度以面积计算;不扣除门、窗、洞口及穿过建筑物的通道的空洞面积。屋面上的楼梯间、水池、电梯机房等的脚手架工程量应并入主体工程量内计算。

外墙综合脚手架的步距和计算高度,按以下情形分别确定。

① 有女儿墙者,高度和步距计至女儿墙顶面。

② 有山墙者,以山尖二分之一高度计算,山墙高度的步距按檐口高度为准。

③ 地下室外墙综合脚手架,高度和步距计算从设计外地坪至底板垫层底。

④ 上层外墙或裙楼上有缩入的塔楼者,工程量分别计算。裙楼的高度和步距应按设计外地坪至裙楼顶面的高度计算;缩入的塔楼高度从缩入面计至塔楼的顶面,但套用定额步距的高度应从设计外地坪计至塔楼顶面。

(2) 外墙综合脚手架使用工程量,按脚手架搭设面积乘以脚手架在施工现场的有效使用天数以"100m^2 · 10 天"为单位计算。

外墙综合脚手架有效使用天数的计算。

① 具有经审核的施工组织设计文件。

±0.00mm 以下工程脚手架有效使用天数=(地下工程工期-土方开挖工期)/2

±0.00mm 以上工程脚手架有效使用天数=(主体工程工期+开始拆架至工程竣工的间隔期)×0.5+封顶至开始拆架的间隔期

② 没有经审核的施工组织设计文件,按主体工程工期占地上工程工期 60%;装饰工程工期占 30%;封顶至拆架间隔期占 10%综合考虑。

±0.00mm 以下工程脚手架有效使用天数=地下工程工期/4

±0.00mm 以上工程建筑脚手架有效使用天数=地上工程工期×0.40

±0.00mm 以上工程装饰脚手架有效使用天数=地上工程工期×0.15

(3) 外墙为幕墙时,幕墙部分按幕墙外围面积计算综合脚手架。

(4) 加层建筑物工程外墙脚手架工程量,按以下规则计算:

① 原有建筑物部分,按两个单排脚手架计算,其高度以原建筑物的外地坪至原有建筑物高度减 2.5m;

② 加层建筑工程部分,按综合脚手架计算,其高度按加层建筑物的高度加 2.5m,脚手架的定额步距按外地坪至加层建筑物外墙顶的高度。

(5) 围墙脚手架按设计外地坪至围墙顶高度乘以围墙长度以面积计算,套相应高度的单排脚手架,围墙双面抹灰的,增加一面单排脚手架。

(6) 砌筑石墙,高度在 1.2m 以上时,按砌筑石墙长度乘以高度计算一面综合脚手架;墙厚 40cm 以上时,按一面综合脚手架、一面单排脚手架计算。

(7) 现浇钢筋混凝土屋架以及不与板相接的梁,按屋架跨度或梁长乘以高度以面积计算综合脚手架,高度从地面或楼面算起,屋架计至架顶平均高度,单梁高度计至梁面在外墙轴线的现浇屋架,单梁及与楼板一起现浇的梁均不得计算脚手架。

(8) 吊装系梁、吊车梁、柱间支撑、屋架等(未能搭外脚手架时),搭设的临时柱架和工作台,按柱(大截面)周长加 3.6m 后乘以高度,套单排脚手架计算。

(9) 建筑面积计算范围外的独立柱、柱高超过 1.2m 时,按柱身周长加 3.6m 后乘以高度,套单排脚手架计算,在外轴线上的附墙柱的脚手架已综合考虑。

(10) 大型设备基础高度超过 2m 时,按其外形周长乘以基础高度以面积计算单排脚手架。

(11) 各种类型的预制钢筋混凝土及钢结构屋架,如跨度在 8m 以上,吊装时按屋架外围面积计算脚手架工程量,套 10m 以内单排脚手架乘以系数 2 计算。

(12) 凿桩头的高度如超过 1.2m 时,混凝土灌注桩、预制方桩、管桩每凿 1m³ 桩头,计算单排脚手架 16m²;钻(冲)孔桩按直径乘以 4 加 3.6m 再乘以高度以面积计算单排脚手架。

(13) 满堂脚手架工程量,按室内净面积计算,其高度在 3.6~5.2m,按满堂脚手架基本层计算,超过 5.2m 每增加 1.2m 按增加一层计算,不足 0.6m 的不计。计算式表示如下:

$$满堂脚手架增加层=(楼层高度-5.2m)/1.2m$$

(14) 房屋建筑里脚手架,楼层高度在 3.6m 以内按各层建筑面积计算,层高超过 3.6m 每增 1.2m 按调增子目计算,不足 0.6m 不计算。在有满堂脚手架搭设的部分,里脚手架按该部分建筑面积的 50% 计算。不带装修的工程,里脚手架按建筑面积的 50% 计算。没有建筑面积部分的脚手架搭设按相应子目规定分别计算。

(15) 亭、台、阁、廊、榭、舫、塔、坛、碑、牌坊、景墙、景壁、景门、景窗(附墙的景壁、景门、景窗除外)、屏风的脚手架:平顶的按滴水线总长度乘以设计地坪至檐口线高度以面积计算;尖顶的按其结构最大水平投影周长乘以设计外地坪至顶点高度以面积计算,按不同步距套综合脚手架子目。

(16) 建筑花架廊外脚手架:按水平投影外边线总长度乘以设计外地坪至花架顶高度以面积计算。廊顶高度在 3.6m 以内套用单排脚手架,在 3.6m 以上套用综合脚手架。

(17) 建筑石山的脚手架:石山高度在 1.2m 以上时,按外围水平投影最大周长乘以设计外地坪至石山顶高度以面积计算,套用综合脚手架定额。

(18) 其他脚手架计算规则如下。

① 独立安全挡板:水平挡板,按水平投影面积计算;垂直挡板,按自然地坪至最上一层横杆之间的搭设高度,乘以实际搭设长度,以面积计算。

② 架空运输脚手架,按搭设长度以延长米计算。

③ 烟囱、水塔、独立筒仓脚手架,分不同内径,按外地坪至顶面高度,套相应定额子目计算。

④ 烟囱内衬的脚手架,按烟囱内衬砌体的面积,套单排脚手架计算。

⑤ 电梯井脚手架按井底板面至顶板底高度,套相应定额子目以座计算。如±0.000mm 以上不同施工单位施工时,上盖仍按座计算,高度步距从电梯井底起计,±0.000mm 以下则按井内净空周长乘以井底至±0.000mm 高度计算,套单排脚手架。

⑥ 围尼龙编织布按实搭面积计算(垂直防护挡板除外)。

⑦ 靠脚手架安全挡板:编制预算时,每层安全挡板工程量,按建筑物外墙的凹凸面(包括凸出阳台)的总长度加 16m 乘以宽度 2m 计算。建筑物高度在三层以内或 9m 范围内不计安全挡板。高度在三至六层或在 9m 至 18m 计算一层,以后每增加三层或高度 9m 者计一层。计算安全挡板时,除另有约定外,按实搭面积计算。

16.3.2.2 单独装饰脚手架工程

(1) 外墙综合脚手架工程量,按外墙外边线的凹凸(包括凸出阳台)总长度乘以设计外地坪至外墙装饰面高度以面积计算;不扣除门、窗、洞口及穿过建筑物的通道的空洞面积。屋面上的楼梯间、水池、电梯机房等脚手架,并计入主体工程量内计算。

外墙综合脚手架的步距和计算高度,按以下情形分别确定。

① 有山墙者,以山尖二分之一高度计算,山墙高度的步距以檐口高度为准。

② 上层外墙或裙楼上有缩入的塔楼者,工程量分别计算。裙楼的高度和步距应按设计

外地坪至外墙装饰面的高度计算;缩入的塔楼从缩入面计至外墙装饰面高度计算,但套用定额步距的高度应从设计外地坪计至外墙装饰面。

(2) 外墙综合脚手架使用工程量,按脚手架搭设面积乘以脚手架在施工现场的有效使用天数以"100m² · 10天"计算。

外墙综合脚手架有效使用天数的计算:按外墙装修工期的55%计算。

外墙装修工期,具有经审核的施工组织设计方案的,按经审核的施工组织设计方案计算,没有的按现行的建设工程施工标准工期定额计算。

(3) 外墙为幕墙时,幕墙部分按幕墙外围面积计算综合脚手架。

(4) 多层建筑物,上层飘出的,按最长一层的外墙长度计算综合脚手架;下层有缩入的,缩入部分按围护面垂直投影面积,套相应高度单排脚手架计算。

(5) 单独制作凸出墙面的广告牌的脚手架,按凸出墙面周长乘以室外地坪至广告牌顶的高度以面积计算,套外地坪至广告牌顶高度的相应步距的综合脚手架。

(6) 屋面的广告牌,按其水平投影长度乘以屋面至广告牌顶的高度以面积计算,套外地坪至广告牌顶高度的相应步距的综合脚手架。

(7) 外墙电动吊篮,按外墙装饰面尺寸以垂直投影面积计算。

(8) 外墙内面装饰和内墙砌筑、装饰脚手架,按实际搭设长度乘以高度以面积计算。

(9) 独立柱捣制及装饰脚手架,按柱周长加3.6m再乘以高度以面积计算,高度在3.6m以内时,套活动脚手架;高度超过3.6m时,套单排脚手架。

(10) 围墙脚手架,按外地坪至围墙顶高度乘以围墙长度以面积计算,套用活动脚手架。围墙双面抹灰时,增加一面活动脚手架。

(11) 天棚装饰脚手架,楼层高度在3.6m以内时按天棚面积计算,套活动脚手架;超过3.6m时按室内净面积计算,套满堂脚手架,当高度在3.6m至5.2m时,按满堂脚手架基本层计算,超过5.2m每增加1.2m按增加一层计算,不足0.6m的不计。计算式表示如下:

$$满堂脚手架增加层 = (楼层高度 - 5.2m)/1.2m$$

(12) 天棚面单独刷(喷)灰水时,楼层高度在5.2m以下者,不计算脚手架;高度在5.2m至10m者,按满堂脚手架基本层的50%计算。

(13) 靠脚手架安全挡板,每层按实际搭设中心线长度乘以宽度2m以面积计算。

(14) 独立安全挡板:水平挡板,按水平投影面积计算;垂直挡板,按外地坪至最上一层横杆之间的搭设高度乘以实际搭设长度以面积计算。

(15) 围尼龙编织布,按实际搭设面积计算。

(16) 单独挂尼龙安全网,按实际搭设面积计算。

16.4 定额计价与清单计价

16.4.1 定额应用及定额计价

《广东省房屋建筑与装饰工程综合定额(2018)》有关说明如下。

(1) 本章以钢管脚手架考虑。

(2) 综合脚手架包括脚手架、平桥、斜桥、平台、护栏、挡脚板、安全网等,高层脚手架50.5m至200.5m还包括托架和拉杆费用。

(3) 里脚手架包括外墙内面装饰脚手架、内墙砌筑及装饰用脚手架、外走廊及阳台的外墙砌筑与装饰脚手架,走廊柱、独立柱的砌筑与装饰脚手架,现捣混凝土柱、混凝土墙结构及装饰脚手架费用,但不包括吊装脚手架,如发生构件吊装,该部分增加的脚手架另按有关的工程量计算规则计算,套用单排脚手架。

(4) 靠脚手架安全挡板套算高度,如搭设一层,按综合脚手架高度步距计算;搭设二层及以上时,按综合脚手架高度套低一级步距计算。

(5) 独立安全水平挡板和垂直挡板,是指脚手架以外单独搭设的,用于车辆通道、人行通道、临街防护和施工现场与其他危险场所隔离等防护。

(6) 定额里脚手架、满堂脚手架子目适用于搭设高度10m以内;搭设高度超过10m时,按照审定的施工方案确定。

(7) 1.5m宽以上雨篷(顶层雨篷除外),如没有计算综合脚手架的,按单排脚手架计算。

(8) 楼梯顶板高度按自然层计算。

(9) 天棚装饰(包括抹平扫白)楼层高度超过3.6m时,计算满堂脚手架。

(10) 天棚面单独刷(喷)灰水时,楼层高度在5.2m以下者,均不计算脚手架费用,高度在5.2m至10m,按满堂脚手架基本层子目的50%计算。

(11) 满堂基础脚手架套用满堂脚手架基本层定额子目的50%计算。

16.4.2 定额计价

【例题 16-1】 已知广州某地区建筑物如图16-7所示。主楼7层,每层层高3.1m,主楼建筑面积为3920m²,每层室内净面积均为540m²,檐口标高21.6m;门厅位于主楼前部为一层,层高3.0m,门厅建筑面积为24m²,室内净面积为20m²;左部有一餐厅,为单层,层高4.8m,餐厅建筑面积为140m²,室内净面积为128m²。室外地坪标高为-0.3m。计算该建筑物外墙砌筑综合脚手架、满堂脚手架、里脚手架的定额工程量,并计算脚手架定额分部分项工程费。(不考虑综合脚手架使用费)

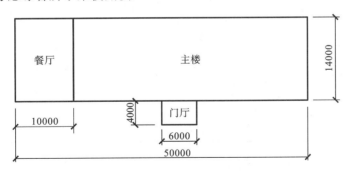

图16-7 某建筑物平面图

解 ① 计算定额工程量。

综合脚手架。

门厅:$H=3+0.3=3.3(m)$ 套定额[A1-21-1]综合钢脚手架4.5m内
$$S=(6+4\times2)\times3.3=46.20(m^2)$$

餐厅:$H=4.8+0.3=5.1(m)$ 套定额[A-1-21-2]综合钢脚手架12.5m内
$$S=(14+2\times10)\times5.1=173.40(m^2)$$

主楼:$H=21.6+0.3=21.9(m)$ 套定额[A1-21-4]综合钢脚手架30.5m内

$$S=(50-10+14)\times2\times21.9-(14\times5.1+6.0\times3.3)=2274.00(m^2)$$

满堂脚手架。

门厅:$H=3m<3.6m$,不计

餐厅:$H=4.8m$ 套定额[A1-21-29]满堂脚手架(钢管)基本层3.6m

$$S=128m^2$$

主楼:$H=3.1m<3.6m$,不计里脚手架。

门厅:层高3.0m,计算基本层

$$S=6\times4=24.00(m^2)$$

餐厅:层高4.8m,$(4.8-3.6)/1.2=1$,增加层计1层

因为餐厅已计满堂脚手架,所以里脚手架工程计50%,

即 $$S=10\times14\times50\%=70.00(m^2)$$

主楼1~7层,层高为3.1m

$$S=(50-10)\times14\times7=3920(m^2)$$

$S_{总}=24.00+70.00+3920.00=4014(m^2)$ 套[A1-21-31]里脚手架(钢管)民用建筑基本层3.6m

$S=70.00m^2$ 套[A1-22-32]里脚手架(钢管)民用建筑每增加1.2m

② 查找定额,计算定额分部分项工程费,结果见表16-3。

表16-3 定额分部分项工程费汇总表

序号	项目编码	项目名称	计量单位	工程数量	定额基价(元)	合价(元)
1	A1-21-1	综合钢脚手架搭拆,高度4.5m以内	100m²	0.46	1028.27	473
2	A1-21-2	综合钢脚手架搭拆,高度12.5m以内	100m²	1.73	1989.11	3441.16
3	A1-21-4	综合钢脚手架,30.5m以内	100m²	22.74	3478.65	79104.5
4	A1-21-29	满堂脚手架(钢管),基本层3.6m	100m²	1.28	1086.11	1390.22
5	A1-21-31	里脚手架(钢管),民用建筑基本层3.6m	100m²	40.14	1350.31	54201.44
6	A1-21-32	里脚手架(钢管),民用建筑每增加1.2m	100m²	0.7	455.19	318.63
		小计				138928.95

【例题16-2】 已知广州地区某建筑物平面图和立面图如图16-8所示,计算建筑单独装饰综合脚手架和定额分部分项工程费。(不考虑综合脚手架使用费)

解 ① 计算定额工程量。

外墙单独装饰综合脚手架工程量计算高度与套用定额步距均不相同,应分别计算如下:

计算高度为15m,步距20.5m内,套用定额A1-21-3

$$S=(26+12\times2+8)\times15=870(m^2)$$

计算高度为24m,步距30.5m内,套用定额A1-21-4

$$S=(18\times2+32)\times24=1632(m^2)$$

计算高度为$(51-24)m=27m$,步距60.5m内,套用定额A1-21-7

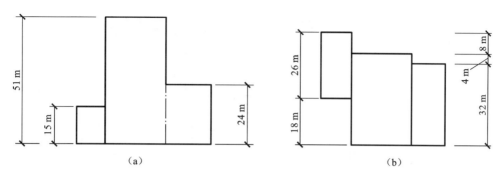

图 16-8 某建筑物立面图和平面图

$$S = 32 \times 27 = 864(m^2)$$

计算高度为 $(51-15)m = 36m$,步距 60.5m 内,套用定额 A1-21-7

$$S = (26-8) \times 36 = 648(m^2)$$

计算高度为 51m,步距 60.5m 内,套用定额 A1-21-7

$$S = (18+24 \times 2+4) \times 51 = 3570(m^2)$$

$$S_{总} = 864 + 648 + 3570 = 5082(m^2)$$

② 查找定额,计算定额分部分项工程费,结果见表 16-4。

表 16-4 定额分部分项工程费汇总表

序号	项目编码	项目名称	计量单位	工程数量	定额基价(元)	合价(元)
1	A1-21-3	综合钢脚手架搭拆,高度 20.5m 以内	100m²	8.70	2619.23	22787.3
2	A1-21-4	综合钢脚手架搭拆,高度 30.5m 以内	100m²	16.32	3478.65	56771.57
3	A1-21-7	综合钢脚手架搭拆,高度 60.5m 以内	100m²	50.82	4880.99	248051.91
		小计				327610.78

【例题 16-3】 广州地区某建筑物如图 16-9、图 16-10 所示,一砖墙,天台面楼梯出口尺寸为 $1.5m \times 1.5m$,试计算该建筑物单独外墙装饰用综合脚手架、天棚装饰用满堂脚手架、活动脚手架的定额工程量和定额分部分项工程费用。

解 ① 计算定额工程量。

外墙装饰用综合脚手架:

该建筑物高跨的套价高度为 $8.3+0.3=8.6(m)$,套价步距在 12.5m 以内;而低跨的套价高度为 $6+0.3=6.3(m)$,套定额步距也在 12.5m 以内;由于套价步距相同,高、低跨的脚手架工程量可合并计算。套 A1-21-106 综合钢脚手架高度 12.5m 内。

$$\begin{aligned}S_{综} &= [(6+0.24) \times 2 + (11+0.24) + 3] \times (8.3+0.3) + (4.0 \times 2 + 0.24) \\ &\quad \times (8.3-5) + [(3+4.5) \times 2 + (4.0 \times 2 + 0.24)] \times (6+0.3) \\ &= 403.40(m^2)\end{aligned}$$

天棚面装饰用满堂脚手架:

首层层高 5m>3.6m,计满堂脚手架,且<5.2m 只计满堂脚手架基本层,套 A1-21-134 满

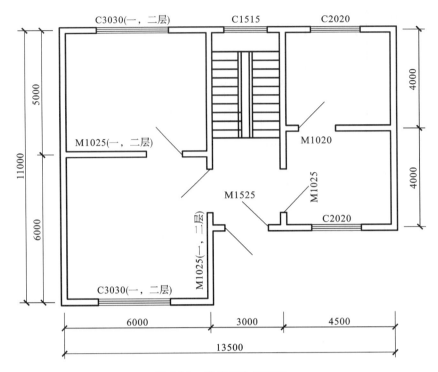

图 16-9 某建筑物平面图

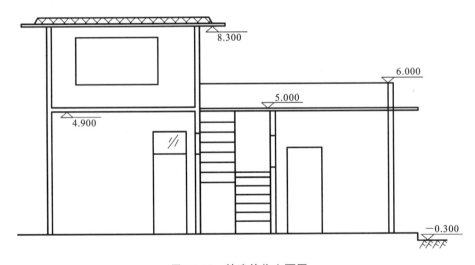

图 16-10 某建筑物立面图

堂脚手架(钢管)基本层 3.6m。

$$S_{满} = (6-0.24) \times (11-0.24 \times 2) + (4.5-0.24) \times (4.0 \times 2 - 0.24 \times 2)$$
$$+ (3-0.24) \times (4.0 \times 2 - 0.24) - 1.5 \times 1.5$$
$$= 111.80 (m^2)$$

活动脚手架：

由于该建筑物第二层层高为 8.3－5＝3.3m，故需计算活动脚手架套 A1-21-137 天棚活动脚手架。

$$S_{活} = (6-0.24) \times (11-0.24 \times 2) = 60.60 (m^2)$$

② 查找定额，计算定额分部分项工程费，结果见表 16-5。

表 16-5 定额分部分项工程费汇总表

序号	项目定额	项目名称	计量单位	工程数量	定额基价(元)	合价(元)
1	A1-21-106	综合钢脚手架搭拆，高度 12.5m 以内	100m²	4.03	1823.84	7350.08
2	A1-21-134	满堂脚手架(钢管)基本层 3.6m	100m²	1.12	1086.11	1216.44
3	A1-21-137	天棚活动脚手架	100m²	0.61	441.85	269.53
		小计				8836.05

16.4.3 清单计价

16.4.3.1 清单项目综合单价确定

综合单价分析表中的人工费按照 2017 年广东省建筑市场综合水平取定，各时期各地区的水平差异可按各市发布的动态人工调整系数进行调整，材料费、施工机具费按照广州市 2020 年 10 月份信息指导价，利润为人工费与施工机具费之和的 20%，管理费按分部分项的人工费与施工机具费之和乘以相应专业管理费分摊费率计算。计算方法与结果见综合单价分析表。

【例题 16-4】 综合钢脚手架 12.5m 内 $S=173.40m^2$，满堂脚手架(钢管)基本层 3.6m $S=128.00m^2$，里脚手架(钢管)民用建筑基本层 3.6m $S=4014.00m^2$，三部分内容计算综合单价分析表，结果见表 16-6、表 16-7、表 16-8。(不考虑综合脚手架使用费)

表 16-6 综合单价分析表

工程名称：×××

项目编码	粤 011701008001	项目名称	综合脚手架	计量单位	m²	工程量	173.4
清单综合单价组成明细							

定额编号	定额项目名称	定额单位	数量	单价(元)				合价(元)			
				人工费	材料费	机具费	管理费和利润	人工费	材料费	机具费	管理费和利润
A1-21-2	综合钢脚手架搭拆，高度 12.5m 以内	100m²	0.01	1239.69	365.13	160.74	496.11	12.4	3.65	1.61	4.96
人工单价			小计					12.4	3.65	1.61	4.96
			未计价材料费							
			清单项目综合单价						22.62		

续表

项目编码	粤011701008001	项目名称	综合脚手架	计量单位	m²	工程量	173.4

<table>
<tr><th rowspan="2">材料费明细</th><th colspan="2">主要材料名称、规格、型号</th><th>单位</th><th>数量</th><th>单价（元）</th><th>合价（元）</th><th>暂估单价(元)</th><th>暂估合价(元)</th></tr>
<tr><td colspan="2">其他材料费</td><td>元</td><td>0.3351</td><td>1</td><td>0.34</td><td></td><td></td></tr>
<tr><td colspan="2">镀锌低碳钢丝φ0.7～1.2</td><td>kg</td><td>0.0047</td><td>5.58</td><td>0.03</td><td></td><td></td></tr>
<tr><td colspan="2">镀锌低碳钢丝φ1.5～2.5</td><td>kg</td><td>0.0085</td><td>5.58</td><td>0.05</td><td></td><td></td></tr>
<tr><td colspan="2">膨胀螺栓 m6×80</td><td>十套</td><td>0.002</td><td>2.65</td><td>0.01</td><td></td><td></td></tr>
<tr><td colspan="2">酚醛红丹防锈漆</td><td>kg</td><td>0.0928</td><td>16.77</td><td>1.56</td><td></td><td></td></tr>
<tr><td colspan="2">松节油</td><td>kg</td><td>0.0291</td><td>8.84</td><td>0.26</td><td></td><td></td></tr>
<tr><td colspan="2">密目式阻燃安全网</td><td>m²</td><td>0.1675</td><td>8.5</td><td>1.42</td><td></td><td></td></tr>
<tr><td colspan="4">材料费小计</td><td></td><td>—</td><td>3.67</td><td></td><td></td></tr>
</table>

表16-7 综合单价分析表

工程名称：×××

项目编码	粤011701010001	项目名称	满堂脚手架	计量单位	m²	工程量	128

清单综合单价组成明细

定额编号	定额项目名称	定额单位	数量	单价 人工费	单价 材料费	单价 机械费	单价 管理费和利润	合价 人工费	合价 材料费	合价 机械费	合价 管理费和利润
A1-21-29	满堂脚手架（钢管）基本层3.6m	100m²	0.01	731.63	248.82	26.79	268.63	7.32	2.49	0.27	2.69
人工单价			小计					7.32	2.49	0.27	2.69
			未计价材料费								
			清单项目综合单价					12.76			

<table>
<tr><th rowspan="2">材料费明细</th><th colspan="2">主要材料名称、规格、型号</th><th>单位</th><th>数量</th><th>单价（元）</th><th>合价（元）</th><th>暂估单价(元)</th><th>暂估合价(元)</th></tr>
<tr><td colspan="2">松杂板枋材</td><td>m³</td><td>0.0001</td><td>1348.1</td><td>0.13</td><td></td><td></td></tr>
<tr><td colspan="2">圆钉 50～75</td><td>kg</td><td>0.0194</td><td>3.54</td><td>0.07</td><td></td><td></td></tr>
<tr><td colspan="2">镀锌低碳钢丝 φ0.7～1.2</td><td>kg</td><td>0.0113</td><td>5.58</td><td>0.06</td><td></td><td></td></tr>
<tr><td colspan="2">酚醛红丹防锈漆</td><td>kg</td><td>0.0061</td><td>16.77</td><td>0.1</td><td></td><td></td></tr>
<tr><td colspan="2">松节油</td><td>kg</td><td>0.0007</td><td>8.84</td><td>0.01</td><td></td><td></td></tr>
<tr><td colspan="2">松杂直边板</td><td>m³</td><td>0.0006</td><td>1418.15</td><td>0.85</td><td></td><td></td></tr>
<tr><td colspan="2">脚手架接驳管φ43×350</td><td>支</td><td>0.002</td><td>5.74</td><td>0.01</td><td></td><td></td></tr>
<tr><td colspan="2">脚手架钢管底座</td><td>个</td><td>0.0014</td><td>7.05</td><td>0.01</td><td></td><td></td></tr>
<tr><td colspan="2">脚手架钢管 φ51×3.5</td><td>m</td><td>0.0704</td><td>16.53</td><td>1.16</td><td></td><td></td></tr>
<tr><td colspan="2">脚手架活动扣（含螺丝）</td><td>套</td><td>0.0032</td><td>5.95</td><td>0.02</td><td></td><td></td></tr>
<tr><td colspan="2">脚手架直角扣（含螺丝）</td><td>套</td><td>0.0102</td><td>5.7</td><td>0.06</td><td></td><td></td></tr>
<tr><td colspan="4">材料费小计</td><td></td><td>—</td><td>2.48</td><td></td><td></td></tr>
</table>

表 16-8 综合单价分析表

工程名称：×××

项目编码	粤 011701011001		项目名称		里脚手架	计量单位	m²	工程量	4014
清单综合单价组成明细									
定额编号	定额项目名称	定额单位	数量	单价				合价			
				人工费	材料费	机械费	管理费和利润	人工费	材料费	机械费	管理费和利润
A1-21-31	里脚手架（钢管）民用建筑 基本层 3.6m	100m²	0.01	1045.4	111.22	37.51	383.56	10.45	1.11	0.38	3.84
人工单价			小计					10.45	1.11	0.38	3.84
			未计价材料费								
清单项目综合单价									15.78		

材料费明细	主要材料名称、规格、型号	单位	数量	单价（元）	合价（元）	暂估单价（元）	暂估合价（元）
	圆钉 50～75	kg	0.0718	3.54	0.25		
	镀锌低碳钢丝 $\phi 0.7\sim 1.2$	kg	0.0011	5.58	0.01		
	酚醛红丹防锈漆	kg	0.0035	16.77	0.06		
	松节油	kg	0.0011	8.84			
	松杂直边板	m³	0.0004	1418.15	0.57		
	脚手架接驳管 $\phi 43\times 350$	支	0.0004	5.74			
	脚手架钢管 $\phi 51\times 3.5$	m	0.0109	16.53	0.18		
	脚手架直角扣（含螺丝）	套	0.0084	5.7	0.05		
	材料费小计				1.13		

16.4.3.2 分部分项工程与单价措施项目清单与计价表填写

分部分项工程与单价措施项目清单与计价表填写见表 16-9。

表 16-9 分部分项工程与单价措施项目清单与计价表

工程名称：××××

序号	项目编码	项目名称	项目特征	计量单位	工程量	金额（元）		
						综合单价	合价	其中暂估价
1	粤 011701008001	综合钢脚手架	综合钢脚手架高度 12.5m 内	m²	173.40	22.62	3922.31	
2	粤 011701010001	满堂脚手架	满堂脚手架（钢管）基本层 3.6m	m²	128	12.76	1633.28	
3	粤 011701011001	里脚手架	脚手架（钢管）民用建筑 基本层 3.6m	m²	4014	15.78	63340.92	
小计								68896.51	

任务 17　模板工程计量与计价

17.1　基础知识

模板工程是指支承新浇筑混凝土的整个系统,由模板、支撑及紧固件等组成。模板是使新浇筑混凝土成型并养护,使之达到一定强度以承受自重的临时性结构并能拆除的模型板。支撑是保证模板形状和位置并承受模板、钢筋、新浇筑混凝土的自重以及施工荷载的结构。

17.1.1　模板工程材料

模板工程材料的种类很多,木、钢、复合材、塑料、铝,甚至混凝土本身都可作为模板工程材料。模板工程材料的选用应在保证混凝土结构质量和施工安全性的条件下,以考虑经济性和混凝土表面装饰要求为主。

17.1.1.1　木模板

木模板选用的木材主要为红松、白松、落叶松和杉木。木模板的基本元件为拼板,由板条与拼条钉成。板条的厚度一般为 25~50mm,宽度不宜大于 200mm,以免受潮导致挠曲。木模板由于重复利用率低,成本高,宜尽量少用。

17.1.1.2　钢模板

钢模板一般均为具有一定形状和尺寸的定型模板,由钢板和型钢焊成。组合钢模板由钢模、角模以及配件(包括支撑和连接件)组成。

组合钢模板具有组装灵活、通用性强、安装工效高等优点,在使用和管理良好的情况下,周转使用次数可达 100 次。但组合钢模板一次性投资费用大,此外,制作板块用的钢板较薄,拆模时容易变形损坏,拆模后混凝土表面过于光滑,黏着性差,表面装饰前要进行凿毛处理;还有板块小、拼缝多,往往要抹灰找平,板块上开洞及修补也比较困难等。

17.1.1.3　胶合板模板

胶合板模板通常由 5、7、9、11 等奇数层单板(薄木板)经热压固化而胶合成型,相邻层的纹理方向相互垂直。胶合板具有幅面大、自重较轻、锯截方便、不翘曲、不开裂、开洞容易等优点,是我国今后具有发展前途的一种新型模板。

胶合板常用的幅面尺寸有 915mm×1830mm、1220mm×2440mm 等,厚度为 12mm、15mm、18mm、21mm 等,表面常覆有树脂面膜。以胶合板为面板,钢框架为背楞,可组装成钢框胶合板模板。

17.1.1.4　隔离剂

隔离剂涂在模板面板上起润滑和隔离作用,拆模时可使混凝土顺利脱离模板,并保持混凝土形状完整。隔离剂应具有脱模、成模、无毒等基本性能。

隔离剂按其原材料及性能可分为油类、蜡类、石油基、化学活性类及树脂类等。隔离剂的选用要综合考虑模板材质、混凝土表面质量及装饰要求、施工条件以及成本等因素，提倡使用水溶性隔离剂。

17.1.2 基本构件的模板构造

17.1.2.1 基础模板

基础模板如图17-1所示。

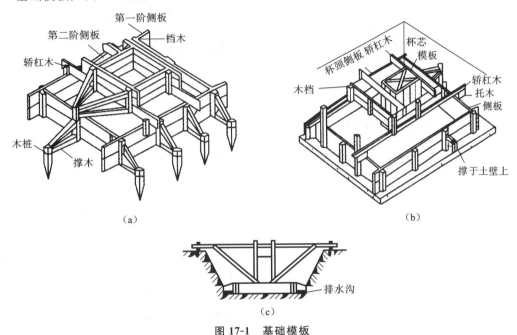

图 17-1 基础模板

(a)阶梯形基础模板；(b)杯口形基础模板；(c)条形基础模板

17.1.2.2 柱模板、墙模板

柱模板如图17-2所示，墙模板如图17-3所示。

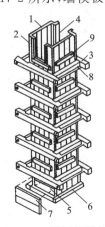

图 17-2 拼板柱模板

1—内拼板；2—外拼板；3—柱箍；4—梁缺口；
5—清扫口；6—木框；7—清扫口盖板；8—拉紧螺栓；9—拼条

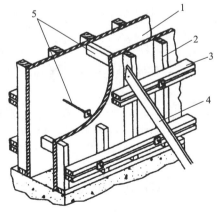

图 17-3 墙模板（胶合板）

1—侧模；2—次肋；3—主肋；
4—斜撑；5—对拉螺栓及撑块

17.1.2.3 现浇梁板模板

现浇梁板模板如图 17-4 所示。

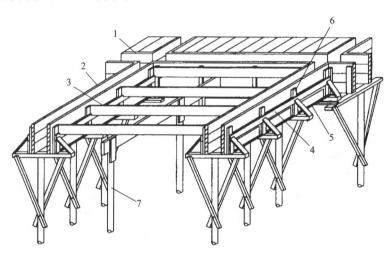

图 17-4 现浇梁板模板

1—楼板模板；2—梁侧模板；3—搁栅；4—横楞；5—夹条；6—小肋；7—支撑

17.1.2.4 现浇楼梯模板

现浇楼梯模板如图 17-5 所示。

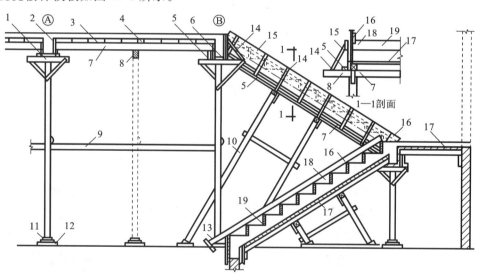

图 17-5 现浇楼梯模板

1—托板；2—梁侧板；3—定型模板；4—承定型模板；5—固定夹板；6—梁底模板；7—楞木；8—横木；9—拉条；10—支撑；11—木楔；12—垫板；13—木桩；14—斜撑；15—边板；16—反扶梯基；17—板底模板；18—三角木；19—踢脚板

17.1.3 模板工程安装与拆除

17.1.3.1 模板及支撑安装

模板及支撑应按模板设计施工图进行安装。

竖向构件的模板在安装前要根据楼地面上轴线控制网,分别用墨线弹出竖向构件的中线及连线,依据边线安装模板。安装后的模板要保持垂直、斜撑牢靠,以防在混凝土侧压力作用下发生"胀模"。

横向构件的模板在安装前定出构件的轴线位置及模板的安装高度,依据模板下支撑顶面高度安装模板。当梁的跨度≥4m时,梁底模应考虑起拱,如设计无要求时,起拱高度宜为结构跨度的1/1000～3/1000。

在多层或高层建筑施工中,安装上层的竖向支撑时,应注意保证竖向支撑在相同的垂直直线位置上,以确保支撑间力的竖向传递,支撑间用斜撑或水平撑拉牢,以增强整体稳定性。

17.1.3.2 模板支撑拆除

为了加快模板支撑的周转使用,模板支撑应尽早拆除,但拆除时间应取决于模板内混凝土强度的大小。

对于侧板,只要混凝土强度能保证结构表面及棱角不因拆除模板而受损伤时,即可拆除。

对于底板,应在结构同条件养护中试件达到规定强度后,方可拆除。

17.2 工程量清单项目编制及工程量计算规则

17.2.1 工程清单设置

现浇混凝土模板及支架(撑)清单项目有基础、矩形柱、构造柱、异形柱、基础梁、矩形梁等32个项目。各项目编码、名称、特征、工程量计算规则及包含的工作内容详见《房屋建筑与装饰工程工程量计算规范》(GB 50854—2013)(以下简称《计算规范》)。

《计算规范》中表S.2设置有以下模板清单。

(1) 基础(011702001),基础模板1个清单。

(2) 矩形柱(011702002)、构造柱(011702003)、异形柱(011702004),柱模板共3个清单。

(3) 基础梁(011702005)、矩形梁(011702006)、异形梁(011702007)、圈梁(011702008)、过梁(011702009)、弧形拱形梁(0117020010),梁模板共6个清单。

(4) 直形墙(011702011)、弧形墙(011702012)、短肢剪力墙电梯井壁(011702013),墙模板共3个清单。

(5) 有梁板(011702014)、无梁板(011702015)、平板(011702016)、拱板(011702017)、薄壳板(011702018)、空心板(011702019)、其他板(011702020)、栏板(011702021),板模板共8个清单。

(6) 天沟、檐沟(011702022),雨篷、悬挑板、阳台板(011702023),楼梯(011702024),其他现浇构件(011702025),电缆沟、地沟(011702026)、台阶(011702027)、扶手(011702028)、散水(011702029)、后浇带(011702030)、化粪池(011702031)、检查井(011702032),分别有对应的清单。

注意:预制混凝土模板及支架(撑)以"立方米"计量,但不单列清单项目,其综合单价应包含在混凝土及钢筋混凝土实体项目中。

17.2.2 清单项目工程量计算与清单编制

17.2.2.1 基础、柱、梁、板模板计算规则

基础、矩形柱、构造柱、异形柱、基础梁、矩形梁、异形梁、圈梁、过梁、弧形拱形梁、直形墙、弧形墙、短肢剪力墙、电梯井壁、有梁板、无梁板、平板、拱板、薄壳板、空心板、其他板、栏板,计算规则:按模板与现浇混凝土构件的接触面积计算。

(1) 现浇钢筋混凝土墙、板单孔面积≤0.3m² 的孔洞不予扣除,洞侧壁模板也不增加;单孔面积>0.3m² 时应予扣除,洞侧壁模板面积并入墙、板工程量内计算。

(2) 现浇框架分别按梁、板、柱有关规定计算;附墙柱、暗梁、暗柱并入墙内工程量内计算。

(3) 柱、梁、墙、板相互连接的重叠部分,均不计算模板面积。

(4) 构造柱按图示外露部分计算模板面积。

【例题 17-1】 ××工程建筑物独立基础,其平面图、剖面图如图 17-6 所示,试计算该现浇混凝土独立基础模板(不计垫层)清单工程量并编制工程量清单。

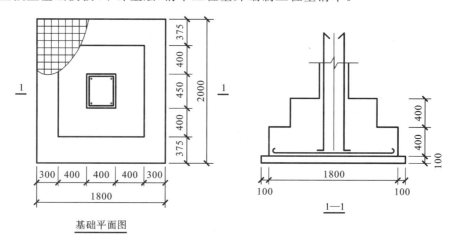

图 17-6 独立基础示意图

解 ① 计算清单工程量。

$S_{模板} = (1.8+2) \times 2 \times 0.4 + (1.8 - 0.3 \times 2 + 2 - 0.375 \times 2) \times 2 \times 0.4 = 5.00 (m^2)$

② 分部分项工程量清单见表 17-1。

表 17-1 分部分项工程和单价措施项目清单与计价表

序号	项目编码	项目名称	项目特征	计量单位	工程量	金额(元)		
						综合单价	合价	其中暂估价
1	011702001001	基础	独立基础	m²	5.00			

【例题 17-2】 杯形基础平面图、剖面图如图 17-7 所示,试计算该现浇混凝土杯形基础及基础垫层模板清单工程量并编制工程量清单。

解 ① 计算清单工程量。

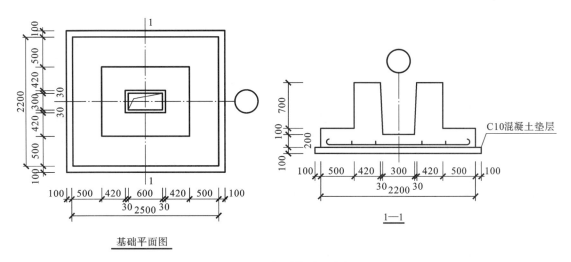

图 17-7 杯形基础示意图

基础垫层模板 = (2.2 + 0.1 × 2 + 2.5 + 0.1 × 2) × 2 × 0.1 = 1.02 (m²)

杯形基础模板：

　　　　　基座模板 = (2.2 + 2.5) × 2 × 0.3 = 2.82 (m²)

杯口外壁模板 = (0.6 + 0.03 × 2 + 0.42 × 2 + 0.3 + 0.03 × 2 + 0.42 × 2) × 2 × 0.7
　　　　　　= 3.78 (m²)

杯口内壁模板 = (0.6 + 0.66) ÷ 2 × 0.8 × 2 + (0.3 + 0.36) ÷ 2 × 0.8 × 2 = 1.54 (m²)

杯形基础模板小计：　2.82 + 3.78 + 1.54 = 8.14 (m²)

② 分部分项工程量清单见表 17-2。

表 17-2　分部分项工程和单价措施项目清单与计价表

序号	项目编码	项目名称	项目特征	计量单位	工程量	金额（元）		
						综合单价	合价	其中暂估价
1	011702001001	基础	基础垫层	m²	1.02			
2	011702001002	基础	杯形基础	m²	8.14			

【例题 17-3】 如图 17-8 所示，现浇钢筋混凝土单层厂房屋盖，屋面板顶面标高 5m；柱基础顶面标高 -0.5m；柱截面尺寸：KZ1 为 300mm×400mm，KZ2 为 400mm×500mm，KZ3 为 300mm×400mm。试计算该现浇混凝土模板工程的清单工程量并编制工程量清单（不计基础部分）。

注意：根据计算规范，现浇框架结构的模板都按混凝土与模板的接触面积计算。柱、梁、墙、板相互连接的重叠部分，均不计算模板面积。

解　① 计算清单工程量。

矩形柱模板（周长 1.8m 内，支模高度 5.5m）：

$$S_{KZ1} = [(0.3 + 0.4) \times 2 \times (5 + 0.5 - 0.1) + 0.3 \times 0.1 + 0.4 \times 0.1 - 0.2 \\ \times (0.5 - 0.1) \times 2] \times 4$$

$$= 29.88 (m^2)$$

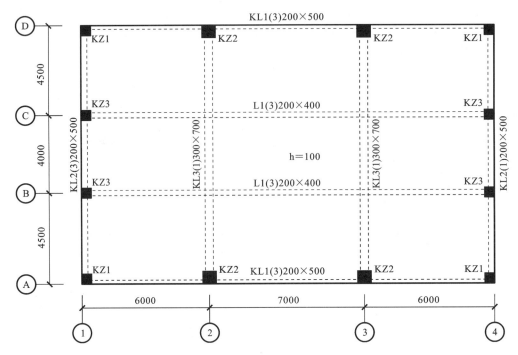

图 17-8 单层厂房屋盖

$$S_{KZ3}=[(0.3+0.4)\times 2\times (5+0.5-0.1)+0.4\times 0.1-0.2\times (0.5-0.1)\\ \times 2-0.2\times (0.4-0.1)]\times 4$$
$$=29.52(m^2)$$

周长 1.8m 内柱模板小计：$29.88+29.52=59.40(m^2)$

矩形柱模板（周长 1.8m 外，支模高度 5.5m）：

$$S_{KZ2}=[(0.4+0.5)\times 2\times (5+0.5-0.1)+0.4\times 0.1-0.2\times (0.5-0.1)\\ \times 2-0.3\times (0.7-0.1)]\times 4$$
$$=37.68(m^2)$$

矩形梁模板（梁宽 25cm 以内，支模高度 5.5m）：

$$S_{KL1}=[0.2+0.5+(0.5-0.1)]\times (19-0.3\times 2-0.4\times 2)\times 2=38.72(m^2)$$
$$S_{KL2}=[0.2+0.5+(0.5-0.1)]\times (13-0.4\times 4)\times 2=25.08(m^2)$$
$$S_{L1}=[0.2+(0.4-0.1)\times 2]\times (19-0.3\times 4)\times 2=28.48(m^2)$$

梁宽 25cm 以内梁模板工程量小计：$38.72+25.08+28.48=92.28(m^2)$

矩形梁模板（梁宽 25cm 以外，支模高度 5.5m）：

$$S_{KL3}=\{[0.3+(0.7-0.1)\times 2]\times (13-0.5\times 2)-0.2\\ \times (0.4-0.1)\times 4\}\times 2$$
$$=35.52(m^2)$$

有梁板模板（支模高度 5.5m）：

$$S_{板}=19\times 13-0.3\times 0.4\times 8-0.4\times 0.5\times 4-0.2\times (19-0.3\times 2-0.4\times 2)\\ \times 2-0.2\times (13-0.4\times 4)\times 2-0.2\times (19-0.3\times 4)\times 2-0.3\\ \times (13-0.5\times 2)\times 2$$
$$=219.32(m^2)$$

② 分部分项工程量清单见表17-3。

表17-3 分部分项工程和单价措施项目清单与计价表

序号	项目编码	项目名称	项目特征	计量单位	工程量	金额（元）		
						综合单价	合价	其中 暂估价
1	011702002001	矩形柱	周长1.8m内，支模高度5.5m	m²	59.40			
2	011702002002	矩形柱	周长1.8m外，支模高度5.5m	m²	37.68			
3	011702006001	矩形梁	梁宽25cm以内，支模高度5.5m	m²	92.28			
4	011702006002	矩形梁	梁宽25cm以外，支模高度5.5m	m²	35.52			
5	011702014001	有梁板	支模高度5.5m	m²	219.32			

17.2.2.2 天沟、檐沟、其他现浇构件、电缆沟、地沟、扶手、散水、后浇带、化粪池、检查井计算规则

天沟、檐沟、其他现浇构件、电缆沟、地沟、扶手、散水、后浇带、化粪池、检查井，计算规则：按模板与现浇混凝土构件的接触面积计算。

17.2.2.3 台阶计算规则

台阶计算规则：按图示台阶水平投影面积计算，台阶端头两侧不另行计算模板面积。架空式混凝土台阶，按现浇楼梯计算。

17.2.2.4 雨篷、悬挑板、阳台板计算规则

雨篷、悬挑板、阳台板计算规则：按图示外挑部分尺寸的水平投影面积计算，挑出墙外的悬臂梁及板边不另计算。

【例题17-4】 求图17-9现浇钢筋混凝土阳台的模板工程量，并编制工程量清单（阳台板厚100mm，支模高度3.8m）。

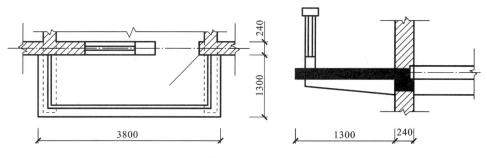

图17-9 阳台的平面图与剖面图

解 ① 计算清单工程量。

$$S_{模板}=3.8\times1.3=4.94(m^2)$$

② 分部分项工程量清单见表17-4。

表17-4 分部分项工程和单价措施项目清单与计价表

序号	项目编码	项目名称	项目特征	计量单位	工程量	金额(元)		
						综合单价	合价	其中 暂估价
1	011702023001	雨篷、悬挑板、阳台板	阳台板,板厚100	m²	4.94			

17.2.2.5 楼梯计算规则

楼梯计算规则:按楼梯(包括休息平台、平台梁、斜梁和楼层板的连接梁)的水平投影面积计算,不扣除宽度≤500mm的楼梯井所占面积,楼梯踏步、踏步板、平台梁等侧面模板不另计算,伸入墙内部分也不计算。

【例题17-5】 如下楼梯平面图、剖面图(见图17-10),②、③、B轴墙厚240mm,轴线居中;C轴墙厚370mm,C轴距内侧120mm,TL1截面为240mm×400mm,求现浇钢筋混凝土楼梯模板清单工程量,并编制工程量清单。

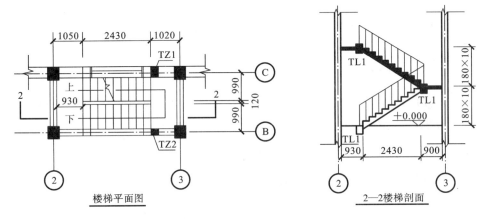

图17-10 楼梯的平面图与剖面图

解 ① 计算清单工程量。

$$S_{模板}=(0.24+2.43+0.9)\times(0.99\times2+0.12-0.12\times2)=6.64(m^2)$$

② 分部分项工程量清单见表17-5。

表17-5 分部分项工程和单价措施项目清单与计价表

序号	项目编码	项目名称	项目特征	计量单位	工程量	金额(元)		
						综合单价	合价	其中 暂估价
1	011702024001	楼梯	直形楼梯	m²	6.64			

17.3 定额项目内容及工程量计算规则

17.3.1 定额项目设置及定额工作内容

17.3.1.1 现浇混凝土构件模板

《广东省房屋建筑与装饰工程综合定额(2018)》中现浇混凝土板定额项目设置见表17-6。

表17-6 混凝土模板及支撑工程定额项目分类表

项目名称	子目设置	定额编码	计量单位	工作内容
基础模板	带形基础模板	A1-20-1、A1-20-2	100m²	1.模板制作 2.模板安装、拆除、维护、整理、堆放及场内外运输 3.清理模板黏结物及板内杂物、刷隔离剂等
	独立基础模板	A1-20-3	100m²	
	杯形基础模板	A1-20-4	100m²	
	满堂基础模板	A1-20-5、A1-20-6	100m²	
	设备基础螺栓套模板(长度)	A1-20-7、A1-20-8	100m²	
	设备基础模板(块体体积 m³)	A1-20-9～A1-20-11	100m²	
	基础垫层模板	A1-20-12	100m²	
	桩承台模板	A1-20-13	100m²	
柱模板	支模高度8.4m内 矩形柱模板(周长 m)	A1-20-14～A1-20-16	100m²	1.模板制作 2.模板安装、拆除、维护、整理、堆放及场内外运输 3.清理模板黏结物及模内杂物、刷隔离剂等
	支模高度8.4m内 异形柱模板	A1-20-17	100m²	
	支模高度8.4m内 圆形柱模板(木支撑)	A1-20-18	100m²	
	支模高度8.4m内 柱支模高度超过3.6～8.4m	A1-20-19	100m²	
	支模高度8.4～20m 矩形柱模板(周长 m)	A1-20-20～A1-20-22	100m²	
	支模高度8.4～20m 异形柱模板(周长 m)	A1-20-23	100m²	
	支模高度8.4～20m 圆形柱模板(周长 m)	A1-20-24	100m²	
	支模高度8.4～20m 支模高度超过8.4～20m	A1-20-25	100m²	
	支模高度20～30m 矩形柱模板(周长 m)	A1-20-26～A1-20-28	100m²	
	支模高度20～30m 异形柱模板(周长 m)	A1-20-29	100m²	
	支模高度20～30m 圆形柱模板(周长 m)	A1-20-30	100m²	
	支模高度20～30m 支模高度超过20～30m	A11-20-31	100m²	

续表

项目名称	子目设置		定额编码	计量单位	工作内容
梁模板	支模高度 8.4m 内	基础梁模板	A1-20-32	100m²	1. 模板制作 2. 模板安装、拆除、维护、整理、堆放及场内外运输 3. 清理模板黏结物及模内杂物、刷隔离剂等
		单梁、连续梁模板（梁宽 cm）	A1-20-33、A1-20-34	100m²	
		拱形梁模板	A1-20-35	100m²	
		弧形梁、异形梁模板	A1-20-36	100m²	
		圈梁模板	A1-20-37	100m²	
		虹梁（断面最小边）	A1-20-38、A1-20-39	100m²	
		梁支模高度超过 3.6～8.4m	A1-20-40	100m²	
	支模高度 8.4～20m	单梁、连续梁（梁宽 cm）	A1-20-41、A1-20-42	100m²	
		拱形梁	A1-20-43	100m²	
		弧形梁、异形梁	A1-20-44	100m²	
		支模高度超过 8.4～20m	A1-20-45	100m²	
	支模高度 20～30m	单梁、连续梁（梁宽 cm）	A1-20-46、A1-20-47	100m²	
		拱形梁	A1-20-48	100m²	
		弧形梁、异形梁	A1-20-49	100m²	
		支模高度超过 20m	A1-20-50	100m²	
墙模板	支模高度 8.4m 内	直形墙模板	A1-20-51～A1-20-53	100m²	1. 模板制作 2. 模板安装、拆除、维护、整理、堆放及场内外运输 3. 清理模板黏结物及模内杂物、刷隔离剂等
		弧形墙模板	A1-20-54～A1-20-56	100m²	
		电梯坑、井墙模板	A1-20-57	100m²	
		墙支模高度超过 3.6～8.4m	A1-20-58	100m²	
	支模高度 8.4～20m	直形墙模板	A1-20-59～A1-20-61	100m²	
		弧形墙模板	A1-20-62～A1-20-64	100m²	
		电梯坑、井墙模板	A1-20-65	100m²	
		墙模板	A1-20-66	100m²	
	支模高度 20～30m	直形墙模板	A1-20-67～A1-20-69	100m²	
		弧形墙模板	A1-20-70～A1-20-72	100m²	
		电梯坑、井墙模板	A1-20-73	100m²	
		墙模板	A1-20-74	100m²	
板模板	支模高度 8.4m 内	有梁板模板	A1-20-75	100m²	1. 模板制作 2. 模板安装、拆除、维护、整理、堆放及场内外运输 3. 清理模板黏结物及模内杂物、刷隔离剂等
		无梁板模板	A1-20-76	100m²	
		拱形板模板	A1-20-77	100m²	
		亭面板	A1-20-78	100m²	
		板模板	A1-20-79	100m²	
		地下室楼板模板	A1-20-80～A1-20-83	100m²	

续表

项目名称		子目设置	定额编码	计量单位	工作内容
板模板	支模高度 8.4~20m	有梁板模板	A1-20-84	100m²	1. 模板制作 2. 模板安装、拆除、维护、整理、堆放及场内外运输 3. 清理模板黏结物及模内杂物、刷隔离剂等
		无梁板模板	A1-20-85	100m²	
		拱形板模板	A1-20-86	100m²	
		板支模高度超过 8.4~20m	A1-20-87	100m²	
	支模高度 20~30m	有梁板模板	A1-20-88	100m²	
		无梁板模板	A1-20-89	100m²	
		拱形板模板	A1-20-90	100m²	
		板支模高度超过20m	A1-20-91	100m²	
楼梯模板		楼梯模板	A1-20-92、A1-20-93	100m²	1. 模板制作 2. 模板安装、拆除、维护、整理、堆放及场内外运输 3. 清理模板黏结物及模内杂物、刷隔离剂等
其他模板		阳台、雨篷模板	A1-20-94、A1-20-95	100m²	1. 模板制作 2. 模板安装、拆除、维护、整理、堆放及场内外运输 3. 清理模板黏结物及模内杂物、刷隔离剂等
		台阶模板	A1-20-96	100m²	
		栏板、反檐模板	A1-20-97	100m²	
		压顶、扶手模板	A1-20-98	见表	
		小型池槽模板	A1-20-99	见表	
		挑檐模板	A1-20-100	见表	
		电缆沟、水沟模板	A1-20-101	见表	
		小型构件模板	A1-20-102	见表	
模壳密肋楼板模板		模壳密肋楼板模板	A1-20-103	100m²	1. 模板制作 2. 模板安装、拆除、维护、整理、堆放及场内外运输 3. 清理模板黏结物及模内杂物、模板清洗、刷隔离剂等
		模壳高度每增加100m	A1-20-104	100m²	
止水螺杆		止水螺杆	A1-20-105	100套	钢筋除锈、防锈、安装、调直切断、焊接、成型、包裹；穿孔、就位、固定、安装端头套管、螺杆的切割、堵眼、防水

17.3.1.2 现浇构筑物模板

《广东省房屋建筑与装饰工程综合定额(2018)》中现浇构筑物模板定额项目设置略。

17.3.1.3 预制混凝土构件

《广东省房屋建筑与装饰工程综合定额(2018)》中预制混凝土模板定额项目设置见表17-7。

表 17-7 预制混凝土模板定额项目分类表

项目名称	子目设置	定额编码	计量单位	工作内容
零星构件模板	预制混凝土构件模板制安	A1-20-150～A1-20-152	10m³	模板制作、安装、拆除
	预制混凝土构件模板制安	A1-20-153、A1-20-154	10m³	
	梁柱及花架条制安	A1-20-155	10m³	

17.3.1.4 预制构件后浇混凝土模板

《广东省房屋建筑与装饰工程综合定额(2018)》中预制构件后浇带混凝土模板定额项目设置略。

17.3.1.5 铝合金模板

《广东省房屋建筑与装饰工程综合定额(2018)》中铝合金模板定额项目设置略。

17.3.2 定额工程量计算规则

17.3.2.1 现浇建筑物模板

（1）现浇混凝土建筑物模板工程量，除另有规定外，均按混凝土与模板的接触面积以面积计算，不扣除后浇带面积。

（2）构造柱如与砌体相连的，按混凝土柱宽度每面加 20cm 乘以柱高计算；如不与砌体相连的，按混凝土与模板的接触面积计算。

（3）板模板工程量应扣除混凝土柱、梁、墙所占的面积。亭面板按模板斜面积计算，所带脊梁及连系亭面板的圈梁的模板工程量并入亭面板模板计算。

（4）悬挑板、挑板(挑檐、雨篷、阳台)模板按外挑部分的水平投影面积计算，伸出墙外的牛腿、挑梁及板边的模板不另计算。

（5）楼梯模板按水平投影面积计算，整体楼梯(包括直形楼梯、弧形楼梯)的水平投影面积包括休息平台、平台梁、斜梁和楼梯的连接梁。当整体楼梯与现浇楼板无梯梁连接时，以楼梯的最后一个踏步边缘加 300mm 为界。不扣除小于 500mm 宽度的楼梯井所占面积，楼梯的踏步板、平台梁等的侧面模板不另计算。

（6）台阶模板按水平投影面积计算，台阶两侧不另计算模板面积。

（7）压顶、扶手模板按其长度以米计算。

（8）小型池槽模板按构件外围体积计算，池槽内、外侧及底部的模板不另计算。

（9）后浇带模板工程量，按后浇带混凝土与模板的接触面积乘以系数 1.5 以面积计算。

17.3.2.2 现浇构筑物模板

（1）现浇构筑物模板工程量，除另有规定外，按《广东省房屋建筑与装饰工程综合定额(2018)》中有关规定计算。

（2）液压滑升钢模板施工的烟囱、筒仓、倒锥壳水塔均按混凝土体积计算。

（3）倒锥壳水塔的水箱提升按不同容量和不同提升高度以座计算。

（4）贮水(油)池的模板工程量按混凝土与模板的接触面积计算。

17.3.2.3 预制混凝土模板

（1）预制混凝土的模板工程量，除另有规定外，均按构件设计图示尺寸以体积计算。
（2）预制混凝土漏花、刀花的模板工程量，按构件外围垂直投影面积计算。

17.3.2.4 预制构件后浇混凝土模板

后浇混凝土模板工程量按后浇混凝土与模板接触面以面积计算，伸出后浇混凝土与预制构件抱合部分的模板面积不另外计算。不扣除后浇混凝土墙、板上单孔面积在 0.3m 以内的孔洞，洞侧壁模板也不另外计算；应扣除单孔面积在 0.3m² 以上的孔洞，孔洞侧壁模板面积并入相应的墙、板模板工程量内计算。

17.3.2.5 铝合金模板

（1）铝合金模板工程量按混凝土与模板接触面以"m²"计算。
（2）现浇钢筋混凝土墙、板上单孔面积≤0.3m² 的孔洞不予扣除，洞侧壁模板也不另外计算，单孔面积>0.3m² 时应予扣除，洞侧壁模板面积并入墙、板模板工程量内计算。
（3）柱与梁、柱与墙、梁与梁等连接重叠部分以及伸入墙内的梁头、板头与砖接触部分，均不计算模板面积。
（4）楼梯铝模板工程量按楼梯的水平投影面积以"m²"计算。

17.4 定额计价与清单计价

17.4.1 定额应用及定额计价

《广东省房屋建筑与装饰工程综合定额(2018)》有关说明如下。
（1）现浇混凝土模板按不同构件，分别以胶合板模板、木模板、钢支撑、木支撑配制。
（2）梁、板的支模高度 3.6m 内时，套用支模高度 3.6m 相应子目。支模高度超过 3.6m 时，超过部分按相应的每增加 1m 以内子目计算。支模高度达到 10m 时，套用支模高度 10m 相应子目；支模高度超过 10m 时，超过部分按相应的每增加 1m 以内子目计算。支模高度达到 20m 时，套用支模高度 20m 相应子目；支模高度超过 20m 时，超过部分按相应的每增加 1m 以内子目计算。支模高度超过 30m 时，按施工方案另行确定。
（3）柱、墙的支模高度 3.6m 内时，套用支模高度 3.6m 内相应子目。支模高度超过 3.6m时，超过部分按相应的每增加 1m 以内子目计算。支模高度达到 10m 时，套用支模高度 10m 内相应子目；支模高度超过 10m 时，超过部分按相应的每增加 1m 以内子目计算。支模高度达到 20m 时，套用支模高度 20m 内相应子目；支模高度超过 20m 时，超过部分按相应的每增加 1m 以内子目计算。支模高度超过 30m 时，按施工方案另行确定。
（4）支模高度指楼层高度。亭面板超高以檐口线标高计算，直檐亭超高以最上层檐口线标高计算；地下室楼板按相应子目的工日、钢支撑及载货汽车用量乘以系数 1.20 计算。
（5）房上水池按梁、板、柱、墙相应子目计算。
（6）异形柱与剪力墙按图 17-11 单向划分。
（7）阳台、雨篷支模高度以 3.6m 考虑，支模高度 3.6m 以上 10m 以内时，按"板支模高度超过 3.6m 每增加 1m 以内"子目计算。支模高度 10m 以上时，按施工方案另行确定。

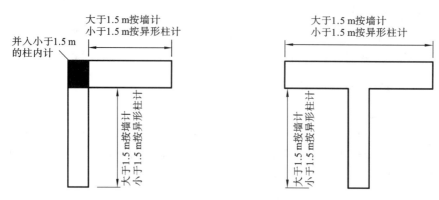

图 17-11 异形柱与剪力墙划分界限

(8) 天沟底板模板套挑檐模板子目,侧板模板套反檐模板子目。

(9) 地下室底板的模板套用满堂基础模板子目计算。

(10) 梁与梁、梁与墙、梁与柱交接时,按净空长度计算,不扣减接合处的模板面积。

(11) 墙板上单孔面积在 $1m^2$ 以内的孔洞不扣除,洞侧壁模板也不另外计算;单孔面积在 $1m^2$ 以外应予扣除,洞侧壁模板面积并入相应子目计算。

(12) 附墙柱及混凝土中的暗柱、暗梁及墙突出部分的模板并入墙模板计算。

(13) 柱、梁、墙所出的弧线或二级以上的直角线,以及体积在 $0.05m^3$ 以内的构件,其模板按小型构件模板计算。

【例题 17-6】 求图 17-6 独立基础(不计垫层)模板的定额工程量,并计算定额分部分项工程费。

解 ① 计算定额工程量。

$S_{模板}=(1.8+2)\times 2\times 0.4+(1.8-0.3\times 2+2-0.375\times 2)\times 2\times 0.4=5.00(m^2)$

② 查找定额,计算定额分部分项工程费,结果见表 17-8。

表 17-8 定额分部分项工程费汇总表

序号	项目编码	项目名称	计量单位	工程数量	定额基价(元)	合价(元)
1	A1-20-3	独立基础模板	100m²	0.05	4452.68	222.63
		小计				222.63

【例题 17-7】 求图 17-7 杯形基础及基础垫层模板的定额工程量,并计算定额分部分项工程费。

解 ① 计算定额工程量。

基础垫层模板 $=(2.2+0.1\times 2+2.5+0.1\times 2)\times 2\times 0.1=1.02(m^2)$

杯形基础模板: 基座模板 $=(2.2+2.5)\times 2\times 0.3=2.82(m^2)$

杯口外壁模板 $=(0.6+0.03\times 2+0.42\times 2+0.3+0.03\times 2+0.42\times 2)\times 2\times 0.7$
$=3.78(m^2)$

杯口内壁模板 $=(0.6+0.66)\div 2\times 0.8\times 2+(0.3+0.36)\div 2\times 0.8\times 2=1.54(m^2)$

杯形基础模板小计: $2.82+3.78+1.54=8.14(m^2)$

② 查找定额,计算定额分部分项工程费,结果见表 17-9。

表 17-9 定额分部分项工程费汇总表

序号	项目编码	项目名称	计量单位	工程数量	定额基价(元)	合价(元)
1	A1-20-12	基础垫层模板	100m²	0.0102	2608.6	26.61
2	A1-20-4	杯形基础模板	100m²	0.0814	5202.53	423.49
		小计				450.1

【例题 17-8】 求图 17-8 现浇混凝土模板工程的定额工程量并计算定额分部分项工程费。

注意:根据定额计算规则,现浇框架结构的模板都按混凝土与模板的接触面积计算;板模板工程量应扣除混凝土柱、梁、墙所占的面积;梁与梁、梁与墙、梁与柱交接时,按净空长度计算,不扣除接合处的模板面积。

解 ① 计算定额工程量。

矩形柱模板(周长 1.8m 内,支模高度 5.5m):

$$S_{KZ1}=[(0.3+0.4)\times 2\times(5+0.5-0.1)+0.3\times 0.1+0.4\times 0.1]\times 4=30.52(m^2)$$
$$S_{KZ3}=[(0.3+0.4)\times 2\times(5+0.5-0.1)+0.4\times 0.1]\times 4=30.40(m^2)$$

周长 1.8m 内柱模板小计:30.52+30.40=60.92(m²)

矩形柱模板(周长 1.8m 外,支模高度 5.5m):

$$S_{KZ2}=[(0.4+0.5)\times 2\times(5+0.5-0.1)+0.4\times 0.1]\times 4=39.04(m^2)$$

矩形梁模板(梁宽 25cm 以内,支模高度 5.5m):

$$S_{KL1}=[0.2+0.5+(0.5-0.1)]\times(19-0.3\times 2-0.4\times 2)\times 2=38.72(m^2)$$
$$S_{KL2}=[0.2+0.5+(0.5-0.1)]\times(13-0.4\times 4)\times 2=25.08(m^2)$$
$$S_{L1}=[0.2+(0.4-0.1)\times 2]\times(19-0.3\times 4)\times 2=28.48(m^2)$$

梁宽 25cm 以内梁模板工程量小计:38.72+25.08+28.48=92.28(m²)

矩形梁模板(梁宽 25cm 以外,支模高度 5.5m):

$$S_{KL3}=[0.3+(0.7-0.1)\times 2]\times(13-0.5\times 2)\times 2=36.00(m^2)$$

有梁板模板(支模高度 5.5m):

$$\begin{aligned}S_{板}=&19\times 13-0.3\times 0.4\times 8-0.4\times 0.5\times 4-0.2\times(19-0.3\times 2-0.4\times 2)\\&\times 2-0.2\times(13-0.4\times 4)\times 2-0.2\times(19-0.3\times 4)\times 2\\&-0.3\times(13-0.5\times 2)\times 2=219.32(m^2)\end{aligned}$$

② 查找定额,计算定额分部分项工程费,结果见表 17-10。

表 17-10 定额分部分项工程费汇总表

序号	项目编码	项目名称	计量单位	工程数量	定额基价(元)	合价(元)
1	A1-20-15换	矩形柱模板(周长 1.8m 内),支模高度 3.6m 内,实际支模高度 5.5m	100m²	0.6092	5630.86	3430.32
2	A1-20-16换	矩形柱模板(周长 1.8m 外),支模高度 3.6m 内,实际支模高度 5.5m	100m²	0.3904	6121.61	2389.88
3	A1-20-33换	单梁、连续梁模板(梁宽 25cm 以内),支模高度 3.6m,实际支模高度 5.5m	100m²	0.9228	7144.58	6593.02

续表

序号	项目编码	项目名称	计量单位	工程数量	定额基价(元)	合价(元)
4	A1-20-34换	单梁、连续梁模板(梁宽25cm以外),支模高度3.6m,实际支模高度5.5m	100m²	0.36	7718.4	2778.62
5	A1-20-75换	有梁板模板,支模高度3.6m,实际支模高度5.5m	100m²	2.1932	6940.41	15221.71
		小计				30413.55

【例题 17-9】 求图 17-9 现浇钢筋混凝土阳台模板工程的定额工程量并计算定额分部分项工程费。

解 ① 计算定额工程量。

$$S_{模板} = 3.8 \times 1.3 = 4.94 (m^2)$$

② 查找定额,计算定额分部分项工程费,结果见表 17-11。

表 17-11 定额分部分项工程费汇总表

序号	项目编码	项目名称	计量单位	工程数量	定额基价(元)	合价(元)
1	A1-20-94	阳台、雨篷模板,直形	100m²	0.0494	6365.35	314.45
		小计				314.45

【例题 17-10】 求图 17-10 现浇钢筋混凝土楼梯模板工程的定额工程量并计算定额分部分项工程费。

解 ① 计算定额工程量。

$$S_{模板} = (0.24 + 2.43 + 0.9) \times (0.99 \times 2 + 0.12 - 0.12 \times 2) = 6.64 (m^2)$$

② 查找定额,计算定额分部分项工程费,结果见表 17-12。

表 17-12 定额分部分项工程费汇总表

序号	项目编码	项目名称	计量单位	工程数量	定额基价(元)	合价(元)
1	A1-20-92	楼梯模板,直形	100m²	0.0664	15313.7	1016.83
		小计				1016.83

【例题 17-11】 某工程预制钢筋混凝土 T 形吊车梁 20 根(见图 17-12),试计算该梁模板的定额工程量并计算定额分部分项工程费。

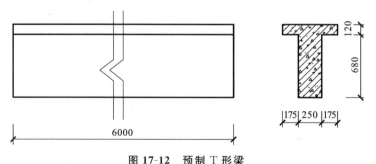

图 17-12 预制 T 形梁

注意:根据定额计算规则,预制混凝土的模板工程量,除另有规定外,均按构件设计图示尺寸以体积计算。

解 ① 计算定额工程量。

$$V_{模板}=[0.25\times0.68+(0.175\times2+0.25)\times0.12]\times6\times20=29.04(m^3)$$

② 查找定额,计算定额分部分项工程费,结果见表 17-13。

表 17-13 定额分部分项工程费汇总表

序号	项目编码	项目名称	计量单位	工程数量	定额基价(元)	合价(元)
1	A1-20-155	梁柱及花架条制安	10m³	2.904	16344.48	47464.37
		小计				47464.37

17.4.2 清单计价

17.4.2.1 清单项目综合单价确定

综合单价分析表中的人工费按照 2017 年广东省建筑市场综合水平取定,各时期各地区的水平差异可按各市发布的动态人工调整系数进行调整,材料费、施工机具费按照广州市 2020 年 10 月份信息指导价,利润为人工费与施工机具费之和的 20%,管理费按分部分项的人工费与施工机具费之和乘以相应专业管理费分摊费率计算。计算方法与结果见综合单价分析表。

例题 17-2 与例题 17-3 的综合单价分析表见表 17-14 至表 17-20。

例题 17-1、例题 17-4 及例题 17-5 的综合单价分析表(略)。

表 17-14 综合单价分析表

项目编码		011702001001		项目名称	基础	计量单位	m²	工程量		1.02
清单综合单价组成明细										
定额编号	定额项目名称	定额单位	数量	单价(元)				合价(元)		
				人工费	材料费	机具费	管理费和利润	人工费	材料费	机具费	管理费和利润
A1-20-12	基础垫层模板	100m²	0.01	1039.92	1357.68	67.95	513.49	10.4	13.58	0.68	5.13
人工单价			小计					10.4	13.58	0.68	5.13
			未计价材料费								
			清单项目综合单价					29.79			
材料费明细	主要材料名称、规格、型号				单位	数量	单价(元)	合价(元)	暂估单价(元)	暂估合价(元)
	松杂板枋材				m³	0.009	1348.1	12.13		
	圆钉 50~75				kg	0.1973	3.54	0.7		
	其他材料费						—	0.71	—	
	材料费小计						—	13.54	—	

表 17-15 综合单价分析表

项目编码	011702001002	项目名称	基础	计量单位	m²	工程量	8.14

清单综合单价组成明细										
定额编号	定额项目名称	定额单位	数量	单价(元)				合价(元)			
				人工费	材料费	机具费	管理费和利润	人工费	材料费	机具费	管理费和利润
A1-20-4	杯形基础模板	100m²	0.01	2280.54	2281.42	186.38	1143.41	22.81	22.81	1.86	11.43
人工单价			小计					22.81	22.81	1.86	11.43
			未计价材料费								
清单项目综合单价								58.92			

材料费明细	主要材料名称、规格、型号	单位	数量	单价(元)	合价(元)	暂估单价(元)	暂估合价(元)
	其他材料费	元	0.0585	1	0.06		
	松杂板枋材	m³	0.0104	1348.1	14.02		
	圆钉 50~75	kg	0.2057	3.54	0.73		
	隔离剂	kg	0.1	7.05	0.71		
	镀锌低碳钢丝 φ4.0	kg	0.4178	5.58	2.33		
	防水胶合板(模板用) 18mm	m²	0.15	33.14	4.97		
	材料费小计			—	22.82		

表 17-16 综合单价分析表

项目编码	011702002001	项目名称	矩形柱	计量单位	m²	工程量	59.4

清单综合单价组成明细										
定额编号	定额项目名称	定额单位	数量	单价(元)				合价(元)			
				人工费	材料费	机具费	管理费和利润	人工费	材料费	机具费	管理费和利润
A1-20-15换	矩形柱模板(周长1.8m内),支模高度3.6m内,实际支模高度5.5m	100m²	0.01	3329.23	1394.26	183.58	1628.19	33.29	13.94	1.84	16.28
人工单价			小计					33.29	13.94	1.84	16.28
			未计价材料费								
清单项目综合单价								65.35			

材料费明细	主要材料名称、规格、型号	单位	数量	单价(元)	合价(元)	暂估单价(元)	暂估合价(元)
	其他材料费	元	0.0585	1	0.06		
	松杂板枋材	m³	0.0032	1348.1	4.31		
	圆钉 50~75	kg	0.0308	3.54	0.11		
	隔离剂	kg	0.1	7.05	0.71		
	防水胶合板(模板用),18mm厚	m²	0.15	33.14	4.97		
	钢支撑	kg	0.6267	6.04	3.79		
	材料费小计			—	13.95	—	

表 17-17 综合单价分析表

项目编码	011702002002	项目名称	矩形柱	计量单位	m²	工程量	37.68

清单综合单价组成明细

定额编号	定额项目名称	定额单位	数量	单价(元) 人工费	单价(元) 材料费	单价(元) 机具费	单价(元) 管理费和利润	合价(元) 人工费	合价(元) 材料费	合价(元) 机具费	合价(元) 管理费和利润
A1-20-16换	矩形柱模板(周长1.8m外)支模高度3.6m内实际支模高度5.5m	100m²	0.01	3610.95	1533.59	183.58	1758.77	36.11	15.34	1.84	17.59
人工单价			小计					36.11	15.34	1.84	17.59
			未计价材料费								
			清单项目综合单价					70.87			

	主要材料名称、规格、型号	单位	数量	单价(元)	合价(元)	暂估单价(元)	暂估合价(元)
材料费明细	其他材料费	元	0.0585	1	0.06		
	松杂板枋材	m³	0.0035	1348.1	4.72		
	圆钉50～75	kg	0.0326	3.54	0.12		
	隔离剂	kg	0.1	7.05	0.71		
	防水胶合板(模板用),18mm厚	m²	0.15	33.14	4.97		
	钢支撑	kg	0.6267	6.04	3.79		
	对拉螺栓	kg	0.1901	5.38	1.02		
	材料费小计			—	15.39	—	

表 17-18 综合单价分析表

项目编码	011702006001	项目名称	矩形梁	计量单位	m²	工程量	92.28

清单综合单价组成明细

定额编号	定额项目名称	定额单位	数量	单价(元) 人工费	单价(元) 材料费	单价(元) 机具费	单价(元) 管理费和利润	合价(元) 人工费	合价(元) 材料费	合价(元) 机具费	合价(元) 管理费和利润
A1-20-33	单梁、连续梁模板(梁宽25cm以内),支模高度3.6m,实际支模高度5.5m	100m²	0.01	4425.2	1547.24	242.4	2163.43	44.25	15.47	2.42	21.63
人工单价			小计					44.25	15.47	2.42	21.63
			未计价材料费								
			清单项目综合单价					83.78			

续表

	主要材料名称、规格、型号	单位	数量	单价(元)	合价(元)	暂估单价(元)	暂估合价(元)
材料费明细	材料费调整	元	0.0001	1			
	其他材料费	元	0.0952	1	0.1		
	松杂板枋材	m³	0.0005	1348.1	0.67		
	圆钉 50~75	kg	0.0047	3.54	0.02		
	隔离剂	kg	0.1	7.05	0.71		
	镀锌低碳钢丝 φ4.0	kg	0.1607	5.58	0.9		
	防水胶合板(模板用),18mm 厚	m²	0.1616	33.14	5.36		
	钢支撑	kg	1.2829	6.04	7.75		
	对拉螺栓	kg	0.0038	5.38	0.02		
	材料费小计			—	15.53	—	

表 17-19 综合单价分析表

项目编码	011702006002	项目名称	矩 形 梁	计量单位	m²	工程量	35.52

清单综合单价组成明细

定额编号	定额项目名称	定额单位	数量	单价(元)				合价(元)			
				人工费	材料费	机具费	管理费和利润	人工费	材料费	机具费	管理费和利润
A1-20-34换	单梁、连续梁模板(梁宽25cm以外),支模高度3.6m,实际支模高度5.5m	100m²	0.01	4774.45	1703.71	242.4	2325.31	47.74	17.04	2.42	23.25
人工单价			小计					47.74	17.04	2.42	23.25
			未计价材料费								
			清单项目综合单价					90.46			

	主要材料名称、规格、型号	单位	数量	单价(元)	合价(元)	暂估单价(元)	暂估合价(元)
材料费明细	其他材料费	元	0.0952	1	0.1		
	松杂板枋材	m³	0.0005	1348.1	0.67		
	圆钉 50~75	kg	0.0052	3.54	0.02		
	隔离剂	kg	0.1	7.05	0.71		
	镀锌低碳钢丝 φ4.0	kg	0.1768	5.58	0.99		
	防水胶合板(模板用),18mm 厚	m²	0.1779	33.14	5.9		
	钢支撑	kg	1.3783	6.04	8.32		
	对拉螺栓	kg	0.0579	5.38	0.31		
	材料费小计			—	17.02	—	

表 17-20 综合单价分析表

项目编码	011702014001	项目名称	有梁板		计量单位	m²	工程量	219.32

清单综合单价组成明细											
定额编号	定额项目名称	定额单位	数量	单价(元)				合价(元)			
				人工费	材料费	机具费	管理费和利润	人工费	材料费	机具费	管理费和利润
A1-20-75	有梁板模板,支模高度3.6m 实际支模高度5.5m	100m²	0.01	4039.12	1736.44	310.99	2016.27	40.39	17.36	3.11	20.16
人工单价				小计				40.39	17.36	3.11	20.16
				未计价材料费							
清单项目综合单价										81.03		

材料费明细	主要材料名称、规格、型号	单位	数量	单价(元)	合价(元)	暂估单价(元)	暂估合价(元)
	材料费调整	元	−0.0001	1			
	其他材料费	元	0.0833	1	0.08		
	松杂板枋材	m³	0.0028	1348.1	3.77		
	圆钉50~75	kg	0.017	3.54	0.06		
	隔离剂	kg	0.1	7.05	0.71		
	镀锌低碳钢丝 φ4.0	kg	0.2214	5.58	1.24		
	防水胶合板(模板用),18mm厚	m²	0.15	33.14	4.97		
	钢支撑	kg	1.0797	6.04	6.52		
	材料费小计			—	17.35		

17.4.2.2 分部分项工程与单价措施项目清单与计价表填写

分部分项工程与单价措施项目清单与计价表填写见表17-21。

表 17-21 分部分项工程与单价措施项目清单与计价表

工程名称:××××

序号	项目编码	项目名称	项目特征	计量单位	工程量	金额(元)		
						综合单价	综合合价	其中 暂估价
1	011702001001	基础	基础垫层	m²	1.02	29.79	30.39	
2	011702001002	基础	基础类型:杯形基础	m²	8.14	58.92	479.61	
3	011702002001	矩形柱	周长1.8m内,支模高度5.5m	m²	59.4	65.35	3881.79	
4	011702002002	矩形柱	周长1.8m外,支模高度5.5m	m²	37.68	70.87	2670.38	

续表

序号	项目编码	项目名称	项目特征	计量单位	工程量	金额(元)		
						综合单价	综合合价	其中 暂估价
5	011702006001	矩形梁	梁宽25cm以内，支模高度5.5m	m²	92.28	83.78	7731.22	
6	011702006002	矩形梁	梁宽25cm以外，支模高度5.5m	m²	35.52	90.46	3213.14	
7	011702014001	有梁板	支模高度5.5m	m²	219.32	81.03	17771.5	
			小计				35778.03	

任务 18　其他措施项目工程计量与计价

18.1　工程量清单项目编制及工程量计算规则

18.1.1　工程清单设置

《房屋建筑与装饰工程工程量计算规范》(GB 50854—2013)中,措施清单除了脚手架、混凝土模板及支架工程外,还包括 S3～S7 为垂直运输,超高施工增加,大型机械设备进出场及安拆,施工排水、降水,安全文明施工及其他措施费。

垂直运输工程量清单、超高施工增加清单及大型机械设备进出场及安拆清单分别各设置了1个清单即垂直运输(011703001)、超高施工增加(011704001)及大型机械设备进出场及安拆(011705001)。施工排水、降水分为成井(011706001)和排水、降水(011706002)2个清单。安全文明施工及其他措施项目清单包括安全文明施工(011707001),夜间施工(011707002),非夜间施工照明(011707003),二次搬运(011707004),冬雨季施工(011707005),地上、地下设施、建筑物临时保护设施(011707006)及已完工程及设备保护(011707007)等7个清单。

18.1.2　清单项目工程量计算与清单编制

18.1.2.1　垂直运输(011703001)

垂直运输是指施工工程在合理工期内所需垂直运输。垂直运输清单工程量计算方法有两种:按建筑面积计算和按施工工期日历天数计算。编制清单时要注意以下事项:

(1) 建筑物的檐口高度是指设计室外地坪至檐口滴水的高度(平屋顶是到屋面板底高度),凸出建筑物屋顶的电梯机房、楼梯出口间、水箱间、排烟机房等不计入檐口高度;

(2) 同一建筑物有不同檐高时,按建筑物的不同檐高做纵向分割,分别计算建筑面积,以不同檐高分别编码列项。

【例题 18-1】　某四层现浇框架结构办公楼,已知室外地坪标高为 -0.300m,平屋顶的标高为 17.200m,总建筑面积为 1800m^2。试计算该办公楼垂直运输工程量并编制分部分项工程和单价措施项目清单与计价表。

解　垂直运输工程量 $S = 1800 \text{m}^2$,分部分项工程和单价措施项目清单与计价表见表 18-1。

18.1.2.2　超高施工增加(011704001)

超高施工增加是指单层建筑物檐口高度超过 20m,多层建筑物超过 6 层时,因建筑物超高引起的人工及机械降效而需增加的费用。超高施工增加按建筑物超高部分的建筑面积计算。编制清单时要注意以下事项:

(1) 计算层数时,地下室不计入层数;

表 18-1　分部分项工程和单价措施项目清单与计价表

序号	项目编码	项目名称	项目特征	计量单位	工程量	金额（元）		
						综合单价	合价	其中暂估价
1	011703001001	垂直运输	1.建筑物建筑类型及结构形式：办公楼、现浇框架结构 2.建筑物檐口高度：20m 以内	m²	1800			

（2）同一建筑物有不同檐高时，可按不同高度的建筑面积分别计算建筑面积，以不同檐高分别编码列项。

建筑物超高人工和机械增加，在工程量清单计价中，列入综合单价和各分项报价内。

18.1.2.3　大型机械设备进出场及安拆(011705001)

在《广东省建设工程计价通则(2010)》中对大型机械设备进出场及安拆作了如下规定：自重 5t 以上的大型施工机械的场外运费，按照实际情况另行计算；其他机械的安拆费及场外运费已包含在机械台班费用单价里；大型机械设备进出场及安拆的清单工程量按使用机械设备的数量计算。

【例题 18-2】　例题 18-1 中四层办公楼在管桩施工时需要使用一台静力压桩机（压力 1600kN），试计算该办公楼大型机械设备进出场及安拆清单工程量并编制分部分项工程和单价措施项目清单与计价表。

解　大型机械设备进出场及安拆清单工程量＝1 台次，分部分项工程和单价措施项目清单与计价表见表 18-2。

表 18-2　分部分项工程和单价措施项目清单与计价表

序号	项目编码	项目名称	项目特征	计量单位	工程量	金额（元）		
						综合单价	合价	其中暂估价
1	011705001001	大型机械设备进出场及安拆	1.机械设备名称：静力压桩机 2.机械设备规格型号：压力 1600kN	台次	1			

18.1.2.4　施工排水、降水

施工排水是排除施工场地或施工部位的地表水，采取截水沟、集水坑、人工清理等方式进行排水。施工降水为采取措施阻挡或降低地下的水位，形式有帷幕、降水井等。

1. 成井(011706001)

成井工程量按设计图示尺寸以钻孔深度计算。

2. 排水、降水(011706002)

排水、降水工程量按排、降水日历天数计算。

18.1.2.5 安全文明施工及其他措施项目

安全文明施工及其他措施项目清单项目包括安全文明施工,夜间施工,非夜间施工照明,二次搬运,冬雨季施工,地上、地下设施、建筑物临时保护设施及已完工程及设备保护7个清单。

1. 安全文明施工(011707001)

安全文明施工措施费分为按子目计算的安全文明施工措施费和按系数计算的安全文明施工措施费,可按《广东省房屋建筑与装饰工程综合定额(2018)》相关规定来计算清单工程量。

(1)按子目计算的安全文明施工措施项目。

这些项目有相应的计算规则,可以计算工程量并套用定额,包括脚手架、靠脚手架安全挡板、独立安全挡板、围尼龙编织布、模板的支撑、现场围挡和现场设置的卷扬机架。其中,现场围挡按现场围挡施工图计算,现场设置的卷扬机架按工程实际情况计算。

(2)按系数计算的安全文明施工措施项目。

这些项目不能计算工程量,按"项"计价。例如,在广州市施工的建筑工程以分部分项工程费为基数乘以系数3.18%计算。

2. 夜间施工(011707002)

根据《广东省房屋建筑与装饰工程综合定额(2018)》相关规定可按夜间施工项目人工费的20%计算费用。

3. 非夜间施工照明(011707003)

不单独列项计算,在相应分部分项清单项目的综合单价中考虑。

4. 二次搬运(011707004)

根据《广东省房屋建筑与装饰工程综合定额(2018)》相关规定,材料二次运输,按不同材料以定额所示计量单位计算。

5. 冬雨季施工(011707005)

根据《广东省房屋建筑与装饰工程综合定额(2018)》相关规定。

6. 地上、地下设施、建筑物临时保护设施(011707006)

根据《广东省房屋建筑与装饰工程综合定额(2018)》相关规定。

7. 已完工程及设备保护(011707007)

根据《广东省房屋建筑与装饰工程综合定额(2018)》相关规定。

18.2 定额项目内容及工程量计算规则

根据《广东省房屋建筑与装饰工程综合定额(2018)》,广东省将措施项目分为绿色施工安全防护措施费和措施其他项目。

1. 绿色施工安全防护措施费

由按子目计算的项目和按系数计算的项目两部分组成。

(1)根据施工图纸、方案及施工组织设计等资料,以下绿色施工安全防护措施费项目按相关定额子目计算。

① 综合脚手架；
② 靠脚手架安全挡板；
③ 密目式安全网；
④ 围尼龙编织布；
⑤ 模板的支架；
⑥ 施工现场围挡和临时占地围挡；
⑦ 施工围挡照明；
⑧ 临时钢管架通道；
⑨ 独立安全防护挡板；
⑩ 吊装设备基础；
⑪ 防尘降噪绿色施工防护棚；
⑫ 施工便道；
⑬ 样板引路。

（2）对于不能按工作内容单独计量的绿色施工安全防护措施费，具体包括绿色施工、临时设施、安全施工和用工实名管理，编制概预算时，以分部分项工程的人工费与施工机具费之和为计算基础，以专业工程类型区分不同费率计算，基本费率按表 18-3 的值计算。

表 18-3

专 业 工 程	计 算 基 础	基本费率/(%)
建筑工程	分部分项的 （人工费＋施工机具费）	19.00
单独装饰装修工程		13.00

（3）各地建设行政主管部门制定的其他内容，根据各地规定计算。

2. 措施其他项目

（1）文明工地增加费。

指承包人按要求创建省、市级文明工地，加大投入、加强管理增加的费用。获得省、市级文明工地的工程，按照表 18-4 标准计算。

表 18-4 文明工地增加费

专　　业		建 筑 工 程	单独装饰工程
计算基础		［分部分项的（人工费＋施工机具费）］(%)	
其中	市级文明工地	1.20	0.60
	省级文明工地	2.10	1.20

（2）夜间施工增加费。

指除赶工和合理的施工作业要求（除浇筑混凝土的连续作业）外，因施工条件不允许在白天施工的工程，按夜间施工项目人工费的 20% 计算。

（3）赶工措施费。

招标工期短于标准工期的，招标工程量清单应开列赶工措施，招标控制价应计算赶工措施费，投标人应计算赶工措施费。非招标工程，发包人要求合同工期短于标准工期的，施工图预算应计算赶工措施费。招标控制价、施工图预算的赶工措施费按表 18-4 计算；工程结算按合同约定，合同对赶工措施费没有约定的，按表 18-5 确定。

表 18-5 赶工措施费标准

计 算 公 式	备 注
（1−δ）×分部分项的（人工费＋施工机具费）×0.3	1. $0.8 \leqslant \delta < 1$； 2. 式中：δ＝合同工期/定额工期

（4）模板及支架工程。

该内容已详细讲解。

（5）垂直运输工程。

在《广东省房屋建筑与装饰工程综合定额（2018）》中，建筑工程垂直运输包含檐高 20m 以内所需的卷扬机以及 20m 以上所需的塔式起重机、卷扬机、施工电梯等机械的相关费用。

建筑物的垂直运输，按建筑物的建筑面积计算。高度超过 100m 时按每增 10m 内定额子目计算，其高度不足 10m 时，按 10m 计算。

（6）材料二次运输。

工程上使用的材料，因施工环境和场地的限制，汽车不能直接运到现场，必须再次运输所发生的装运卸工作，要计取二次运输费用。

材料二次运输，按不同材料以定额所示计量单位计算。

（7）大型机械设备进出场及安拆。

该内容已详细讲解。

（8）超高施工增加。

按广东省定额，建筑物超过施工定额不计算工程量，其增加费用为人工降效和机械降效的费用之和。具体计算方法为：人工降效和机械降效分部以超高的建筑物±0.000mm 以上的全部工程项目的人工费和机械费为基础，乘以规定的系数计算。建筑物超高增加费不在措施项目中单列，已计入分部分项工程费中。

18.3 定额计价与清单计价

18.3.1 定额计价

【例题 18-3】 某四层现浇框架结构办公楼，已知室外地坪标高为−0.300m，平屋顶的标高为 17.200m，总建筑面积为 1800m^2。试计算该办公楼垂直运输工程量，并用《广东省房屋建筑与装饰工程综合定额（2018）》计算定额措施项目工程费。

解 ① 计算定额工程量＝1800m^2。

② 查找定额，计算定额措施项目工程费，结果见表 18-6。

表 18-6 定额措施项目工程费汇总表

序号	项目编码	项目名称	计量单位	工程数量	定额基价（元）	合价（元）
1	A1-22-2	建筑物 20m 以内的垂直运输，现浇框架结构	100m^2	18	3442.38	61962.84
					小计	61962.84

【例题 18-4】 例题 18-1 中四层办公楼在管桩施工时需要使用一台静力压桩机(压力 1600kN),试计算该办公楼大型机械设备进出场及安拆定额工程量,并按《2018 广东省建设工程施工机具台班费用编制规则》计算定额措施项目费。

解 ① 计算定额工程量=1 台次。

② 查找定额,计算定额措施项目工程费,结果见表 18-7。

表 18-7 定额措施项目工程费汇总表

序号	项目编码	项目名称	计量单位	工程数量	定额基价(元)	合价(元)
1	991302003	静力压桩机每次安拆费(压力1600kN)	台次	1	12409.07	12409.07
		小计				12409.07

18.3.2 清单计价

18.3.2.1 清单项目综合单价确定

综合单价分析表中的人工费按照 2017 年广东省建筑市场综合水平取定,各时期各地区的水平差异可按各市发布的动态人工调整系数进行调整,材料费、施工机具费按照广州市 2020 年 10 月份信息指导价,利润为人工费与施工机具费之和的 20%,管理费按分部分项的人工费与施工机具费之和乘以相应专业管理费分摊费率计算。计算方法与结果见综合单价分析表。

例题 18-1 的综合单价分析表见表 18-8。

表 18-8 综合单价分析表

项目编码	011703001001	项目名称		垂直运输			计量单位	m^2	工程量		1800
清单综合单价组成明细											
定额编号	定额项目名称	定额单位	数量	单价				合价			
				人工费	材料费	机具费	管理费和利润	人工费	材料费	机具费	管理费和利润
A1-22-2	建筑物 20m以内的垂直运输,现浇框架结构	100m^2	0.01			2939.44	1090.83			29.39	10.91
人工单价			小计								29.39	10.91
			未计价材料费								
			清单项目综合单价								40.3		

18.3.2.2 分部分项工程和单价措施项目清单与计价表填写

分部分项工程和单价措施项目清单与计价表填写见表 18-9。

表 18-9 分部分项工程和单价措施项目清单与计价表

序号	项目编码	项目名称	项目特征	计量单位	工程量	金额(元)		
						综合单价	合价	其中 暂估价
1	011703001001	垂直运输	1.建筑物建筑类型及结构形式:办公楼、现浇框架结构 2.建筑物檐口高度:20m以内	m²	1800	40.3	72540	
小计							72540	

任务 19 其他项目和税金计量与计价

19.1 其他项目计量与计价

根据《广东省房屋建筑与装饰工程综合定额(2018)》,其他项目费用包括暂列金额、暂估价、计日工、总承包服务费、预算包干费、工程优质费、概算幅度差和其他费用等。

(1) 暂列金额:发包人暂定并包括在合同价款中的一笔款项。用于施工合同签订时尚未确定或者不可预见的所需材料、设备、服务的采购,施工中可能发生的工程变更、合同约定调整因素出现时的工程价款调整以及发生的索赔、现场签证确认等的费用。招标控制价和施工图预算具体由发包人根据工程特点确定;发包人没有约定时,按分部分项工程费的 10.00% 计算。结算按实际发生数额计算。

(2) 暂估价:发包人提供的用于支付必然发生但暂时不能确定价格的材料的单价以及专业工程的金额。按预计发生数估算。包括材料暂估价和专业工程暂估价。

(3) 计日工:预计数量由发包人根据拟建工程的具体情况,列出人工、材料、机具的名称、计量单位和相应数量,招标控制价和预算中计日工单价按工程所在地的工程造价信息计列;工程造价信息没有的,参考市场价格确定。工程结算时,工程量按承包人实际完成的工作量计算;单价按合同约定的计日工单价;合同没有约定的,按工程所在地的工程造价信息计列(其中人工按总说明签证用工规定执行)。

(4) 总承包服务费:总承包人为配合协调发包人在法律法规允许的范围内进行工程分包和自行采购的设备、材料等进行管理、服务(如分包人使用总包人的脚手架、水电接驳等)以及施工现场管理、竣工资料汇总整理等服务所需的费用。

① 仅要求对发包人发包的专业工程进行总承包管理和协调时,可按专业工程造价的 1.50% 计算。

② 要求对发包人发包的专业工程进行总承包管理和协调,并同时要求提供配合和服务,按专业工程造价的 4.00% 计算,具体应根据配合服务的内容和要求确定。

③ 配合发包人自行供应材料的,按发包人供应材料价值的 1.00% 计算(不含该部分材料的保管费)。

(5) 预算包干费:按分部分项的人工费与施工机具费之和计算。内容一般包括施工雨(污)水的排除、因地形影响造成的场内料具二次运输、20m 高以下的工程用水加压措施、施工材料堆放场地的整理、机电安装后的补洞(槽)工料费、工程成品保护费、施工中的临时停水停电、基础埋深 2m 以内挖土方的塌方、日间照明施工增加费(不包括地下室和特殊工程)、完工清场后的垃圾外运等。

(6) 工程优质费:发包人要求承包人创建优质工程,招标控制价和预算应按规定计列工程优质费。经有关部门鉴定或评定达到合同要求的,工程结算应按照合同约定计算工程优质费,合同没有约定的,参照表 19-1 所示规定计算。

表 19-1 计算基数与费用标准

工程质量	市级质量奖	省级质量奖	国家级质量奖
计算基数	分部分项的(人工费+施工机具费)		
费用标准(%)	4.5	7.5	12.00

（7）概算幅度差：是指依据初步设计文件资料，按照预算（综合）定额编制项目概算，因设计深度原因造成的工程量偏差而应增补的费用。其计取方式如表 19-2 所示。

表 19-2 计算基数与计算费率

序号	工程类别	计算基数	计算费率(%)
1	建筑工程	分部分项工程费	3.00
2	单独装饰装修工程		5.00

（8）其他费用：如工程发生时，由编制人根据工程要求和施工现场实际情况，按实际发生或经批准的施工方案计算。

19.2 税金计量与计价

税金是指国家税法规定的应计入工程造价内的增值税。

税金=（分部分项工程费+措施项目费+其他项目费+规费）×税率，税率根据规定计算。

附录 A　工程量清单文件

_____工程

工程量清单

　　　　　　　　　　　　　　　　　　　工程造价

招　标　人：_____　　　咨　询　人：_____
　　　　　（单位盖章）　　　　　　　　　　　　（单位资质专用章）

法定代表人　　　　　　　　　　　　　　法定代表人
或其授权人：_____　　　或其授权人：_____
　　　　　（签字或盖章）　　　　　　　　　　　（签字或盖章）

编　制　人：_____　　　复　核　人：_____
　　　　（签字盖专用章）　　　　　　　　　　（签字盖专用章）

编制时间：　年　月　日　　　　　　　　复核时间：　年　月　日

_____工程

招 标 控 制 价

招标控制价(小写):_____
　　　　(大写):_____

　　　　　　　　　　　　　　　　工程造价
招 标 人:_____　　咨 询 人:_____
　　　　　（单位盖章）　　　　　　　　　　　（单位资质专用章）
法定代表人　　　　　　　　　　　　　　法定代表人
或其授权人:_____　　或其授权人:_____
　　　　　（签字或盖章）　　　　　　　　　（签字或盖章）
编 制 人:_____　　复 核 人:_____
　　　　　（签字盖专用章）　　　　　　　　（签字盖专用章）

编制时间:　　年　月　日　　　　　　　复核时间:　　年　月　日

投 标 总 价

招 标 人：_____

工程名称：_____

投标总价（小写）：_____

（大写）：_____

投 标 人：_____

（单位盖章）

法定代表人
或其授权人：_____

（签字或盖章）

编 制 人：_____

（签字盖专用章）

编制时间：

_____工程

竣工结算总价

中标价(小写):_____ (大写):_____

结算价(小写):_____ (大写):_____

　　　　　　　　　　　　　　　　　　工程造价
发 包 人:_____　承 包 人:_____　咨 询 人:_____
　　　（单位盖章）　　　　　（签字或盖章）　　（单位资质专用章）

法定代表人　　　　　　法定代表人　　　　　　法定代表人
或其授权人:_____　或其授权人:_____　或其授权人:_____
　　（单位盖章）　　　　　（签字或盖章）　　　（签字或盖章）

编 制 人:_____　复 核 人:_____
　　（签字盖专用章）　　　　　　　　　（签字盖专用章）

编制时间： 年 月 日　　　　　核对时间： 年 月 日

总　说　明

工程名称：　　　　　　　　　　　　　　　　　第　页　共　页

工程项目招标控制价/投标报价汇总表

工程名称： 第 页 共 页

序号	单项工程名称	金额（元）	其中:(元)		
			暂估价	安全文明施工费	规费
	合计				

注：本表适用于工程项目招标控制价或投标报价的汇总。

单项工程招标控制价/投标报价汇总表

工程名称： 第 页 共 页

序号	单位工程名称	金额（元）	其中：(元)		
			暂估价	安全文明施工费	规费
	合计				

注：本表适用于单项工程招标控制价或投标报价的汇总。暂估价包括分部分项工程中的暂估价和专业工程暂估价。

单位工程招标控制价/投标报价汇总表

工程名称：　　　　　　　　　　　　　　　　　　第　页　共　页

序号	汇总内容	金额(元)	其中:暂估价(元)
1	分部分项工程		
1.1			
1.2			
1.3			
1.4			
1.5			
2	措施项目		
2.1	其中:文明安全施工费		
3	其他项目		
3.1	暂列金额		
3.2	专业工程暂估价		
3.3	计日工		
3.4	总承包服务费		
4	规费		
5	税金		
招标控制价合计＝1＋2＋3＋4＋5			

注：本表适用于单位工程招标控制价或投标报价的汇总。如无单位工程划分，单项工程也使用本表汇总。

分部分项工程量清单与计价表

工程名称：　　　　　　　　　标段：　　　　　　第　页　共　页

序号	项目编码	项目名称	项目特征	计量单位	工程量	金额（元）		
						综合单价	合价	其中：暂估价
			本页合计					
			合计					

注：根据《建筑安装工程费用项目组成》（建标〔2013〕44号）的规定，为计取规费等的使用，可在表中增设"直接费""人工费"或"人工费＋机械费"。

工程量清单综合单价分析表

工程名称：　　　　　　　　　标段：　　　　　　　第 页 共 页

项目编码				项目名称				计量单位			
清单综合单价组成明细											
定额编号	定额名称	定额单位	数量	单价(元)				合价(元)			
				人工费	材料费	机械费	管理费和利润	人工费	材料费	机械费	管理费和利润
风险费用											
人工单价		小　　计									
元/工日		未计价材料费									
清单项目综合单价											
材料费明细	主要材料名称、规格、型号				单位	数量	单价(元)	合价(元)	暂估单价(元)	暂估合价(元)	
	其他材料费										
	材料费小计										

注：① 如不使用省级或行业建设主管部门发布的计价依据，可不填定额项目、编号等。
　　② 招标文件提供了暂估单价的材料，按暂估的单价填入表内"暂估单价"栏及"暂估合价"栏。

措施项目清单与计价表(一)

工程名称：　　　　　　标段：　　　　　　第　页　共　页

序号	项　目　名　称	计算基础	费率(%)	金额(元)
1	安全文明施工费			
2	夜间施工等六项费			
3	大型机械设备进出场、安拆费			
4	施工排水、降水			
5	地上、地下设施、建筑物的临时保护设施			
6	已完成工程及设备保护			
7	各专业工程的措施项目			
8				
9				
10				
11				
12				
13				
14				
15				
16				
17				
18				
19				
20				
21				
22				
23				
24				
25				
	合计			

注：① 本表适用于以"项"计价的措施项目；
　　② 根据住房和城乡建设部、财政部发布的《建筑安装工程费用项目组成》(建标[2013]44号)的规定，"计算基础"可为"直接费""人工费"或"人工费+机械费"。

措施项目清单与计价表(二)

工程名称：　　　　　　　标段：　　　　　　　第　页　共　页

序号	项目编码	项目名称	项目特征	计量单位	工程量	金额(元)	
						综合单价	合价
			本页合计				
			合计				

注：本表适用于以综合单价形式计价的措施项目。

其他项目清单与计价汇总表

工程名称：　　　　　　　　　标段：　　　　　　　　第　页　共　页

序号	项 目 名 称	计量单位	金额(元)	备注
1	暂列金额			
2	暂估价			
2.1	材料暂估价			
2.2	专业工程暂估价			
3	计日工			
4	总承包服务费			
	合计			

注：材料暂估单价计入清单项目综合单价，此处不汇总。

暂列金额明细表

工程名称：　　　　　　　　标段：　　　　　　　　第 页 共 页

序号	项目名称	计量单位	金额(元)	备　注
1				例:此项目设计图纸有待完善
2				
3				
4				
5				
6				
7				
8				
9				
10				
11				
12				
	合计			

注：此表由招标人填写，如不能详列明细，也可只列暂定金额总额，投标人应将上述暂列金额计入投标总价中。

材料暂估单价表

工程名称：　　　　　　　　标段：　　　　　　　　第　页　共　页

序号	材料名称、规格、型号	计量单位	数量	金额（元）		备注
				单价	合价	
1						
2						
3						
4						
5						
6						
7						
8						
9						
10						
11						
12						
合计						

注：① 此表由招标人填写，并在备注栏说明暂估价的材料拟用在哪些清单项目上，投标人应将上述材料暂估单价计入工程量清单综合单价报价中。
　　② 材料包括原材料、燃料、构配件以及按规定应计入建筑安装工程造价的设备。

专业工程暂估价表

工程名称：　　　　　　　　标段：　　　　　　第 页 共 页

序号	工程名称	工程内容	金额（元）	备 注
1				例:此项目设计图纸有待完善
2				
3				
4				
5				
6				
7				
8				
9				
10				
11				
12				
	合计			

注:此表由招标人填写,投标人应将上述专业工程暂估价计入投标总价中。

计 日 工 表

工程名称：　　　　　　　　标段：　　　　　　第 页 共 页

序号	项目名称	单位	暂定数量	单价（元）	合价（元）
一	人工				
1					
2					
3					
	人工小计				
二	材料				
1					
2					
3					
4					
	材料小计				
三	施工机械				
1					
2					
3					
4					
	施工机械小计				
	合计				

注：① 此表暂定项目、数量由招标人填写，编制招标控制价，单价由招标人按有关计价规定确定。
　　② 投标时，工程项目、数量按招标人提供的数据计算，单价由投标人自主报价，计入投标总价中。

总承包服务费计价表

工程名称：　　　　　　　标段：　　　　　　　第　页　共　页

序号	项目名称	项目价值（元）	服务内容	费率(%)	金额（元）
1	发包人发包专业工程				
	合计				

参 考 文 献

[1] 冯占红.建筑工程计量与计价[M].上海:同济大学出版社,2009.
[2] 万小华.工程量清单计价[M].青岛:中国石油大学出版社,2015.
[3] 广东省建设工程造价管理总站,广东省工程造价协会.建设工程计价应用与案例:建筑与装饰工程2015[M].北京:中国城市出版社,2015.
[4] 规范编制组.2013建设工程计价计量规范辅导[M].北京:中国计划出版社,2013.
[5] 唐明怡,石志锋.建筑工程定额与预算[M].北京:中国水利水电出版社,2006.
[6] 李景云,但霞.建筑工程定额与预算[M].重庆:重庆大学出版社,2009.
[7] 武育秦,胡晓娟.建筑工程计量与计价[M].重庆:重庆大学出版社,2012.